IKCEST

国际大数据竞赛

赛题解析

李轩涯　计湘婷　主编

清華大学出版社
北　京

内 容 简 介

全书围绕 IKCEST 国际大数据竞赛，即 IKCEST“一带一路”国际大数据竞赛暨百度 & 西安交大大数据竞赛展开，针对每次比赛内容进行深度解析，从任务、基础到冠军模型，以理论和代码相结合的方式，全流程深度剖析比赛过程。九次竞赛题均关注当年的热点领域和方向，分别是“人物关系”知识挖掘、提取子句中的核心实体、宠物分类、商家招牌分类、基于卫星遥感影像和用户行为的城市区域功能分类、高致病性传染病的传播趋势预测和基于车载影像的实时环境感知、“一带一路”重点语种法俄泰阿与中文互译、社交网络中多模态虚假信息甄别，涵盖了社交网络、计算机视觉、自然语言处理等大数据应用的热门领域。

本书可作为全国高等学校大数据及相关专业的教材，也可作为感兴趣的读者了解 IKCEST 国际大数据竞赛的参考书。

图书在版编目（CIP）数据

IKCEST 国际大数据竞赛赛题解析 / 李轩涯，计湘婷主编. -- 北京 ：清华大学出版社，2024. 8. -- ISBN 978-7-302-66847-3

Ⅰ. TP274-44

中国国家版本馆 CIP 数据核字第 2024BN5549 号

责任编辑：贾　斌
封面设计：傅瑞学
责任校对：刘惠林
责任印制：宋　林

出版发行：清华大学出版社
网　　址：https://www.tup.com.cn，https://www.wqxuetang.com
地　　址：北京清华大学学研大厦 A 座　　**邮　　编**：100084
社 总 机：010-83470000　　**邮　　购**：010-62786544
投稿与读者服务：010-62776969，c-service@tup.tsinghua.edu.cn
质量反馈：010-62772015，zhiliang@tup.tsinghua.edu.cn
课件下载：https://www.tup.com.cn，010-83470236
印 装 者：三河市铭诚印务有限公司
经　　销：全国新华书店
开　　本：203mm×260mm　　**印　　张**：16　　**字　　数**：443 千字
版　　次：2024 年 8 月第 1 版　　**印　　次**：2024 年 8 月第 1 次印刷
印　　数：1～3000
定　　价：89.00 元

产品编号：098415-01

编 委 会

FOREWORD

近现代科学发展表现出来的一个重要特征是从个体劳动的小科学向制度化、专业化、集约化的交叉渗透大科学发展。

现在的中国,“大科学”的发展完全符合科技史的发展规律。当前,科技自立自强已经成为国家发展的战略支撑,十四五规划突出体现了坚持创新在我国现代化建设全局中的核心地位,加强科技创新已然形成国家共识。

最近这二三十年里,以互联网为代表的数字技术在中国蓬勃发展,产生了一大批在各领域积极探索数字经济发展范式的平台型企业,中国已成为世界主要的互联网应用创新的策源地之一。如果说过去的 10 年是属于移动互联网的 10 年,那今天,我们已经站在一个新的技术发展的十字路口上。在国家顶层设计的推动下,各领域的头部企业开始积极尝试从应用创新到核心技术创新的跃迁,中国企业开始向技术创新的深水区跋涉,这是特别令人振奋的。

这其中,以 ABC(AI+BIG DATA+CLOUD)合流为特征的叠加式创新,成为目前科技创新的一大趋势,人工智能体现了显著的“大科学”特点,而作为数字化、智能化基石之一的大数据科学,是这种多学科合流后一个突出的牵引力,其重要性日益凸现。

数据产生智慧,数据产生洞察,数据也带来挑战。在现在和未来,想让我国在大数据领域具有强大的竞争力,就特别需要在攻克基础通用类、非对称类和颠覆性技术的基础上,强调跨界融合,建立一套强劲的人才培养的支撑体系。

与技术快速发展相对应的是,无论从什么口径统计,我国目前对于人工智能、大数据技术、云计算等领域都有相当大的人才缺口,包括技术人才和实用型人才。

按过去的做法,我们会把主要的精力放在高等院校和科研机构,不过,因为大数据的产生、研究和发展都需要一定的条件和场景,因此高新技术企业某种程度上有机会比高校更早地遇到技术挑战和由此而来的创新机遇。这就需要企业和高校之间有一个特别的沟通机制,能够齐心合力抓住发展的主要矛盾,攻克技术难题,从而带动认知体系的跃迁,联合填补人才空缺。

所以,当我得知国际大数据竞赛历年赛题得以结集出版的时候,感到颇为振奋。国际大数据竞赛由中国工程院、西安交通大学和百度公司主办多年,是院、校、企联手培养人才的典范项目之一。自 2015 年以来,7 年时间内近 600 所高校、数万名学子参加了比赛。我见到过学生们在高水平的赛事中团队合作、砥砺拼搏的生动场面;而打开这本题集,回顾赛题的演变发展,又仿佛在浏览中国人工智能和数据科学攀登向上的坚实足迹。

我期待这种有价值的赛事能够持续地举办下去。少年强则中国强，我们的发展未来终究要靠当下的学子、未来的研发骨干们担当，为他们创造更好的学习、实践环境和良好的竞争机制是我们的责任，也是科技工作者使命的传承与担当。

陈左宁

中国工程院院士

2024年5月

FOREWORD

我 1986 年考入西安交大学习，后留校工作，2023 年调任同济大学工作，先后逾 37 载。无论是交大的唐文治老校长，还是同济的李国豪老校长，都胸怀“国之大者”，把服务国家需求作为最高追求，把“求一等学问、成一等事业、为一等人才、砥砺一等品行”作为教书育人的最高理想。这也一直影响着我。

那么，什么是当下的“一等学问，一等事业，一等人才”？我想，这个答案既开放，也确定。

我们追求的一等学问，一定是基于中国本土并且在基础研发、技术创新上有所突破，对解决我国经济社会发展难题、核心技术自主创新有突出贡献的学问；我们追求的一等事业，一定是与国家科技自立自强的目标，与实现中华民族伟大复兴的伟大目标打通后，确定小我融入大我的价值追求；我们培养的一等人才，一定是心怀祖国人民，有着强烈的时代使命，并踊跃投身实践的优秀人才。

当然，“一等”是我们矢志不渝追求的方向、目标和自我要求。我们不敢轻言“一等”，尽管我们一直在这个方向上努力实践，但我们与这个目标还有距离。

在写这篇序言的时候，我不由想起了 9 年前，我们第一次和百度公司决定联合发起举办这项赛事的场景。当时，大数据与 AI 还没有今天如此炽热，但我们已经感到，它将是推动第四次工业革命进程的重要力量，对拔尖创新人才的需求非常迫切。

也正因为此，在更好地贯彻落实国家创新驱动战略的大背景下，2015 年，在中国工程院、教育部的支持和指导下，为了政、产、学、研、用的深度融合，基于培养大数据人才的切实目标，首届大数据竞赛正式举办；在连续多次成功举办后，从 2019 年起，我们又与联合国教科文组织国际工程科技知识中心、丝绸之路大学联盟等合作，将大赛推向国际赛道，进而覆盖全球高校。至今，大赛已成功举办九届。参赛同学数以万计，他们中的许多人已经或即将在大数据、人工智能等领域做出优秀的成绩。

在此我也要提及百度公司在资源、技术、资金方面对赛事的支持。百度公司是世界领先、中国头部的 AI 生态型企业。百度公司的创始人李彦宏先生对 AI 的发展有超人的预见性，他曾多次以两会代表的身份在国家层面为 AI 的发展献言献策、著书立说；在行业层面，百度连续多年是中国 AI 专利数最多的企业，在 AI 领域的生态建设上也不遗余力。

人工智能的开创始于 1956 年的达特茅斯会议，此后的若干次重要思潮也都发源自高校。然而，不论我本人还是行业内的诸多专家学者，都注意到一个现象，那就是目前的很多 AI 研究前沿阵地，已经从校园转移到了产业界。这既和产业界具有更丰富的场景、强大的算力、优渥的资源有关，也说明 AI、大数据等技术已经不是“实验室里的技术”，它们已经在真实场景中落地生根，开始发挥重要的作用。

在这种背景下，我们就更不能忽视在 AI、大数据科学方面的校企合作。以历年国际大数据竞赛为例，在赛题设置、数据来源、场景分布上，大都来自百度等企业的真实实践，因此也使得大赛具有很强的实践性和现实意义。它既是对我们高校相关学科人才培养能力和成效的一种检验，也有助于帮助莘莘

学子在来自应用前沿的真实场景里展示自我，锤炼技能。

我们所做的一切，就是为了让高校和企业这两个人才培育的重要培养场景相互拉平认知，促进校企融合，推动人才培养进入新的高度。当我看到 2015 年至今的国际大数据竞赛赛题结集出版，一种自豪感油然而生。我和教育界的朋友们经常探讨，大数据科学如何面对未来的发展机遇与挑战，我想以一句名言作答：我们不预测未来，我们一起创造未来。

郑庆华

中国工程院院士

2024 年 5 月

FOREWORD

数字经济时代,数据是关键生产要素,已经渗透到生产、分配、交换和消费的各个环节。我国具有海量的数据和丰富的应用场景,而大数据、人工智能等数字技术将充分释放数据价值,加快传统产业转型升级,促进数字经济发展。在全球局势不确定性增加和疫情反复的双重影响下,数字经济的快速增长将为保障经济社会健康平稳发展提供有力支撑。

数字经济的高质量发展,一方面需要持续创新突破大数据、人工智能、云计算等数字技术,运用好海量数据的优势;另一方面,在与实体经济融合发展的过程中,需要培养多层次、高水平的复合型人才,既懂技术,又有行业经验。当前,全球数字经济进入快速发展阶段,人才短缺成为各界共同面临的难题。

作为一家高科技公司,百度一直以来都非常重视人才培养。2015年,百度与中国工程院、西安交通大学共同创办了国际大数据竞赛,产、学、研、用相结合,通过竞赛、培训、技术实践等多种方式,为社会持续培养既掌握核心技术,又有丰富产业实践经验的复合型科技人才。

此后,国际大数据竞赛作为代表赛事之一,吸引了600多所高校、数万名学子投身其中。我们欣喜地看到,数以万计的参赛同学们,由竞赛走向科研和社会岗位,在大数据、人工智能领域取得了瞩目的成果,推动大数据及人工智能的研究、应用和发展。9年来,西安交通大学、中国工程院一直为大赛提供资源、组织等服务,西安交通大学也有多支队伍取得了优异的成绩。

大数据赛题源自百度在大数据及人工智能相关领域的多年技术探索及产业实践,致力于激发面向真实应用场景的技术创新,培养相关人才解决实际问题的能力。以2021年的赛题为例,主题是"基于车载影像的实时环境感知",源于真实交通场景,鼓励参赛选手打开产业视角,锤炼用创新技术解决产业应用问题的能力——我们希望赛事的举办,能够引领更多高校同学、产业从业者关注真问题,解决真问题。

习近平总书记强调:"要提高全民全社会数字素养和技能,夯实我国数字经济发展社会基础。"随着大数据、人工智能等数字技术的快速发展,数字经济时代的来临对全民全社会数字素养提出了更高要求。今后百度将继续通过多种方式为科技创新事业输出技术、人才和理念,助力中国经济高质量增长,更好地服务我国经济社会发展和人民美好生活。

王海峰

百度首席技术官

2024年5月

PREFACE

近年来，随着人工智能、云计算等前沿技术的发展，大数据科学的重要性也空前提升，人们甚至发明了一个别致的词汇叫“ABC”，也就是 AI+Big Data+Cloud，这其实说明了三者之间的重要联系。

一方面，大数据很难用单台的计算机进行处理，必须采用分布式架构，并对海量数据进行分布式数据挖掘，这其中充分依托了云计算的分布式处理、分布式数据库和云存储、虚拟化技术；另一方面，大数据又可以非常有效地用于人工智能模型的训练，是产生“智能”的基础，是人工智能从弱到强过程中极其关键的“数据燃料”。

人工智能大科学的蓬勃发展，人才当属“核心火种”。当前，各大高校、研究机构和企业正在多方协同、通力合作，从产、学、研、用各个层次为新型人才培养创造生长的土壤。IKCEST 国际大数据竞赛便要做其中一片沃土。

从 2015 年起，百度与西安交通大学开始联合举办大数据竞赛，在高校师生中引起热烈回响。2019 年，百度与联合国教科文组织国际工程科技知识中心(IKCEST)、西安交通大学、丝绸之路大学联盟合作，将大赛升级为国际赛事，并更名为“IKCEST‘一带一路’国际大数据竞赛”。9 年来，大赛无论是在覆盖的国家、参赛人数和赛题的挑战性方面，还是在赛事的权威性和国际知名度方面，都得到了重要的提升。目前，大赛已覆盖五大洲 21 个国家，近 600 所高校选手报名，累计参赛队伍超过 20000 支。他们中间已经有很多人成为中国乃至世界范围内数据科学的新生力量。

2023 年国际大数据竞赛更是历年来水平较高的一次，赛题、数据完全来自于真实场景，全球报名人数再创新高，总报名参赛队伍超过 3809 支，共覆盖全球 19 个国家、近 600 所学校。在参赛战队中，除了东道主西安交通大学之外，还有清华大学、复旦大学、悉尼大学、卡耐基梅隆大学等国内外名校的学子参赛。

赛事的兴旺气象和参赛机构、人数的持续提升，也印证了大数据科学的重要性和受关注度。

我们感到，编写一本国际大数据竞赛的题集，不仅具有历史记忆和学术意义上的双重价值，也能通过汇集 2015—2023 年大数据竞赛中大部分的赛题和解析，为有志于参加这项比赛乃至于未来从事相关领域研究、开发工作的行业新秀，提供具有一定参考价值的历史记录。

历年大赛综合考查选手的数据分析挖掘能力、编程能力、数学能力。其中，赛题非常贴近真实场景，例如，2020 年的赛题“高致病性传染病的传播趋势预测”就紧贴战疫现实，倡议大家用科技手段抗击高传染性疾病。首位提出建立方舱医院的中国工程院副院长王辰院士、国家传染病医学中心主任张文宏医生也作为大赛特别顾问与选手交流。2021 年的赛题“基于车载影像的实时环境感知”，数据来源则是百度地图提供的来源于交通真实场景的脱敏样本数据。它既有相对集中的主题，又有比较发散的各种解决问题的路径；它既完全基于真实，又鼓励参与者不拘泥于已有的思路，能够进行自我超越和挑战。

这是一个技术创新的时代，是一个中国主要的发展动能将从依赖商业模式创新，到依靠技术创新的时代，是一个中国的数字技术能否成为全球主流乃至一流的充满挑战的时代。作为新时代的局内人，编者深深为自己肩负的职责所振奋，也希望通过赛题的结集，为更多对大数据科学感兴趣的研究者、学习者、关注者以启发和帮助。

本书的结集出版，要感谢来自中国工程院、西安交通大学及百度公司的各位同仁，感谢历年参赛的全球高校的学子们的积极参与，感谢参与赛事组织、培训、传播的李春阳、许超、张崇乐、于思文、乔文慧，正是你们的有力支持，让我们能够毅然前行，创造更高水平的赛事。

编　者

2024 年 5 月

CONTENTS

第1章

2015赛题——“人物关系”知识挖掘

1.1 赛题解析

1.1.1 赛题介绍

大数据作为信息的重要元素，已经渗透到我们生活的方方面面。人们对于海量数据的挖掘和运用，预示着新一波生产率增长和消费者盈余浪潮的到来。面对大数据技术的快速发展，优秀技术人才变得紧俏，如何利用人才挖掘创新和大数据，成为百度等互联网企业的一个问题。作为互联网技术的领跑者，百度一直在积极探索大数据人才培养模式和技术人才挖掘的解决方案。人才是百度大数据战略的重中之重，是驱使新创意、驾驭新技术的基石。此次携手西安交通大学联合建设大数据人才创新平台，就是百度在人才培养创新方面的大胆尝试。

本次赛题中，百度提供了近10亿条语料的数据集，让选手以“人物关系”为课题，探索知识挖掘方法。“人物关系”知识挖掘，即利用现有数据，挖掘出人物之间的关系网络，此处的“关系网络”即为“知识”。关系网络的挖掘有什么现实意义呢？首先，关系网络构建是知识图谱构建的必要环节，知识图谱反映客观存在实体的多个维度的属性，如人物关系、个人属性特征等，而知识图谱已被广泛应用于智能搜索、智能问答、个性化推荐、情报分析、反欺诈等领域，同时，知识图谱的构建使信息资源能够更好地被利用，其强大的语义处理能力与开放互联能力，可为万维网上的知识互联奠定扎实的基础；其次，关系网络在推荐系统、实体链接等问题处理中都具有重要意义，在推荐系统中，有关联关系的实体(实体指实际存在的个体，如人、机构、组织、地方等)通常具备一定的相似性，比如两个互为朋友的人，可能具有相似的兴趣爱好等，因此，通过人物关系发掘，可以将推荐给A的东西推荐给与之有相似兴趣爱好的B，再比如实体链接(实体链接是指将代词等链接到具体的人、机构、组织、地方等，与之相似的还有实体消歧，比如在学术论文库中，有很多同名作者，两篇文章中的同名作者是否为同一个人，这个判断过程就叫作实体消歧)，实体链接能够提供更加准确地反映非结构化数据中蕴含的知识，而关系网络可以作为实体链接的基础，为实体链接提供必要依据。

“人物关系”知识挖掘是关系网络构建的重要一环，通过关系链接，可以将人互联起来，构建社区团体，所谓“物以类聚，人以群分”，正是人物关系知识挖掘的核心目标。反观当前的互联网，每天都要产生大量的文本、图片、语音、视频等数据，尽最大可能地利用这些数据，有助于人工智能的进一步发展。本

赛题在这种背景下，提出“人物关系”知识挖掘，通过构建关系网络，以挖掘更多的人群社区，完善知识图谱构建。

本文的实体即指“人物”，使用描述“人物关系”突出大赛目标，使用描述“实体关系”来呼应自然语言理解任务抽象，若没有特别说明，两者在本文中的描述等价。进一步地，本文中的核心实体指，围绕某一个实体，构建该实体的多层人物关系网络，该实体此刻代表一个核心实体。

本次大赛的目标是：参赛者根据主办方提供的数据集，构建一个人物关系网络，即实体关系网络，也就是针对任意给定的实体(表示为 E)，自动构建该实体的关系网络(首先需要挖掘出与该实体有直接或间接关系的实体集合，表示为 R(E))，关系类型为封闭集合，即关系的种类是确定的，然后对 R(E)进行分层，即确定这些候选实体与当前实体 E 的关系是直接关系还是间接关系，最终形成关系网络，比如实体 E 为谢霆锋，(谢霆锋，谢贤，父亲)这个三元组表示谢霆锋的父亲是谢贤，(谢贤，谢婷婷，子女)表示谢婷婷的父亲为谢贤，这样我们可以构建一个三层的小网络：谢霆锋-谢贤(父亲)-谢婷婷(子女)，那么此处的候选实体集合就是 R(E)={谢贤，谢婷婷}，该集合表示与实体谢霆锋有直接或间接关系的候选实体。所以本次大赛就是让参赛者设计一个超强模型，能够准确地识别出实体之间的关系，然后构建人物关系网络。

本次任务设定及竞赛数据由百度 SSG 互联网数据研发部提供。

1.1.2 数据介绍

(1) 训练数据：训练数据主要包含以下 5 个文件，分别是实体列表文件、实体圈子文件、包含实体的句子文件、关系类型训练数据文件、实体属性文件。

① 实体列表。key_entities_list，提供 100 核心实体集合，每一行包含两个字段：实体名\t 实体 id，如下所示。

```
王丽坤    10387585
唐  嫣    10390217
杨  幂    149851
宋  茜    2355394
```

② 实体圈子。entity_tupu，针对每个核心实体，提供该实体关系网络的正确结果，保存于 entity_tupu. 实体名中，其中，每一行的格式为：关系 \t 实体 S \t 实体 O \t 实体 S 的 id \t 实体 O 的 id \t 所在的层(核心实体与直接关系实体位于第一层，其余依次类推，共 3 层)，如下所示，layer1 表示实体“谢霆锋”与实体“赵学而”是直接的关系，而 layer2 表示实体“谢霆锋”与实体“谢婷婷”是间接的关系，通过实体“谢贤”连接。

```
前女友    谢霆锋    赵学而    139911    804982    layer1
父  亲    谢霆锋    谢  贤    139911    423893    layer1
子  女    谢  贤    谢婷婷    423893    8264167   layer2
```

③ 包含实体的句子。entity_sentence，针对每个核心实体，提供包含该实体或关联实体的文本/网页集合(已进行 entity linking 处理)全部句子保存在一个以实体名为后缀的文件内，文件名：entity_sentence. 实体名，如 entity_sentence. wenghong，全部文件放在 entity_sentence 文件夹，每个实体数据文本中，每行格式为：句子+\t+实体 1 名称+\t+实体 1ID+\t+实体 2 名称+\t+实体 2ID+……(可能有多个实体)，如下所示，这些句子中没有标注具体的关系，只是抽取了句中的实体，所以并不能直接作为训练数据使用：

```
1857 大叔我爱你剧组翁虹张智霖亮相 翁虹 张智霖 870604 396238
```

④ 关系类型训练数据。relation_train，提供 20 个关系类型及其训练数据，每条样本中包含的字段含义为：关系名 \t 实体 S \t 实体 O \t 句子 \t 正负例(1 正例/0 负例) \t flag(train 训练集、test 测试集)、实体 S 的 id \t 实体 S 的 url \t 实体 O 的 id \t 实体 O 的 url，id 与 url 如果缺失，则用‘～’代替，如下例所示，此处正例(1)表示该关系标注是正确的，否则(0)表示该关系标注是错误的。

```
同为校花 许晴 蒋雯丽 杨幂 周冬雨 蒋雯丽 徐静蕾 赵薇 许晴
北影校花咋成名的 1 train 8724760
http://baike.baidu.com/subview/26357/8724760.htm 109360
http://baike.baidu.com/view/109360.htm
```

⑤ 实体属性数据。entity_attribute，对于语料中出现的实体，会提供知识库相关属性信息，如出生日期、性别等，如实体“谢霆锋”的一些属性取值如下所示，实体属性值可以作为额外的知识，参与到建模的过程中，但是非常依赖特征构建，否则可能起到相反的效果。属性数据作为额外知识如何使用，我们将在 1.5 节详细介绍，下面为实体数据的示例。


```
{"外文名":"Nicholas Tse(尼古拉斯 . 谢)","毕业院校":"香港国际学校","语言":"粤语、英语、普通话、日语等","子女":"谢振轩、谢振南","粤语拼音":"ze6 ting4 fung1","经纪公司":"EEG","家人":"谢贤、狄波拉、谢婷婷","身高":"174.5cm","id":"139911","出生地":"中国,香港","大股东":"汉传媒集团、特步、Zoo York等","个人品牌":"PO 朝霆","星座":"处女座","民族":"汉族","儿子":"谢振轩","别名":"谢皇上、谢柠檬、霆锋哥","中文名":"谢霆锋","代表作品":"线人、半支烟、小鱼儿与花无缺、玉蝴蝶、非走不可、活着、因为爱所以爱、谢谢你的爱等","name":"谢霆锋","主要成就":"PO 朝霆入选科大世界 MBA 案例,世界音乐大奖,亚洲最畅销歌手,香港电影金像奖,满贯影帝,两届台湾电影金马奖,最佳男主角提名,伦敦总部,杜莎夫人蜡像馆展出艺人,亚洲十大最帅男明星榜首,香港电影工作者总会最具魅力演员,香港杂志封面年龄最小纪录保持者,四台联颁音乐大碟奖、年度金奖,五届香港电台十大优秀流行歌手,华语电影传媒大奖全能男演员,香港十大中文金曲最受欢迎男歌手,中国原创歌曲总评最受欢迎男歌手,中国流行音乐总评最受欢迎男歌手,2012 华鼎奖年度最佳中国电影演员,12、13 年华鼎奖中国最佳男主角,商台十大少年偶像,香港特区形象大使,以企业身份入选政府管理世界文本,北京奥运与新中国成立 60 周年钦点嘉宾,香港星光大道最年轻留手印艺人,55 个世界领先华人最年轻企业家,唱作歌手中最年轻影帝级人马","体重":"68 公斤","国籍":"中国","出生日期":"1980 - 8 - 29(农历:七月十九)","职业":"演员、音乐人、唱作歌手、企业家"}
```


(2) 测试数据：与训练数据相比，除了没有实体关系标注，测试数据与训练数据提供信息文件一致，需要参赛者根据其他 4 个文件(夹)的信息，推理出每个文本中所包含的实体之间的关系，然后进行拓扑排序，整理出测试核心实体的三层拓扑排序即可。图 1-1 演示了核心实体“谢霆锋”的拓扑网络结构，核心实体“谢霆锋”与其他实体通过直接、间接关系进行连接形成的核心实体“谢霆锋”的关系网络。

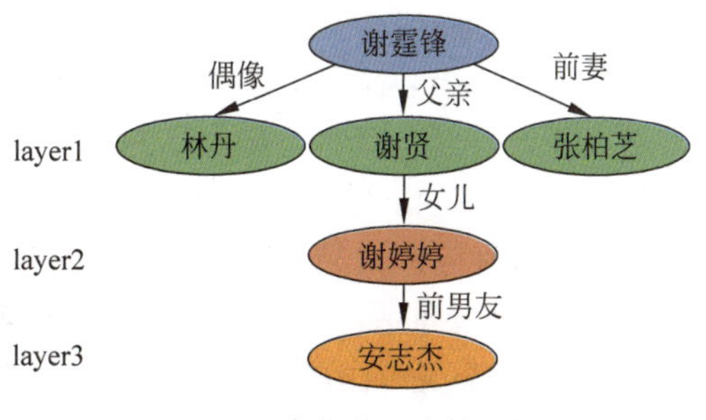

图 1-1 人物关系网络示例

1.1.3 评估指标

评估指标：**核心实体关系准确率**，以实体“赵丽颖”为例，参赛者需要找出“赵丽颖”的所有一级关系、二级关系、三级关系，然后对找出的关系做准确率评估，关系+层级均正确，视为正确。例如，**赵丽颖-谢娜**，朋友，layer1，关系、层级均正确，视为一个正确的结果，而**赵丽颖-谢娜**，朋友，layer2 或者**赵丽颖-谢娜**，分手，layer2 均视为错误。

1.1.4 赛题分析

根据大赛给定的信息，可以很容易地抽象出具体的建模任务，即**对句子中实体对(实体 1、实体 2)的关系进行分类，并且对关系分类结果进行拓扑排序(即排列为图 1-1 形式的层级网络)**。对于测试数据，给定 50 个核心实体列表，针对列表中每个核心实体，我们需要通过建模自动地给出该实体的圈子数据(即与核心实体直接或间接关联的实体集合，例如给定一位女明星姓名，需要挖掘出该明星的丈夫是谁，以及丈夫的朋友等)，因此，“人物关系”知识挖掘的任务形式十分明确，即实体关系抽取，实体关系抽取模型的输入输出如下：

输入：(实体 1，实体 2，实体 1/2 所处的句子)，对于训练数据，给定实体 1 与实体 2 的正确关系，用于计算损失值，而对于测试数据，需要参赛者根据模型，推理关系；

模型：实体关系抽取模型；

输出：核心实体的圈子数据结果(与核心实体直接或间接关联的实体集合)，形成关系网络(实体关系+拓扑排序)。

接下来，我们详细介绍如何进行“人物关系”的知识挖掘。

1.2 “人物关系”知识挖掘基础介绍

人物关系知识挖掘是指根据社交媒体上的用户行为数据，如点击、评论、聊天关系、访问主页、关注等，来构造一张反映不同用户关联关系的“网”。例如，你在某社交网站上关注了谢霆锋，另外很多用户也关注了谢霆锋，那么谢霆锋作为一个核心实体，连接了你和另外的一群网络中的其他用户，这样你们就构成了一个“小团体”，即社区；若这一群用户中又有很多用户关注了周杰伦，那么两个社区就被这些共同关注者连接起来，如此反复，很多个核心实体就会被连接起来，构成一张大的社交网络，这张“网”是连接物理社交世界和虚拟网络空间的桥梁。网络用户与信息的交互加之用户与用户的交互，在社交网络上留下各种“足迹”，直接促成了网络大数据时代的到来。

传统人物关系知识挖掘主要包含三个维度：社交关系的形成机理(关系链接预测)、社交关系的语义化(关系类型预测)以及基于社交关系人与人之间的交互(关系交互预测)。

社交关系的形成机理，即关系链接预测，是指预测和推测未知的链接，也就是根据用户之间的相似性或者同质性，推断用户之间的新链接，这类问题就是我们通常所说的“物以类聚、人以群分”的性质，根据已有的关系网络，预测不存在关系的用户之间是否有可能在将来存在某种交互行为，如图 1-2(a)(上)所示，已知你与 Bob 之间的关系、你与 XiaoLi 之间的关系，那么 Bob 与 XiaoLi 之间的关系是什么呢？推理 Bob 与 XiaoLi 之间的关系就是关系链接预测，即将 Bob 与 XiaoLi 也“链接”起来。

社交关系的语义化，即关系类型预测，是指根据用户之间的行为，自动判断两者之间的关系，比如“朋友”关系等，由于这种关系具有“语义性”，因此称为社交关系的语义化建模，本次大赛便是属于这一类型的社交关系挖掘，也即“人物关系”知识挖掘。只不过，我们处理的数据是文本类型数据，直接从现有文本中挖掘相应的人物关系，相对于从网络中获取的多元非结构化数据中的挖掘，难度已经降低了很多，通常社交关系语义化的人物形式为：给定多种关系类型集合，判断两个用户或实体属于哪一种关系类型，如图 1-2(c)所示，根据一些文字描述，判断你和 Bob 之间的关系是家人还是朋友。

基于社交关系人与人之间的交互，即关系交互预测，主要研究单向的社交关系怎样发展成双向的社交关系，如图 1-2(b)所示，举个非常典型的例子，你和 Bob 在社交网络中都是自然语言处理领域的专家，你关注了 Bob，反过来，Bob 极有可能在某一天反过来关注你，如果社交网络能够“意识”到你很有可能是 Bob 的“潜在朋友”，然后会给 Bob 推荐你的主页信息，促进你和 Bob 之间的联系。

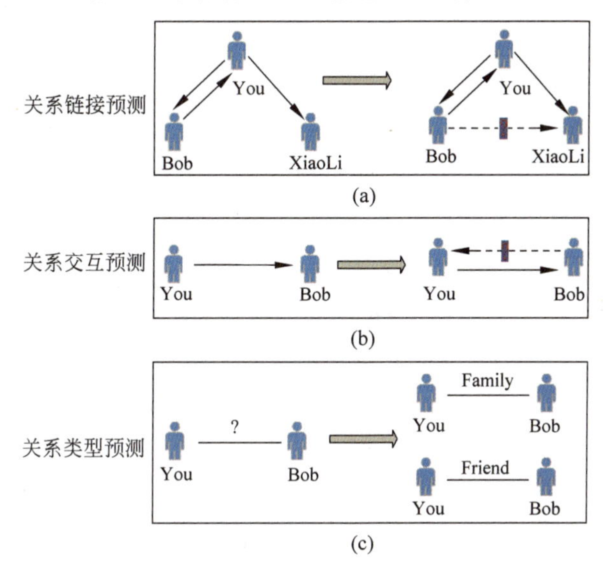

图 1-2 传统社交网络挖掘

社交网络存储了大量用户资料、用户之间的社交关系以及用户之间的交互，这些海量社交数据有着巨大的研究价值，同时也在广告、推荐系统等方面具有十分广阔的应用前景。

对于本次赛题的“人物关系”知识挖掘，即社交关系的语义化，本质上是根据实体对所处的上下文，推断两者的关系，是一个经典的关系抽取问题，因此，本节将侧重介绍一些关系抽取方法，而非传统的社交关系网络挖掘方法。由于本次赛题年限较早，因此，按照时间发展，从简单到复杂介绍，为读者分别介绍几种经典的关系抽取方法。

1.2.1 基于模板的方法

基于模板的方法是指通过人工编辑或者学习得到的模板对文本中的实体关系进行抽取和判别。通常使用句法分析工具识别文本中的语法元素，然后根据这些元素自动构建模板。当实体对所处的上下文(句子)满足模板时，就可以认为这两个实体在这个句子之中满足特定的实体关系。例如一个判断两个实体是否是上下位词语(下位词包含于上位词，如动物是上位词，猫是下位词)的模板：A such as B，其中 A 与 B 为两个实体，认为两个实体若满足 such as 结构，那么这两个实体的关系就满足上下位关系，如 animals such as cats，这里 animals 与 cats 为上下位词语关系。

这种方法执行起来非常简单，是一个检索匹配的过程，但是存在两个问题：

(1) 如何制定用于抽取关系的模板？面对层出不穷的关系，甚至无穷尽的关系上下文，有限的模板库有可能远远无法满足要求；

(2) 如何将学习到的模板进行聚类？模板搜索的另一个问题是时间成本问题，即使可以制定海量的模板，如何对重复性比较高的模板进行归纳聚类，减少模板匹配成本，也是一个巨大的问题；

(3) 模板是根据语素(如上例中的 A、B 代表名词、代词等实体词，such as 为关联词)自动构建的，通常会包含很多错误，因此需要人类专家进一步进行规则检查，这也大大增加了关系抽取的成本。

1.2.2 基于统计的方法

基于统计的方法，相对于基于模板的方法，具有更加灵活的特性，且对人类专家要求更低。基于统计的方法主要包含基于特征的方法、基于核函数的方法。

给定两个实体，基于特征的关系分类方法从该实体对所在上下文中抽取特征，并基于这些特征完成关系分类任务。举个例子："**谢霆锋**的每场演唱会，爸爸谢贤、妹妹**谢婷婷**都没有缺席。"假设我们要识别**谢霆锋**与**谢婷婷**的关系，对于特征，可以这样构建。

(1) 词汇特征 1：表示两个实体名字中包含的单词，如谢霆锋、谢婷婷。

(2) 词汇特征 2：表示文本中两个实体之间出现的单词，如的每场演唱会、爸爸谢贤、妹妹。

(3) 数值特征 1：表示文本中两个实体之间出现的单词的数目，如 6(此处单个字作为一个词)。

(4) 数值特征 2：表示文本中两个实体之间出现的其他实体的数目，如 1(此例中间出现谢贤)。

(5) 类型特征：表示两个实体对应的类型(例如 Person、Location 和 Organization 等)，如上例中的实体为 Person。

(6) 指示特征：表示两个实体是否出现在同一个名词短语、动词短语或介词短语中，上例中为否。

(7) ……

构建好特征之后，需要构建分类器，对特征进行关系分类。在模型方面，常见的有基于最大熵(Maximum Entropy)的关系分类模型、基于支持向量机(Support Vector Machine)的关系分类模型，作为经典的机器学习方法，此处不再赘述。

基于特征的方法虽然更加灵活，但是也严重依赖手工特征的构建，这是几乎所有机器学习方法的通病；同时特征抽取与模型训练是一个串联的过程，前一步自然语言处理的结果是后一步的输入，会存在错误的累积和传递；面对少资源语言的样本时，缺乏可用的自然语言处理工具，上述方法失效，因此需要更加灵活的方法进行关系抽取。

1.2.3 基于神经网络的方法

基于神经网络的方法是一种端到端的学习方法，直接避免了特征抽取带来的不便，接下来介绍如何使用神经网络进行关系抽取。基于神经网络的关系抽取方法可以分为以下几个步骤：

特征表示：将纯文本的特征表示为分布式特征表示，即向量表示，如将词语表示为词向量；

神经网络的构建与抽象特征学习：搭建神经网络模型并利用模型将上一步得到的基本特征(词向量特征)进一步进行特征抽象；

模型训练：从简单到复杂，主要包含下列几种：全连接神经网络、卷积神经网络、基于 Attention 的注意力网络、基于预训练-微调网络、基于图神经网络等方法；

模型预测：利用训练好的模型对测试集样本进行分类，完成关系分类。

基于神经网络的方法，无论是特征抽取还是预测性能，都优于传统机器学习方法，随着计算资源以

及可用数据资源的不断扩充，使用神经网络进行各项任务的建模已经非常普遍。因此，本章节将从神经网络方法入手，为大家详细介绍如何从0到1，从数据预处理，到模型构建、结果预测，到人物关系拓扑生成。

1.3 数据处理

拿到比赛的数据，首先要做些什么？当然要看数据！只有充分了解数据，你才能游刃有余地去使用它，做科研、打比赛、工业场景落地都是这样，根据经验，数据的价值与模型的价值是8∶2的比例，因此，一定要充分了解自己的数据，然后才能做到有针对性的优化。所以，当我们拿到一个数据集，首先要看数据集中包含什么数据、数据形式是什么样的、数据比例是怎样的、不同的数据应该怎么用。了解清楚这些基本的信息，后面就能设计相应的方法去解决这些问题，达到最优的模型效果。

回观本次的数据，主体上，关于实体，给了三类主要的信息。

训练数据：这类数据中，每条样本包含实体1、实体2、实体对所处的上下文(句子)、实体对之间的关系，这就是我们想要的训练模型的标准数据集。

实体文本数据：这类数据中，每条样本只包含实体对、实体对所处的上下文，没有给出关系，也就是说，这些数据是可以自由发挥使用的(通常是作为无监督的增强数据)，使用的前提是，需要对数据进行一些自己的处理，如何处理？见仁见智，此处先保留，留待后面介绍。

实体属性数据：这类数据中包含实体的各种结构化属性，例如性别、年龄、出生地、毕业院校等，看似与关系抽取没有显式的关系，实则可以作为一种外部知识使用。近两年来，外部知识的引入，已经被证明十分有效，比如在"父子"关系分类中，父亲的性别属性与儿子的性别属性就能约束在"父子"关系中，而非"父女"关系，如何引入这种外部知识，也是一项非常值得研究的课题，本赛题给了参赛者大量的实体属性值，实际上是为参赛者提供更多的数据信息，充分利用实体的属性来挖掘其中的人物关系。

下面，通过数据加载，一一介绍如何使用本次赛题的数据。

1.3.1 数据分析

前面已经将本次赛题抽象为一个关系抽取的任务，因此，首先将数据处理为一个标准的关系抽取模型的输入，即关系类型、实体1、实体2、句子，然后过滤掉其中的负例(不包含指定关系的样本)，由于给定的任意句子中的两个实体可能包含关系集合内的关系，也可能不包含，因此，额外添加一个"其他"类型，将负例的关系类型标识为"其他"，如下面的负例：

```
同为校花    佟大为    王宝强    王宝强郑钧佟大为陆毅夏雨的校花美妻    0
  train  13940  http://baike.baidu.com/view/13940.htm 8581592
  http://baike.baidu.com/subview/764555/8581592.htm
```

两个实体(佟大为、王宝强)之间的关系是错误的，因此flag标识为0，所以可以将该例子转换为如下样本格式：

```
其他    佟大为    王宝强    王宝强郑钧佟大为陆毅夏雨的校花美妻
```

读取整个训练集(task1.trainSentence)，去掉其中的重复样本，可以得到的数据样本分布如表1-1所示。

表 1-1 训练数据样本类型分布

标签	经纪人	同学	同为校花	偶像	妻子
样本数	54	84	81	255	145
标签	闺蜜	分手	撞衫	老乡	前妻
样本数	91	94	82	76	33
标签	传闻不和	暧昧	前女友	绯闻女友	老师
样本数	89	132	67	124	184
标签	朋友	同居	翻版	昔日情敌	其他
样本数	126	81	53	7	3960

从类型样本数分布来看，各类型样本分布不均衡，例如"其他"类型包含 3960 个样本，而"昔日情敌"只包含 7 个样本。样本分布不均衡是很常见的一类数据倾斜问题，对模型的性能影响很大，体现在模型会倾向于将预测样本归类为样本数多的类型上，这种情况甚至是有害的，一个典型的例子，癌症患者的预测，正样本数远远低于负样本数，此时若不加以处理，模型准确率虽然非常高，但是所有样本都被预测为"非癌症"，模型基本上是无用的，这种情况甚至是有害的。回看我们的数据集，其他类型的数据比剩余 19 种类型的数据之和都多，是典型的数据不均衡现象。因此，处理样本不均衡问题是本赛题必要的一步。

1.3.2 样本不均衡数据处理

针对样本不均衡数据处理，学术界、工业界有非常多的解决方法，此处列举一些最常用的供读者参考。

采样：对于样本数多的类型进行下采样，即指采样一部分样本用于训练；对于样本数少的类型进行上采样，即重复几次少样本类型的数据，达到各类型样本数可接受的比例。

数据增强：通常，数据增强会带来出乎意料的效果，对样本数少的类型，通过数据增强，增加一批样本，这种方法在图像处理任务中十分有效，例如对图像进行翻转、缩放、加噪声、对称等操作，均不改变其语义标签，但是样本数可以无限扩充。在自然语言处理领域，数据增强可以使用如下方法：

(1) 词汇替换(Lexical Substitution)：随机选定词语，进行同义词替换；

(2) 回译(Back Translation)：先翻译为其他语言，再翻译回原语言；

(3) 文本形式变换(Text Surface Transformation)：对文本的表现形式进行一些变化，一般基于正则方式，例如将一些缩写形式变为全拼形式(展开变换)，或者将一些可以缩写的短语或词汇进行缩写(收缩变换)；

(4) 随机噪声注入(Random Noise Injection)：与上述语义相似变换有所不同，这种增强方法主要通过向样本中注入随机噪声以达到增强模型的鲁棒性的效果，这通常是基于一个假设：对样本进行少量的干扰，模型对其预测的结果具有一致性。这样的模型鲁棒性更好，容错性更强；

(5) 实例交叉增强(Instance Crossover Augmentation)：对两段同极性的文本交叉，虽然可能导致语义甚至语法的不健全，但是生成的新的文本仍然保留了其情感极性，例如：

实例 1：小明与小花一起出去郊游，天气很好，他们玩得很开心
实例 2：张丽与李华去吃了大餐，他们非常开心
交叉实例 1：小明与小花一起出去郊游，天气很好，他们非常开心
交叉实例 2：张丽与李华去吃了大餐，他们玩得很开心

(6) 句法树变换(Syntax-tree Manipulation):基于句法树变换,依赖句法解析的结果,根据依赖树,对语法规则进行变换,比如**主动语态**与**被动语态**之间的变换,这种方法类实际上是一种复述,对句法解析工具具有强依赖。

(7) 混合增强(MixUp):MixUp最初是用于图像的增强,即将两张图片叠加后,仍可以辨别其原始类别,在自然语言处理中,当前使用MixUp进行文本增强的方式主要有两种:单词级MixUp与句子级MixUp。

① 单词级MixUp:对两个句子的单词词向量进行线性插值,例如,单词1的词向量为u,单词2的词向量为v,那么,r=x*v+y*u(x+y=1),r即为MixUp后的新词。在这种方法中,取批量数据中的两个随机句子,将它们补零到相同的长度,然后将它们的单词嵌入按一定比例组合,所得到的插值单词嵌入被传递到通常的文本分类器中,计算了原文本两个标签按给定比例的交叉熵损失。

② 句子级MixUp:获得两个句子的特征编码后进行特征空间的组合,计算方式与单词级相同,但并不是在句子表示上进行的融合。

上述不同的增强方法有不同的使用场景,使用时,应该根据特定场景进行新样本生成。例如,若要增强相似性计算数据集,可使用句法依赖树变换、回译、词汇同义替换、缩略词展开或反向操作等方法来构建语义不变的样本;若要提升模型的泛化性能、鲁棒性等,可采取MixUp插值、乱序、删除添加重复部分词汇等操作、引入噪声进行平滑等方法;若目的是平衡数据集、增加训练样本等,可采用生成式的方法产生更多高质量、多样性样本,充分利用预训练模型的丰富知识。

优化损失函数:通常使用类型加权损失函数,对于少样本的类型,损失值的权重适当调大,而对于多样本的类型,损失值的权重适当调小,即对少样本类型的误分类惩罚较大,对多样本类型的误分类惩罚较小,强制模型学习更多的少样本类型信息。常见的有加权交叉熵损失、Focal Loss等。

目前,主要的样本不均衡方法主要包含上述几种,还有很多场景化的方法,需要根据具体情况讨论,感兴趣的读者可以自行查阅验证,此处不再赘述。后面的几个赛事虽然任务形式不同,但是关于样本不均衡、数据增强的处理,都可以参考上述方法,后面不再作详细讨论。

本次赛事只有两类,样本过多或过少,因此采用简单的采样方式来解决。

1.3.3 数据加载

对于关系抽取,模型的输入部分主要有3个:实体1、实体2、实体对所处上下文,对于训练集,输入真实标签,用于计算损失函数,对于测试集,没有真实标签。本次赛事使用的深度学习框架为PaddlePaddle2.0,实验平台为百度AiStudio。

在重新结构化训练数据后,本节将其进行封装,封装为PaddlePaddle可以标注数据集格式,便于后面的训练,封装代码如下:

```
class MyDataset(paddle.io.Dataset):
def __init__(self, data_path, vocab_path, label_vocab_path,
entity_maxlen = 3,sents_maxlen = 100,mode = "train"):
        super(MyDataset, self).__init__()
        labels = open(label_vocab_path,'r',encoding = 'utf - 8').readlines()
        label2id = {label.strip():id for id,label in enumerate(labels)}
        lines = read_datas(data_path)
        # 关系、实体 1、实体 2、文本
        if mode == "test":
```

```
                self.relations = [0] * len(lines)
            else:
                self.rels = [line[0] for line in lines]
                self.relations = [label2id[label] for label in self.rels]

            self.e1s = [line[1] for line in lines]
            self.e2s = [line[2] for line in lines]
            self.sents = [line[-1] for line in lines]
            vocab = get_vocab(vocab_path)
            self.e1ids = word2id(self.e1s,vocab,entity_maxlen)
            self.e2ids = word2id(self.e2s,vocab,entity_maxlen)
            self.sentids = word2id(self.sents,vocab,sents_maxlen)
            self.data = list(zip(self.e1ids,self.e2ids,self.sentids,self.relations))

    def __getitem__(self, index):
            e1 = self.data[index][0]
            e2 = self.data[index][1]
            sent = self.data[index][2]
            label = self.data[index][3]
            return sent,e1,e2,label

        def __len__(self):
            return len(self.data)
```

上述代码中，MyDataset 继承 paddle.io.Dataset 标准数据集类，实现个性化数据集定制，其中，两个函数需要重写：__getitem__与__len__，__getitem__函数实现获取指定索引的样本，__len__函数获取整个数据集的大小，即样本数。实现这两个函数的必要性在于，生成批量数据时，需要进行数据集批量切分以及样本采样，因此，需要建立索引机制，便于随机采样样本。

封装好数据集之后，通过下列语句，便可以直接将样本处理为模型所需要的输入格式，其中，设置实体最大长度为 3，实体对所处上下文最大长度为 40，使用 MyDataset 将数据集封装好后，再使用 paddle.io.DataLoader 生成 mini-batch 批量数据，便于后面批量数据训练模型。

```
# 加载数据集
train = MyDataset("dataset/train.txt","dataset/vocab.json",'dataset/labels.txt',3,40)
eval = MyDataset("dataset/eval.txt","dataset/vocab.json",'dataset/labels.txt',3,40)
# 数据加载器,进行批量数据封装
train_loader = paddle.io.DataLoader(train, batch_size=batch_size, shuffle=True)
eval_loader = paddle.io.DataLoader(eval, batch_size=batch_size, shuffle=False)
```

由于本赛题处理的文本较短，所以此处使用基于字符的分词方式，即以单字成词的方式进行编码。因此需要构建字典，即统计所有数据里面出现的所有的词，构建字典时，使用所有训练集的文本作为语料即可，也可以添加测试集文本语料，此处提供一个控制单词粒度的参数，即 is_char 为 True 时，构建单字字典；否则，首先进行 Jieba 分词，然后建立构建词语字典：

```
# 构建字典
def build_vocab(data, is_char=True, vocab_path="vocab.json"):
    vocab = {}
    vocab['<pad>'], vocab['<unk>'] = 0, 1
```

```
    idx = 2
    if not is_char: # 是否分词
        data = [jieba.cut(line) for line in data]
    for line in data:
        for w in line:
            print(w)
            if w not in vocab:
                vocab[w] = idx
                idx += 1
    fout = open(os.path.join("dataset",vocab_path), "w",encoding = "utf - 8")
    vocabs = [k + "\t" + str(v) for k,v in vocab.items()]
fout.write("\n".join(vocabs))

# 读取字典
def get_vocab(vocab_path):
    vocab = open(vocab_path, 'r', encoding = "utf - 8").readlines()
    dic = {line.split("\t")[0]:int(line.split("\t")[1]) for line in vocab}
    return dic
```

至此，数据预处理工作已经完成，接下来开始探索如何设置关系抽取模型。

1.4 “人物关系”知识挖掘方法探索

如何构建关系抽取模型？本质上，关系抽取仍然属于一个文本分类问题，只不过，分类的类型为一系列关系集合。如何更好地编码实体对以及实体对所处的上下文，是人物关系抽取的极为重要的一部分。随着自然语言处理方法的不断发展，文本编码器从最初的双向 LSTM(BiLSTM)编码器，发展到后来的基于注意力机制(Attention)的编码器、基于多头注意力机制的 Transformer 编码器，再到最近几年的基于预训练-微调方法，几乎推动了自然语言处理各项任务进入新的性能巅峰。本文将从简单到复杂，尝试几种不同的方法，探索不同方法在性能上的差异。

1.4.1 基于 LSTM 的关系抽取

循环神经网络(Recurrent Neural Network，RNN)是一类具有短期记忆能力的神经网络。一个简单的循环神经网络如图 1-3 所示，它由输入层、隐藏层和输出层组成。

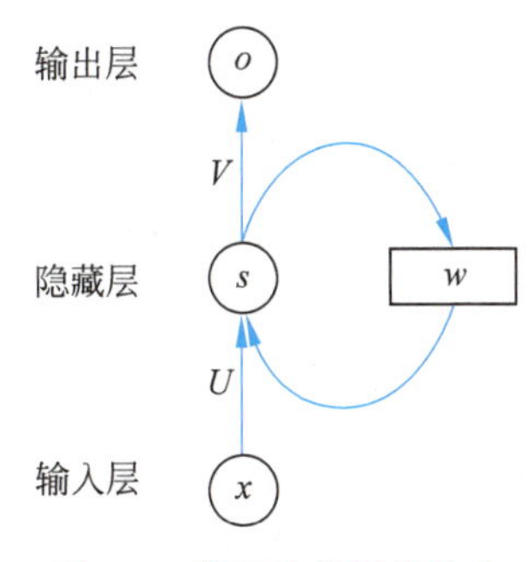

图 1-3　循环神经网络结构

我们将上图按照不同时刻的时间步进行展开，就得到了如图 1-4 所示的循环神经网络结构。

从图 1-4 我们可以很清楚地看到，网络在 t 时刻接收到输入 x_t 之后，得到的隐藏层的值为 s_t，输出值为 o_t。最关键的一点是，s_t 的值不仅取决于 x_t，还取决于 $t-1$ 时刻的隐藏层状态 s_{t-1}。我们可以用如下公式来表示循环神经网络的计算方法：

$$s_t = f(Ux_t + Ws_{t-1} + b)$$

$$o_t = g(Vs_t)$$

其中，$f(\cdot)$、$g(\cdot)$为 tanh 等激活函数，U、W、V 为模型需要学习的参数。

循环神经网络更加符合生物神经网络的结构，已经被广泛应用在语音识别、语言模型以及自然语言

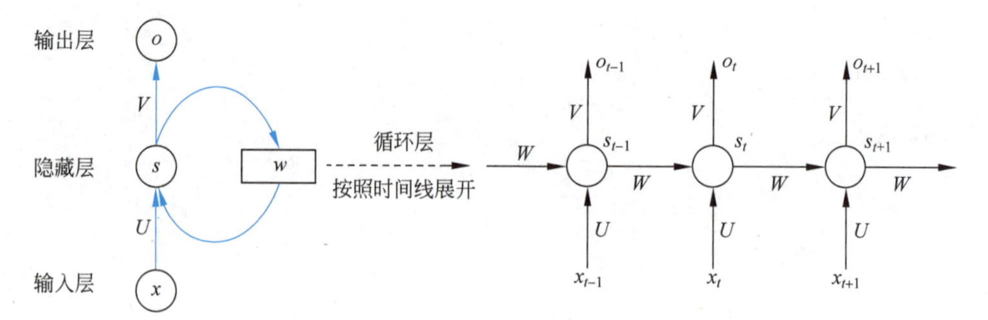

图 1-4　循环神经网络展开结构

生成等任务上，但是随着距离的增加，RNN 无法有效地利用历史信息，因此学者们提出了比 RNN 更擅长处理较长文本序列的结构：长短期记忆网络(Long Short-Term Memory Network，LSTM)。

LSTM 是 RNN 的一个变体，可以有效地缓解 RNN 的梯度爆炸或消失问题。与标准的 RNN 相比，LSTM 网络的主要改进体现在以下两方面(见图 1-5)。

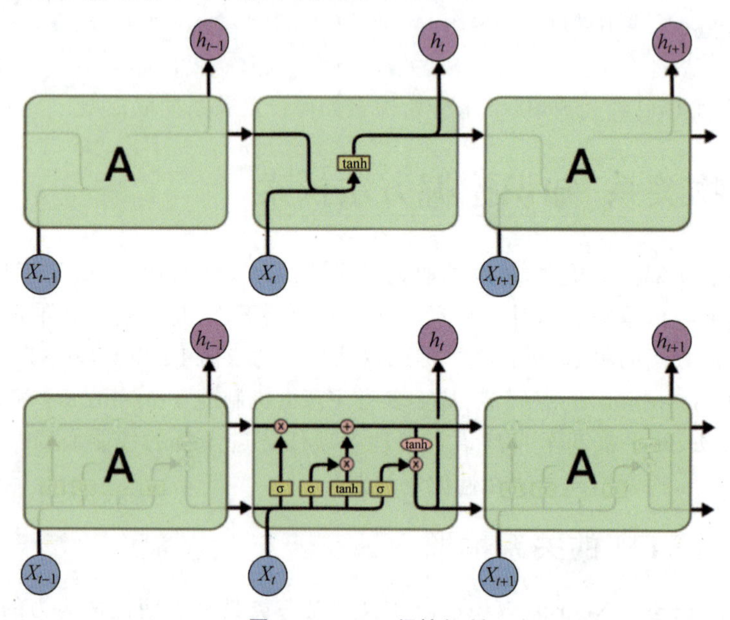

图 1-5　LSTM 门控机制

与 RNN 在传递的过程中只有一个传输状态 h_t 相比，LSTM 引入了一个新的内部状态 c_t，c_t 在整个传输过程中专门进行线性的循环信息传递，同时非线性地输出信息给隐藏层的外部状态 h_t。内部状态 c_t 通过以下公式进行计算：

$$c_t = f_t \odot c_{t-1} + i_t \odot \widetilde{c_t}$$

$$h_t = o_t \odot \tanh(c_t)$$

其中，f_t、i_t、o_t 为接下来要介绍的三个门(Gate)；$\odot$为向量元素乘积；c_{t-1} 为上一时刻的记忆单元；$\widetilde{c_t}$ 是计算得到的新的候选状态：

$$\widetilde{c_t} = \tanh(W_c x_t + U_c h_{t-1} + b_c)$$

在每个时刻 t，LSTM 网络的内部状态 c_t 记录了到当前时刻为止的历史信息。

LSTM 引入了门控机制来控制信息传递的路径，分别是输入门 i_t、遗忘门 f_t 和输出门 o_t。LSTM

网络中的“门”取值在(0,1)之间，通过 sigmoid 激活函数实现，表示以一定的比例允许信息通过。下面对这三个“门”依次进行介绍。

(1) 遗忘门：f_t 控制上一时刻的内部状态 c_{t-1} 需要遗忘多少信息。遗忘门结构如图 1-6 所示。

$$f_t=\sigma(W_f x_t+U_f h_{t-1}+b_f)$$

(2) 输入门：i_t 控制当前时刻的候选状态 $\tilde{c}_t$ 有多少信息需要保存。输入门结构如图 1-7 所示。

$$i_t=\sigma(W_i x_t+U_i h_{t-1}+b_i)$$

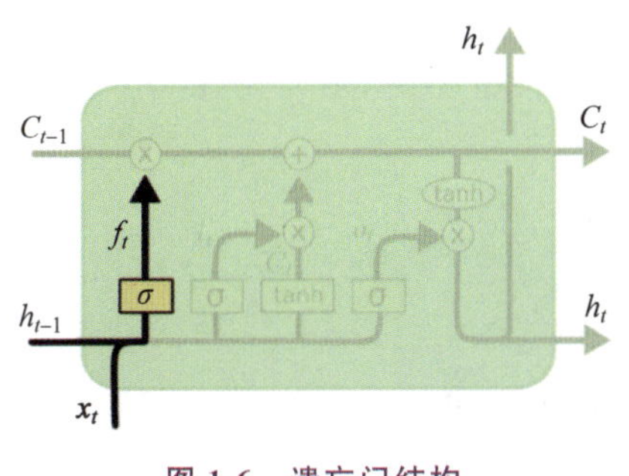

图 1-6　遗忘门结构

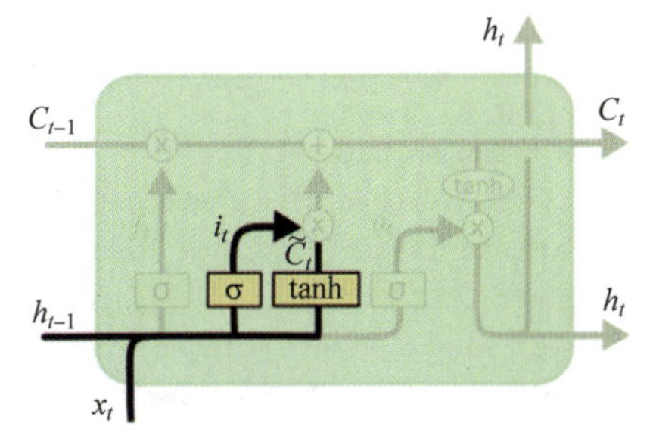

图 1-7　输入门结构

(3) 输出门：o_t 控制当前时刻的内部状态 c_t 有多少信息需要输出给外部状态 h_t。输出门结构如图 1-8 所示。

$$o_t=\sigma(W_o x_t+U_o h_{t-1}+b_o)$$

因此，我们可以对 LSTM 网络的循环单元的计算过程进行总结：

(1) 首先利用上一时刻的外部状态 h_{t-1} 和当前时刻的输入 x_t，计算出 3 个门，以及候选状态 $\tilde{c}_t$；

(2) 结合遗忘门 f_t 和输入门 i_t 来更新记忆单元 c_t；

(3) 结合输出门 o_t，将内部状态的信息传递给外部状态 h_t。

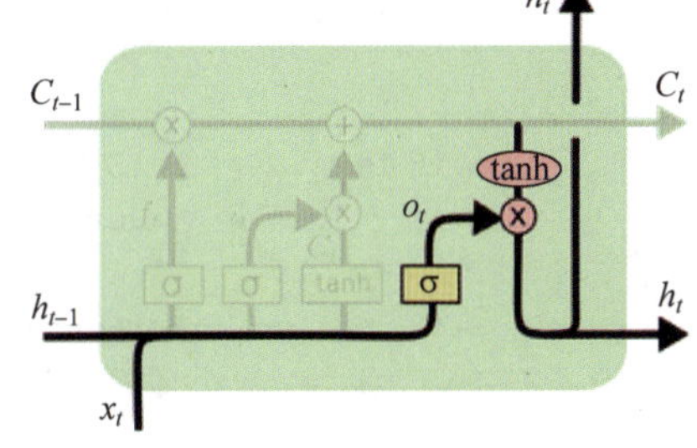

图 1-8　输出门结构

回到本任务，关系抽取(关系抽取图示如图 1-9 所示)的输入分为 3 部分：实体 1 编码、实体 2 编码、实体对上下文编码，最后将三者的编码以一定的方式融合作为分类的特征向量，输入分类器中进行关系分类。此处，首先对实体 1、实体 2 使用 LSTM 进行编码，然后使用 BiLSTM 对实体对上下文进行编码，最后取上下文正向最后一个单词的隐状态表示与反向最后一个单词(正向第一个单词)的隐状态表示拼接，作为上下文的编码表示，拼接实体及上下文的表示作为分类特征进行关系分类。

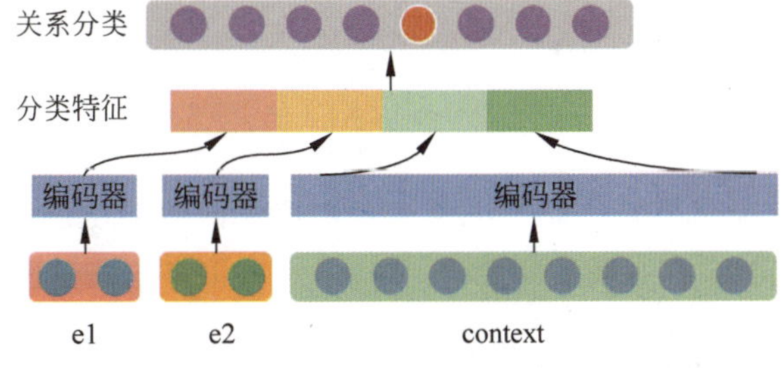

图 1-9　关系抽取图示

基于 LSTM 的关系抽取模型如下，其中，Embedding 类为词向量表示类，即用于字典中词的分布式表示，初始化函数包含两个参数，字典大小与词向量维度；paddle 封装了 LSTM 类，即 paddle. nn.

LSTM(input_size, hidden_size, num_layers=1, direction='forward', dropout=0., time_major=False, weight_ih_attr=None, weight_hh_attr=None, bias_ih_attr=None, bias_hh_attr=None),该类根据输出序列和给定的初始状态计算返回输出序列和最终状态,该网络中的每一层对应输入的 step,每个 step 根据当前时刻输入 $x(t)$和上一时刻状态 $h(t-1)$、$c(t-1)$计算当前时刻输出 $y(t)$ 并更新状态 $h(t)$、$c(t)$ 。实例化该类接收如下参数配置:input_size 为输入的大小;hidden_size 为隐藏状态大小;num_layers 为网络层数,默认为 1;direction 为网络迭代方向,可设置为 forward 或 bidirect(或 bidirectional),默认为 forward;time_major 指定 input 的第一个维度是否是 time steps,默认为 False;dropout 为 dropout 概率,指的是除第一层外每层输入时的 dropout 概率,默认为 0。

```
class LSTM_MODEL(nn.Layer):
def __init__(self,vocab_size, embedding_size, hidden_size,num_classes,
dropout_rate, fc_hidden_size, num_layers = 2):
        super(LSTM_MODEL, self).__init__()
        self.hidden_size = hidden_size
        self.emb = paddle.nn.Embedding(vocab_size, embedding_size)
        self.lstm = nn.LSTM(embedding_size,
                            hidden_size,
                            num_layers = num_layers,
                            direction = 'bidirectional')
        self.lstm_e1 = nn.LSTM(embedding_size,
                            hidden_size,
                            num_layers = 1)
        self.lstm_e2 = nn.LSTM(embedding_size,
                            hidden_size,
                            num_layers = 1)
        self.fc = nn.Linear(hidden_size * 4, fc_hidden_size)
        self.output_layer = nn.Linear(fc_hidden_size, num_classes)

    def forward(self, text,e1,e2, y = None):
        emb_text = self.emb(text)
        emb_e1 = self.emb(e1)
        emb_e2 = self.emb(e2)
        r1,(_,_) = self.lstm(emb_text)
        r2,(_,_)  = self.lstm_e1(emb_e1)
        r3,(_,_)  = self.lstm_e2(emb_e2)
        f = paddle.concat([r1[:, - 1, :self.hidden_size],
r1[:,0,self.hidden_size:],r2[:, - 1, :],r3[:, - 1, :]],axis = - 1)
        fc_out = paddle.tanh(self.fc(f))
        logits = self.output_layer(fc_out)
        return logits
```

LSTM 方法通常作为一个简单的验证方法供读者快速验证效果,虽然简单,但是当文本长度较长时,信息丢失较为严重,且仍然会存在梯度问题。

1.4.2 基于 Transformer 的关系抽取

在讲解 Transformer 之前,我们首先应该了解注意力机制(Attention Mechanism)。当我们在翻译文章时,会将注意力关注于当前正在翻译的部分,Attention 机制与此十分类似,假设我们需要将

“Machine Learning(源语言)”翻译至“机器学习(目标语言)”,当我们在翻译“机器”时,只需要将注意力放在源语言中“Machine”的部分;同样,在翻译“学习”时,也只用关注原句中的“Learning”。这样,当我们在解码器端(编码器对源语言进行编码,解码器解码目标语言)进行预测时就可以利用编码器端的所有信息,而不是局限于原来模型中源语言的单一表示特征了,减少了长距离历史信息的丢失。

以上是对于 Attention 机制的直观理解,接下来详细介绍 Attention 机制的内部运算,如图 1-10 所示。

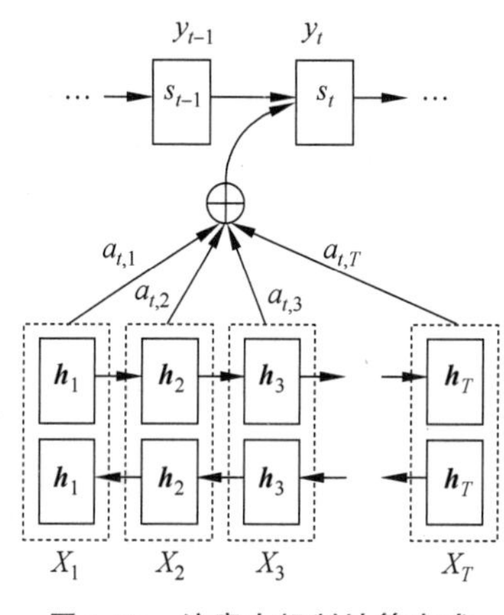

图 1-10 注意力机制计算方式

首先我们基于 RNN 网络得到编码器端词语的隐状态表示:$(h_1, h_2, \dots, h_T)$。假设当前解码器端的隐状态是 s_{t-1},我们可以计算编码器端每一个输入位置 j 与当前输出位置的相关性,记为:

$$e_{tj} = a(s_{t-1}, h_j)$$

写成对应的向量形式即为:

$$\boldsymbol{e}_t = (a(s_{t-1}, h_1), a(s_{t-1}, h_2), \cdots, a(s_{t-1}, h_T))$$

其中,$a(\cdot)$表示相关性运算,常见的有:

$$\boldsymbol{e}_t = \boldsymbol{s}_{t-1}^{\mathrm{T}} \boldsymbol{h}$$

加权点乘:

$$\boldsymbol{e}_t = \boldsymbol{s}_{t-1}^{\mathrm{T}} W \boldsymbol{h}$$

加和:

$$\boldsymbol{e}_t = \boldsymbol{v}^{\mathrm{T}} \tanh(W_1 \boldsymbol{h} + W_2 \boldsymbol{s}_{t-1})$$

然后对 $\boldsymbol{e}_t$ 进行 $softmax$ 归一化操作,将其归一化得到注意力打分的概率分布:

$$\boldsymbol{\alpha}_t = softmax(\boldsymbol{e}_t)$$

其展开形式为:

$$\alpha_{tj} = \frac{\exp(e_{tj})}{\sum_{k=1}^{T} \exp(e_{tk})}$$

利用$\boldsymbol{\alpha}_t$ 对编码器端的隐藏层状态进行加权求和,即得到相应的句子向量表示:

$$\boldsymbol{c}_t = \sum_{j=1}^{T} \alpha_{tj} h_j$$

由此,我们可以计算解码器端的下一时刻的隐状态:

$$s_t = f(s_{t-1}, y_{t-1}, c_t)$$

以及该位置的输出:

$$p(y_t \mid y_1, y_2, \cdots, y_{t-1}, \boldsymbol{x}) = g(y_{t-1}, s_t, c_t)$$

这里的关键操作是计算编码器端各隐藏层状态和解码器端当前隐藏层状态的关联性的权重,得到注意力打分分布,从而得到对于当前输出位置比较重要的输入位置的权重,在预测输出时该输入位置的单词表示对应的比重会较大。

通过 Attention 机制的引入,我们打破了只能利用编码器端最终单一向量结果的限制,从而使模型可以将注意力集中在所有对于下一个目标单词重要的输入信息上,使模型效果得到极大的改善。还有一个优点是,我们通过观察 Attention 权重矩阵的变化,可以知道机器翻译的结果和源文字之间的对应关系,有助于更好地理解模型工作原理。

Transformer 时对注意力机制的进阶应用,最早是在机器翻译领域提出的,在 Attention 的基础上,提出一种多头注意力机制，即多个 Attention 并行计算，从多个特征子空间进行建模，使词的表示更加丰富。基于多头注意力机制的 Transformer（原理如图 1-11 所示）在机器翻译领域取得当时的最优效果，基于 Transformer 的文本生成任务也进入了新的繁荣时期。

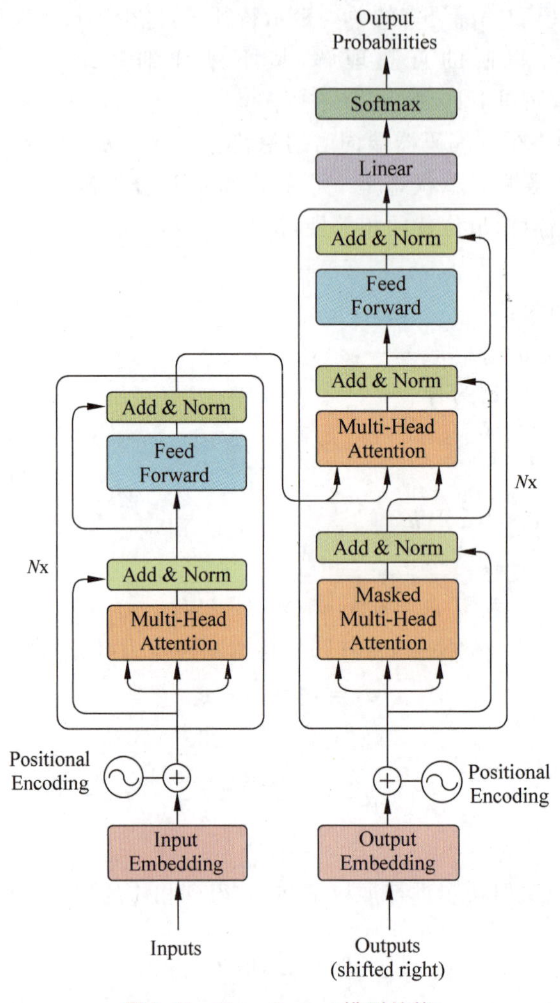

图 1-11 Transformer 模型结构

Transformer 也包含编码器（图 1-11 左）与解码器（图 1-11 右）两部分，编码器与解码器均为多层堆叠的，每一层的结构大体相似。

多头注意力子层：该子层包含多个并行的自注意力模块，用于提取多种不同子空间的语义信息；

逐位置前馈网络子层：该子层融合多头注意力层的输出；

残差连接层：每个子层的输入都会连接到该子层的输出，目的是解决梯度消失、权重矩阵的退化问题；

层归一化：每一层的输出都会进行归一化处理，目的是规范优化空间，保证数据特征分布的稳定性（前向传播的输入分布变得稳定，后向的梯度更加稳定），通过对层的激活值的归一化，可以加速模型收敛。层归一化是对单个训练样本进行的，不依赖于其他数据。

飞桨深度学习平台实现了 Transformer 的基本层，因此可以直接调用，TransformerEncoderLayer 类定义了编码器端的一个层，包括多头注意力子层及逐位前馈网络子层，TransformerEncoder 类接受

TransformerEncoderLayer 层，返回指定层数的编码器，TransformerDecoderLayer 类定义了解码器端的一个层，包括多头自注意力子层、多头交叉注意力子层及逐位前馈网络子层，TransformerDecoder 类接受 TransformerDecoderLayer 层，返回指定层数的解码器。由于本次任务只使用编码器部分，因此应该详细介绍飞桨框架中关于编码器的接口情况。

paddle.nn.TransformerEncoderLayer(d_model，nhead，dim_feedforward，dropout＝0.1，activation＝'relu'，attn_dropout＝None，act_dropout＝None，normalize_before＝False，weight_attr＝None，bias_attr＝None)。Transformer 编码器层由两个子层组成：多头自注意力机制和前馈神经网络，如果 normalize_before 为 True，则对每个子层的输入进行层标准化(Layer Normalization)，对每个子层的输出进行 dropout 和残差连接(residual connection)；否则(即 normalize_before 为 False)，即对每个子层的输入不进行处理，只对每个子层的输出进行 dropout、残差连接(Residual Connection)和层标准化(Layer Normalization)，实例化该类必须指定模型输入的维度 d_model，多头注意力层的头数 nhead，前馈神经网络的维度 dim_feedforward。

paddle.nn.TransformerEncoder(encoder_layer，num_layers，norm＝None)：Transformer 编码器由多个 Transformer 编码器层(Transformer Encoder Layer)叠加组成的，因此在实例化该类时必须指定具体层，并且指定使用多少层。

基于 Transformer 的关系抽取模型如下代码所示，此处，对于实体编码器，仍然使用 LSTM。首先，定义一个使用 Transformer 的句子编码器，先定义多头注意力层，然后定义整体多层编码器结构，如下：

```
class Encoder(paddle.nn.Layer):
def __init__(self,en_vocab_size, embedding_size,num_layers = 2,
head_number = 2,middle_units = 512):
        super(Encoder, self).__init__()
        encoder_layer = nn.TransformerEncoderLayer(embedding_size,
head_number, middle_units,dropout = 0.2)
        self.encoder = nn.TransformerEncoder(encoder_layer, num_layers)

    def forward(self, x):
        en_out = self.encoder(x)
        return en_out
```

定义好句子编码器之后，将其嵌入前面的模型结构中，即替换上述代码中的句子编码器，实体编码器部分无须改动：

```
class Transformer(nn.Layer):
    def __init__(self, vocab_size, embedding_size, hidden_size, num_classes,
                 dropout_rate, fc_hidden_size, num_layers = 2,maxlen = 40):
        super(Transformer, self).__init__()
        self.hidden_size = hidden_size
        self.emb = paddle.nn.Embedding(vocab_size, embedding_size)
        self.transformer = Encoder(vocab_size,embedding_size,
                                   num_layers, head_number = 2,
middle_units = fc_hidden_size)
        self.lstm_e1 = nn.LSTM(embedding_size,
                               hidden_size,
                               num_layers = 1)
        self.lstm_e2 = nn.LSTM(embedding_size,
```

```
                                  hidden_size,
                                  num_layers = 1)
        self.fc = nn.Linear(hidden_size * 3, fc_hidden_size)
        self.output_layer = nn.Linear(fc_hidden_size, num_classes)

    def forward(self, text, e1, e2, y = None):
        emb_text = self.emb(text)
        emb_e1 = self.emb(e1)
        emb_e2 = self.emb(e2)
        r1 = self.transformer(emb_text)
        r2, (_, _) = self.lstm_e1(emb_e1)
        r3, (_, _) = self.lstm_e2(emb_e2)
        # attention 求和
        attention_vector = (r2 * r3)[:, -1, :]
        attention_score = paddle.bmm(r1,paddle.unsqueeze(attention_vector, -1))
        attention_r1 = paddle.bmm(r1.transpose([0,2,1]),attention_score)
        f = paddle.concat([attention_r1[:, :,0], r2[:, -1, :], r3[:, -1, :]],
                          axis = -1)
        fc_out = paddle.tanh(self.fc(f))
        logits = self.output_layer(fc_out)
        return logits
```

需要注意的是，经过 Transformer 编码器之后，得到的是每个词的表示，因此，需要进一步处理，获取句子的整体语义表示，此处对上下文中的词进行了基于 Attention 的表示：首先，构造一个用于计算注意力权重的 attention vector 表示，因为要建模实体对在其上下文中的关系，因此，此处我们使用实体对的融合表示作为 Attention 向量去计算与上下文各词的相关性权重，最后将上下文各词的向量表示进行加权求和作为上下文的整体语义表示。获得上下文表示之后，拼接实体、上下文表示作为分类特征输入分类器中进行关系分类。

Transformer 作为一个非常有效的编码器，为后来的预训练模型打下了扎实的基础，近年来的各种预训练模型几乎都是在 Transformer 的基础上进行的，并且在图像识别领域中也大放异彩。在本赛题发布之时，Transformer 以及后来的预训练模型都没有被提出，时至今日，这些方法已经是诸多任务“必备”的 Baseline，因此，本文尽可能多地为读者尝试这些先进的方法，紧跟先进技术的发展潮流。

至此，我们介绍了两种经典的关系抽取方法，使用下面的代码可以实现模型训练，在 train 函数中，首先定义基础的模型超参数，如词向量维度 embedding_size、LSTM 中间层维度 hidden_size、全连接层维度 fc_hidden_size 等，模型可选 LSTM_MODEL 或者 Transformer，下面以 Transformer 为例，此处优化器使用 Adam，损失函数为经典的交叉熵，这里重点介绍如何使用交叉熵损失函数缓解样本不均衡问题，paddle 中，交叉熵损失函数接收参数如下：paddle. nn. CrossEntropyLoss（weight＝None, ignore_index＝－100, reduction＝‘mean’, soft_label＝False, axis＝－1, name＝None），其中 weigh 指定每个类别的权重，其默认为 None，如果提供该参数，维度必须为类别数，当类别不均衡时，每个类型的权重可以与其样本数成反比，这样会使模型在训练过程中增大少样本类别的误分类惩罚，减轻多样本类别的误分类惩罚，一定程度上可以缓解样本不均衡问题：

```
def train(train_loader):
    epoches = 5
    steps = 0
```

```
    total_loss = []
    total_acc = []
    Iters = []
    embedding_size = 128                    # 词向量维度
    hidden_size = 128                       # LSTM 维度
    dropout_rate = 0.1
    fc_hidden_size = 256
    num_layers = 1
    num_classes = 20
    vocab_size = len(get_vocab("dataset/vocab.json"))
    model = Transformer(vocab_size, embedding_size, hidden_size,
                        num_classes,dropout_rate, fc_hidden_size, num_layers)
    # adam 优化器,学习率越高,学习速度越快,但可能使模型无法收敛到最优值
    optimizer = paddle.optimizer.Adam(
        parameters = model.parameters(), learning_rate = 5e-4)
    loss_func = paddle.nn.CrossEntropyLoss()

    for i in range(epoches):  # 开始训练
        for data in train_loader:
            x, e1, e2, y = data
            steps += 1
            logits = model(x, e1, e2)       # 传入计算参数,返回计算结果
            pred = paddle.argmax(logits, axis=-1)
            acc = sum(pred.numpy() == y.numpy()) / len(y)
            loss = loss_func(logits, y)
            loss.backward()                 # 梯度反向传播
            optimizer.step()                # 更新学习率
            optimizer.clear_grad()          # 重置梯度
            if steps % 30 == 0:
                Iters.append(steps)
                total_loss.append(loss.numpy()[0])
                total_acc.append(acc)
                print('epo: {}, step: {}, loss is: {}, acc is: {}'\
                      .format(i, steps, loss.numpy(), acc))
                paddle.save(model.state_dict(), 'model_{}.pd'.format(steps))

    return model
```

在预测阶段,定义如下 predict 函数,对测试集样本进行关系类型预测:

```
def predict(model, test_loader):
    model.eval()
    preds = []
    y = []
    for data in test_loader:
        x, e1, e2, y_ = data
        logits = model(x, e1, e2)
        pred = paddle.argmax(logits, axis=-1)
        y += list(y_.numpy())
        preds += list(pred.numpy())
return preds
```

上述两种经典的方法虽然效果不错，但是在比赛中优化的空间还非常大，因此考虑使用预训练模型，充分利用大规模语料的知识，然后在我们的特定任务上进行微调。下面介绍如何使用BERT进行关系抽取。

1.4.3 基于预训练-微调的关系抽取

BERT的全称为Bidirectional Encoder Representation from Transformers，是一个预训练的语言表征模型。它强调了不再像以往一样采用传统的单向语言模型或者把两个单向语言模型进行浅层拼接的方法进行预训练，而是采用新的Masked Language Model(MLM)，因此能生成深度的双向语言表征。该模型有以下主要优点：

(1) 采用MLM对双向的Transformers进行预训练，以生成深层的双向语言表征；

(2) 预训练后，只需要添加一个额外的输出层进行fine-tune，就可以在各种各样的下游任务中取得state-of-the-art的表现，在此过程中并不需要对BERT进行任务特定的结构修改。

BERT模型的预训练结构为堆叠的多层Transformer编码器(无解码器部分)，输入部分除了包含词向量表示之外，同时包含词位置编码以及词片段编码，如图1-12所示。

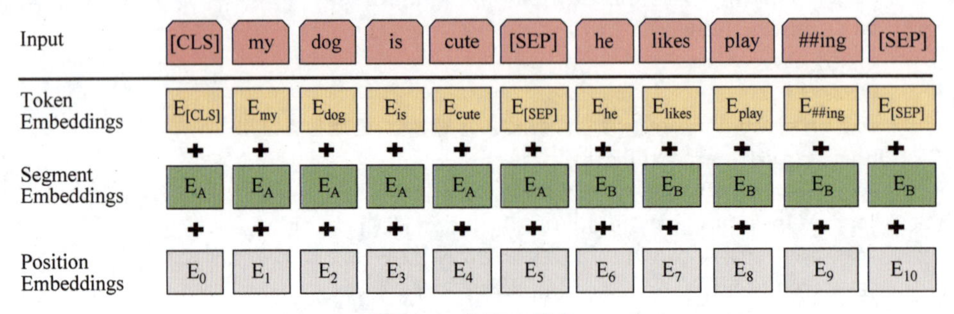

图1-12 BERT输入

其中：

(1) Token Embeddings是词向量，第一个单词是CLS标志，可以用于之后的分类任务；

(2) Segment Embeddings用来区别两种句子，因为预训练不光做LM，还要做以两个句子为输入的分类任务；

(3) Position Embeddings和之前介绍的Transformer不一样，不是三角函数而是学习出来的。

以往的预训练模型的结构会受到单向语言模型(从左到右或者从右到左)的限制，因而也限制了模型的表征能力，使其只能获取单方向的上下文信息。而BERT利用MLM进行预训练并且采用深层的双向Transformer组件来构建整个模型，因此最终生成能融合左右上下文信息的深层双向语言表征。

回到本赛题的关系抽取，我们可以将输入看作三部分的拼接：实体1、实体2、上下文，考虑BERT的输入形式，我们将三者进行拼接，即"实体1 [sep] 实体2 [sep] 上下文"，输入预训练好的模型进行微调，实现关系分类。

由于数据形式发生改变，因此需要重新定义数据集的封装类型如下，将数据集中每个样本表示为字典形式，其中每个样本的text属性为"实体1 [sep] 实体2 [sep] 上下文"的拼接，label属性为标签：

```
class BertDataSet(paddle.io.Dataset):
    def __init__(self,data_path, label_vocab_path,mode = "train"):
        self.mode = mode
        # 加载标签词典
```

```
        labels = open(label_vocab_path, 'r', encoding='utf-8').readlines()
        self.label2id = {label.strip(): id for id, label in enumerate(labels)}
        # 加载数据集
        self.data = self._load_data(data_path)
        self.label_list = list(self.label2id.keys())

    # 加载数据集
    def _load_data(self, data_path):
        data_set = []
        lines = read_datas(data_path)
        # 关系、实体1、实体2、文本
        if self.mode == "test":
            self.rels = ['其他'] * len(lines)
        else:
            self.rels = [line[0] for line in lines]
        self.e1s = [line[1] for line in lines]
        self.e2s = [line[2] for line in lines]
        self.sents = [line[-1] for line in lines]
        for i in range(len(self.e1s)):
            text = self.e1s[i] + "[sep]" + self.e2s[i] + "[sep]" + self.sents[i]
            example = {"text": text, "label": self.label2id[self.rels[i]]}
            data_set.append(example)
        return data_set

    def __getitem__(self, idx):
        return self.data[idx]

    def __len__(self):
        return len(self.data)
```

数据集封装为给定格式后，需要进一步转变样本为BERT模型的输入形式，定义如下函数，将每一条样本扩展至指定长度，并且利用BERT的字典进行句子至ids的转变：

```
def convert_example(example, tokenizer):
encoded_inputs = tokenizer(text=example["text"], max_seq_len=50,
pad_to_max_seq_len=True)
    return tuple([np.array(x, dtype="int64") for x in [
            encoded_inputs["input_ids"], encoded_inputs["token_type_ids"],
[example["label"]]]])
```

同样，要实现批量数据集训练模型，需要将数据集在封装好的BertDataSet类型上进行二次封装，生成批量数据迭代器，转换代码如下：

```
# 加载数据集
train_ds = BertDataSet("dataset/train.txt",'dataset/labels.txt')
eval_ds = BertDataSet("dataset/eval.txt",'dataset/labels.txt')
# 转换为BERT输入格式
train_ds = train_ds.map(partial(convert_example, tokenizer=tokenizer))
eval_ds = eval_ds.map(partial(convert_example, tokenizer=tokenizer))
# 构建数据加载器,生成批量数据迭代器
```

```
batch_sampler = paddle.io.BatchSampler(dataset = train_ds, batch_size = 8,
shuffle = True)
train_data_loader = paddle.io.DataLoader(dataset = train_ds,
                                batch_sampler = batch_sampler, return_list = True)
eval_data_loader = paddle.io.DataLoader(dataset = eval_ds,
                            batch_sampler = batch_sampler, return_list = True)
```

至此,BERT 预训练模型的输入已经准备好,预训练模型的加载非常方便,其中"bert-wwm-chinese"为中文预训练模型,BertForSequenceClassification 类型适用于文本分类任务:

```
model = BertForSequenceClassification.from_pretrained("bert - wwm - chinese", num_classes = 20)
```

加载模型之后,需要定义优化器与损失函数来完成训练。优化器定义与损失函数如下,由于本赛题属于分类问题,因此定义使用交叉熵损失函数进行模型优化:

```
optimizer = paddle.optimizer.AdamW(learning_rate = 0.00001,
parameters = model.parameters())
criterion = paddle.nn.loss.CrossEntropyLoss()
```

至此,将数据输入模型中,即可实现使用预训练模型进行关系分类,训练模型代码如下:

```
for input_ids, token_type_ids, labels in train_data_loader():
    logits = model(input_ids, token_type_ids)
    loss = criterion(logits, labels)
    probs = paddle.nn.functional.softmax(logits, axis = 1)
    loss.backward()
    optimizer.step()
    optimizer.clear_grad()
```

1.4.4 效果对比

前面 3 种方法的关系分类最优准确率对比如表 1-2 所示,从各指标值可以看出,BERT 预训练-微调框架取得了最优效果,验证了预训练-微调思路的有效性。

表 1-2 3 种方法效果对比

模 型	Precision	Recall	F1-score	Accuracy
LSTM	0.72	0.84	0.78	0.79
Transformer	0.83	0.85	0.84	0.84
Bert	0.92	0.94	0.93	0.93

1.5 模型提升与改进

至此,我们尝试了 3 种由简单到复杂的模型,实验结果也随着模型的复杂度有所提升,但是,模型还能有提升吗?在比赛的过程中,常见的一种思路是,使用多个模型结果进行聚合,投票(或者其他选举方式)选举出一个结果作为最终的分类结果,这种方法常用于基础分类器为经典的机器学习模型场景中,在深度学习模型作为基础分类器时,更多地倾向于尝试模型结构的优化,或者输入数据的优化。再回到我们开头提到的数据与模型的"二八定律",即数据占 80%的重要性,模型只占 20%的重要性。回顾数

据，我们发现，还有大量的数据没有用到：无标注数据、实体属性数据。

1.5.1 如何利用无标注数据

无标注数据因为没有真实标签，因此应用的思路有两种：无监督思想、远监督思想。

无监督思想：通过对数据内在特征的挖掘，找到样本间的关系，比如聚类相关的任务。那么在本题里面如何使用无监督方法呢？本质上，我们可以在已知标签的训练数据集上进行均衡采样，使用少量的训练数据训练一个较好的分类器，然后对赛事提供的无标签数据进行预测，大概率可以获得较为准确的预测结果，然后为这些数据打上相应的关系标签，进入下一步，远监督过程。

远监督思想：假设在知识库中，两个实体的关系为 relation1，那么对于任意的句子，只要包含这两个实体，即认为这个句子反映了这两个实体的关系 relation1。显然，这种假设过强，比如下面的句子："谢霆锋与张柏芝结婚了"，在这个句子中，"谢霆锋"与"张柏芝"是"夫妻"关系，但是在句子"谢霆锋与张柏芝离婚了" 中，两者属于"前妻(夫)"关系。所以远监督思想会带来一定的标签偏差，也就是引入噪声标签。

结合如上两种思想，本赛题应该如何充分且有效地利用无标签数据呢？这里有一个较为合理的方法。

(1) 首先使用模型对无标签数据进行关系预测；

(2) 使用远监督方法(如果赛题提供的训练数据中有相应的实体及关系)为无标签数据打上标签；

(3) 若远监督方法与模型预测方法产生的标签一致，那么这个样本有很大的概率是属于这个标签的，因此，为该样本打上此标签；

(4) 若远监督方法与模型预测方法产生的标签不一致，当模型预测属于该关系标签的概率大于某阈值时，采用模型预测的结果，否则采用远监督结果；

(5) 至此，我们得到一个新的远监督数据集。

远监督数据集完全可靠吗？不！这个新产生的数据集中可能包含大量的噪声数据，例如，小样本数据集训练的模型泛化能力不强等，因此直接利用这个数据集可能会"误导"模型，产生更差的泛化效果。

针对远监督数据的训练，经典的处理方法是使用**多示例学习**(Multiple Instance Learning, MIL)，在 MIL 中，首先会"分包"，即将同一个类型的 n 个样本放在同一个包内，学习一个包表示，然后将包表示分类至相应的关系类型中。MIL 把一个样本扩充为"一包"样本，这里有一个理想的假设：一个包内，至少有一个样本的标签是正确的，通常情况下，这个条件是可以满足的。如果对于数据集的质量非常不自信，可以手动分包，确保每一个包内至少有一个正确的样本。

至此，我们已经充分利用了无标签数据，读者可以自行尝试，验证效果。

1.5.2 如何利用实体属性数据

本赛题给出的另一个非常有用的知识为实体的属性知识，要包括性别、出生地、外文名、毕业院校、name、代表作品、血型、别名、星座、中文名、经纪公司、国籍、出生日期、身高、职业、id、主要成就等，这些信息有用吗？很有用！在本赛题的关系类型中，比如，关系"前女友"，通常来说"性别"这个属性很重要，可以限定实体 1 的性别为女，实体 2 的性别为男。

从分析可以看出这些属性信息是有用的，那么建模时如何利用这些信息呢？这里编者提供一种思路，即属性 Embedding。所谓属性 Embedding，是指列举所有属性，构建类似字典的属性值列表，学习每个属性的各取值的 Embedding 表示，例如性别属性，可以设置 3 个取值：0(未知)、1(男)、2(女)，职业、

国籍等都可以同样处理；身高属性在归一化(0～1)之后，作为一个单值属性等。当获得所有各个属性的 Embeddings 之后，拼接起来，作为额外知识的 Embedding 表示，最后拼接到分类特征中，用于关系分类。

通常情况下，并不是所有额外属性都有用，需要有比较细致的特征工程分析，或者实验验证，选取最有用的信息加入模型。

1.5.3 总结

从问题的形式上来说，该赛题并非传统的社交网络关系挖掘，而是一个经典的自然语言处理领域的关系抽取的问题，从一定程度上来说，已经大大降低了问题的复杂程度。

本节从简单到复杂采用了 3 种经典的方法来进行关系抽取建模，其中使用预训练-微调框架的方法建模效果最好，细心的读者可以发现，本节使用的所有方法都是将实体对所处的上下文当作一个完整的文本来处理，实际上，近年来有很多方法将上下文分成 3 部分，即以两个实体的位置进行切分，实体 1 之前为一段，两实体之间为一段，实体 2 之后为一段，三段分别表示，然后进行特征聚合用于分类，典型的方法有 PCNN，效果也很显著，感兴趣的读者可以尝试。

本赛题的难点在于如何用有限的标注数据和近乎无限的无标注数据进行有效的"人物关系"建模。无标注数据的应用是一个长久不衰的话题，本节对无标注数据提出了两种应用方式：无监督＋远监督，启发式地结合两种方式对无标签数据的"标注结果"，构建新的数据集，然后使用多示例学习的方法进行建模。对于赛题给出的实体属性数据，也是最近几年的研究热点，即如何充分利用外部知识库的知识来优化现有任务的性能。本节提出使用属性 Embedding 的形式，作为额外的样本特征加入样本最终分类特征表示中，供读者参考，感兴趣的读者可以尝试。

第2章

2016赛题——提取子句中的核心实体

2.1 赛题解析

2.1.1 赛题介绍

本次赛题围绕用户消费决策影响因素展开，从评价性文本片段中，结合上下文，提取核心内容，为用户判断提供有力依据。因此，本届竞赛要求参赛者给出一个算法或模型，从评价性文本片段中，结合上下文识别出子句中所讨论的最重要的实体，即"核心实体识别"。

竞赛分为三个阶段：在第一阶段，主办方会发布 1.2 万条训练数据，参赛队伍开始构建并训练模型，时期为 4 个月；在第二阶段，主办方将发布 20 万条测试数据，参赛队伍通过比赛官网在线提交模型，实时刷新测试成绩；在第三阶段，主办方将会在第二阶段中取得排名前 10 成绩的队伍的模型，使用 20 万条验证数据集进行验证，从而给出最终排名。

本竞赛题的主题是"核心实体识别"。在传统的自然语言处理中，可以将"核心实体识别"视为两个任务：**核心识别**与**命名实体识别**。

核心识别可以理解为核心关键词抽取任务，即提取文章中重要的词语。关键词抽取任务常被用于识别二分类问题，先通过分词器对句子进行分词，提取出候选词，然后判断每个候选词是否为关键词，如图 2-1 所示，先提取候选词"苹果""用户""锤子"等候选实体，最后确认真正关键实体"苹果"和"锤子"。

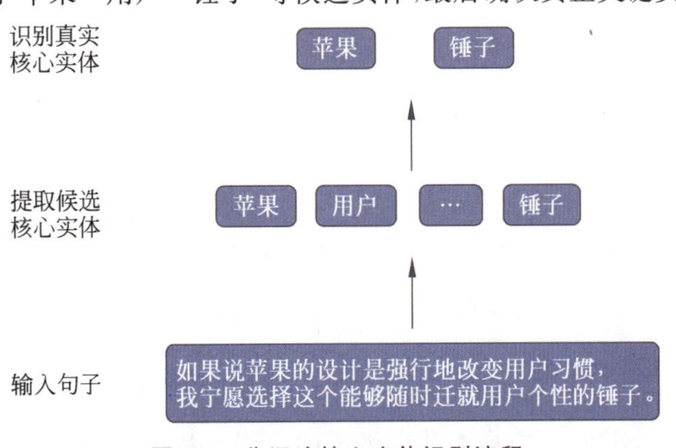

图 2-1 分词法核心实体识别流程

而命名实体识别是从句子中抽取出描述实体的词汇，例如人名、地名、组织机构名、医学术语等。命名实体识别又被划分成两个子任务：实体边界识别和实体类别识别。实体边界识别是识别出实体在句子中位置的起点和终点的问题。英语中的命名实体边界识别比较容易，因为英文中不同实体有着明显的形式标志，如“USA”等字母均大写的缩略实体，又或者是“David”首字母大写的人名。和英语相比，汉语命名实体边界识别任务更加复杂，如“中国共产党的最早组织——中国社会主义青年团是在上海首先建立的。1920 年 8 月，上海共产党早期组织正式成立。参加者有陈独秀、李汉俊、李达、陈望道、俞秀松等，陈独秀任书记”这句话，我们需要识别从第 1 个位置到第 5 个位置的“中国共产党”，但很容易边界识别成从第 1 个位置开始和第 2 个位置结束的“中国”。实体类型识别是将抽取出来的实体进行分类的问题，即区分成人名、地名、机构名等一些实体类型，如“中国共产党”为组织机构，“上海”为地名，“陈独秀”“李汉俊”“李达”“陈望道”“俞秀松”为人名。

本次竞赛的目标将核心识别与命名实体识别两个任务联合在一起，但又不是完全的组合。首先核心识别任务可视为一个二分类问题，需要先将句子进行分词，然后判断每个词语是否为核心实体；而命名实体识别可以不依赖分词结果直接进行标注，并且核心实体识别任务，旨在找到核心实体在句子中的上界位置与下界位置，找到的实体已经被划分为了“核心”类别，所以抽取出的实体不需要进行类别的判断。虽然不需要将实体进行分类，如分为“地区”“组织”“人物”等。但“核心实体”又可视为关键的“地区”“组织”“人物”等实体。所以，本赛题目标是找到核心词的开始和结束位置，并且利用优秀的自然语言处理模型，忽略分词这一带有偏见的处理步骤(如“中国共产党”强行分词为“中国”和“共产党”)，进行命名实体的边界识别，而类别可作为一种先验信息利用，并不直接包含在结果输出中。

2.1.2 数据介绍

本次大赛提供并公开了 1.2 万条训练样本数据，测试样本数据及验证样本数据各 20 万条。首先探究一下训练数据样本的格式及内容。训练数据为 JSON 格式，格式如下：

```
[
    {
        "content": "句子 1",
        "core_entity": ["entity1", "entity2"]
    }
]
```

样例数据如下：

```
[
    {
        "content": "不得不说锤子手机在很多功能操作上的优化真的很用心,尤其是一些看上去并没有什么卵用但让人感觉确实舒服的小设计。",
        "core_entity": ["锤子手机"]
    },
    {
        "content": "如果说苹果的设计是强行地改变用户习惯,我宁愿选择这个能够随时迁就用户个性的锤子。",
        "core_entity": ["苹果", "锤子"]
    }
]
```

每条样本数据为 JSON 对象，而由样本数据组成的 JSON 数组即为训练数据样本集。样本数据包含两个字段，分别为：content 与 core_entity 字段。content 字段类型为字符串，代表该样本的训练数据，由句子组成，包含一个和多个子句，每个子句以半角句号结尾。core_entity 字段类型为数组，代表标注出来的核心实体，每个样本可能包含一个或多个核心实体。

2.1.3 评估指标

本次竞赛采用的评估指标为自定义的一种评估方式。正确识别句子中一个核心实体得 1 分；若句子中包含多个核心实体，每多正确识别一个核心实体加 0.5 分，若识别错误反扣 0.5 分直到该句子得分为 0 为止。识别错误扣分表示模型或者算法识别的精确率(Precision)，识别正确加分表示模型或者算法识别的召回率(Recall)。在介绍精确率和召回率之前，首先引入混淆矩阵的概念，如表 2-1 所示。混淆矩阵主要包括以下 4 部分。

表 2-1　混淆矩阵

	预测类别			
实际类别	—	YES	NO	SUM
	YES	TP	FN	P(实际为 YES)
	NO	FP	TN	N(实际为 NO)
	SUM	P'（被分为 YES)	N'（被分为 NO)	P+N

(1) 真正(True Positive，TP)：将正类预测为正类数；

(2) 真负(True Negative，TN)：将负类预测为负类数；

(3) 假正(False Positive，FP)：将负类预测为正类数，即误报（Type I error)；

(4) 假负(False Negative，FN)：将正类预测为负类数，即漏报（Type II error)。

而精确率(Precision)＝TP/(TP＋FP)，表示预测为正的样本中有多少是真正的正样本，它是针对预测结果而言的，因此又称为查准率。召回率(Recall)＝TP/(TP＋FN)，表示样本中的正例有多少被预测正确了，它是针对原来的样本而言的，因此又称为查全率。

因此，本次模型的评估方式中模型的精确率和召回率同样重要，通常情况下我们希望分类的结果精确率越高越好，召回率也越高越好，但事实上这两者在某些情况下是矛盾的。例如极端情况下，我们只正确识别了一个核心实体，那么精确率就是 100%，但是召回率就很低。而如果我们把所有实体都返回，那么必然召回率是 100%，但是精确率很低。

既然精确率和召回率指标有时候是矛盾的，那么我们就需要一种评估指标综合考虑，找到精确率和召回率的最佳组合，我们可以使用 F-Measure 来对两者进行结合。F-Measure 是一种统计量，F-Measure 又称为 F-Score，F-Measure 是 Precision 和 Recall 加权调和平均。

$$F_\beta = \frac{(\beta^2 + 1)PR}{\beta^2 \cdot P + R}$$

其中，β 是权重参数，P 是精确率，R 是召回率。当参数 $\beta=1$ 时，就是最常见的 F1-Measure 了：

$$\mathrm{F1} = \frac{2 \cdot PR}{P + R}$$

F1-Score 是对精确率和召回率的调和平均。调和平均可以惩罚极端情况。一个具有 1.0 的精确率，而召回率为 0 的分类器，这两个指标的算术平均是 0.5，但是 F1-Score 会是 0。如果我们想创建一个具有最佳的精确率-召回率平衡的模型，那么就要尝试将 F1-Score 最大化。因此我们可以采用更加综合的评估指标 F1-Score 去评估我们的模型。

2.1.4 赛题分析

经典的机器学习方式是利用人类的先验知识，将原始数据进行数据预处理与特征工程等操作，把原始数据转换为特征。然后将转换后的特征数据应用于下游任务，取得的结果的好坏关键取决于特征数据的好坏，并且会花费大量的人力。因此，本次竞赛中参赛者若使用特征工程的方法，首先需要对数据的特征有一个完整的了解，然后需要花费大量的时间和精力去完成特征处理这项工作。

但竞赛主办方提供的训练数据与测试数据比例高达 1∶17，参赛者若仅基于训练数据，很难完成高质量的特征提取工作并取得良好的任务效果。

因此，针对上述问题，我们可以采用端到端（End-to-End）的模型。端到端指的是输入为原始数据，输出为最后结果，所以输入并不是在原始数据中提取的特征。采用端到端的模型设计方式的原因有两方面：一方面是希望模型自动学习样本的特征，从而可以根据数据自动调节样本特征，增加模型与训练数据的整体契合度；另一方面是以 Word2Vec 为代表的词嵌入模型已经取得了成功，将一个词转换成稠密向量，在自然语言处理领域已经取得了广泛的应用。所以我们可以采取端到端的模型设计方案。

如上文中提到，我们可以通过先从句子中提取出候选核心实体，再将候选核心实体进行二分类的方法，得到真实的核心实体。若通过这个方法处理核心实体识别问题，首先需要对句子进行分词，然后将分词进行二分类区分是否为核心实体。例如："如果说苹果的设计是强行地改变用户习惯"的分词结果为"如果、说、苹果、的、设计……用户、习惯"，那么模型在经过训练后能将"苹果"成功识别出来。但如果分词恰好将一个核心实体分开了，如"不得不说锤子手机在很多功能操作上的优化真的很用心"的核心实体为"锤子手机"，但分词器将"锤子手机"划分成了两个词"锤子""手机"，那么我们的模型就无法从这句话识别出正确的核心实体。

因而，为了解决上述这个问题，我们需要一个基于单词级别的模型，而不是基于词语级的模型，去完成核心实体识别任务。

序列标注为我们提供了解决方案。我们可以将核心实体识别问题转换成序列标注问题，即输入单词的序列，输出含有核心实体信息的序列。那么输出序列该怎么表示呢？可根据已经标注出的核心实体，采用 BIOES 标记方案或者 BIO 标记方案，将句子中的核心实体进行标注。模型训练完成后，把需要进行核心实体识别的句子输入模型，模型输出该句子的标注序列，再通过序列标注解码，即可获得句子中的核心实体，如图 2-2 所示。

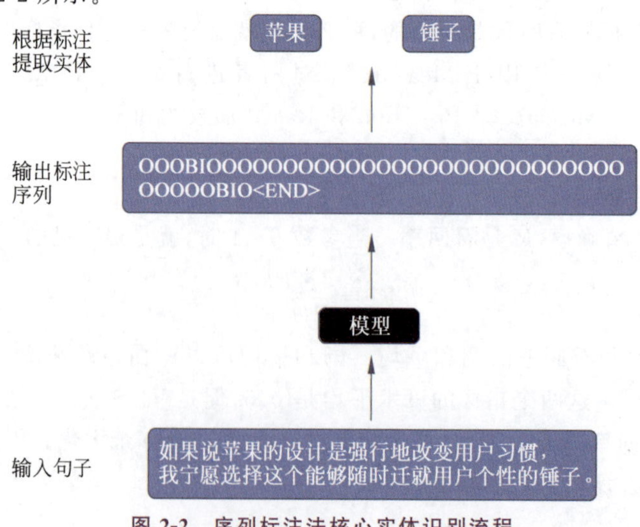

图 2-2 序列标注法核心实体识别流程

BIOES标记方案中，核心实体的首词采用B表示，核心实体中间词采用I表示，核心实体结束词采用E表示，单词成为核心实体使用S表示，以及非核心实体部分用O表示。BIO标记方案中，同样采用B为核心实体的首词以及O为非核心实体部分，但是核心实体的其他词都用I表示。通过直观的对比，BIO标记比BIOES标记更加简单，在模型指标评估时，仅需要标记出核心实体上界位置与下界位置就能代表一个核心实体。

在拥有充足的训练数据时，使用BIOES标记方案可以学习到句子中实体更多的特征，如哪个单词可以作为实体出现或是哪些词更容易成为实体结尾部分等。若训练数据量并不充分时，BIO标记方案效果会更好一些。

2.2 实体识别基础介绍

在传统自然语言处理任务中，将“核心实体识别”视为两个任务：核心识别与命名实体识别。核心识别可以理解为核心关键词抽取任务，先通过分词器对句子进行分词，提取出候选词，然后判断每个候选词是否为关键词，性能主要依赖分词工具，无法做到灵活地处理如“锤子手机”之类的复杂实体。而在序列上直接进行标注的命名实体识别模型，对汉语可以逐字符处理，通过训练，识别实体开始和结束边界来做到不依赖分词工具完成核心实体识别。此外，比赛初步训练语料达1.2万，直接分词的方法忽略了语料中的复杂信息。因此，相比核心实体分类模型，采用命名实体识别等可用于标注序列的模型，是更佳的选择。下面对命名实体识别任务的定义和基础准备进行介绍。

2.2.1 命名实体识别任务

命名实体识别是指在文本中识别出特殊对象，这些对象的语义类别通常在识别前被预定义好，预定义类别如人名、地址、组织等。命名实体识别不仅仅是独立的信息抽取任务，它在许多大型自然语言处理(NLP)应用系统如信息检索、自动文本摘要、问答系统、机器翻译以及知识建库(知识图谱)中也扮演了关键的角色。

命名实体识别通常包括两部分：①实体边界识别；②确定实体类别(人名、地名、机构名或其他)。英语中的命名实体具有比较明显的形式标志(即实体中的每个词的第一个字母要大写)，所以实体边界识别相对容易，任务的重点是确定实体的类别。和英语相比，汉语命名实体识别任务更加复杂，而且相对于实体类别标注子任务，实体边界的识别更加困难。用符号进行形式化定义如下：

给定标识符集合$\langle w_1, w_2, w_3, w_4, \cdots, w_N \rangle$，NER输出一个三元组$\langle I_s, I_e, t \rangle$的列表，列表中的每个三元组代表一个命名实体：

(1) I_s属于$[1, N]$，为命名实体的起始索引；

(2) I_e属于$[1, N]$，为命名实体的结束索引；

(3) t指代从预定义类别中选择的实体类型。

如图2-3所示，给定一句话“朱自清出生于江苏省东海县。”，识别第1个字符起始到第3个字符结束的“朱自清”为人名，第7个字符起始到第12个字符结束的“江苏省东海县”为地名。

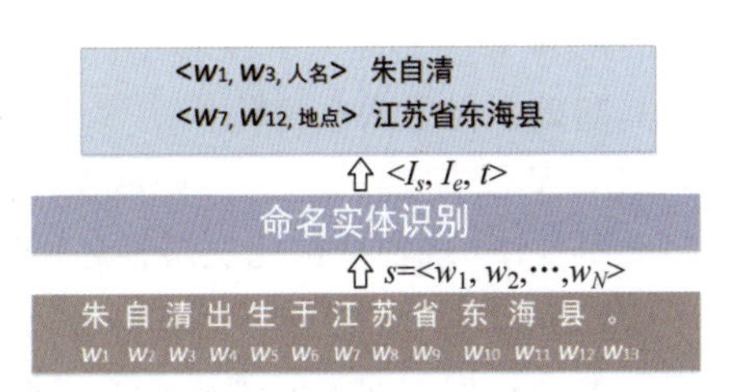

图2-3 命名实体识别任务示例

2.2.2 词向量模型

从前面的介绍可知，我们先从句子中提取出候选核心实体，再将候选核心实体进行二分类，得到真实的核心实体。但是这个方案需要对句子进行分词，然后将分词进行二分类，区分是否为核心实体。但如果分词恰好将一个核心实体分开了，如"不得不说锤子手机在很多功能操作上的优化真的很用心"的核心实体为"锤子手机"，分词器将"锤子手机"划分成了两个词，"锤子"和"手机"，在这种情况下我们的模型就无法从这句话中识别出正确的核心实体。因此我们采用基于单词级别的模型，输入的是每个单词的词向量。

基于神经网络的分布式表示(Distributed Representation)一般称为词向量。分布式表示描述的是把信息分布式地存储在向量的各个维度中，与之相对的是局部表示(Local Representation)，如在高维向量中只有一个维度描述了词的语义的独热表示(One-hot Representation)。一般来说，通过矩阵降维或神经网络降维可以将语义分散存储到向量的各个维度中，因此，这类方法得到的低维向量一般都可以称作分布式表示。

神经网络词向量表示技术通过神经网络技术对上下文，以及上下文与目标词之间的关系进行建模。目前主要分为浅层词向量模型和深层词向量模型。

对于浅层词向量模型，Mikolov 等在 2013 年的文献中同时提出了 CBOW(Continuous Bagof-Words)和 Skip-gram 模型，如图 2-4 所示。他们设计两个模型的主要目的是希望用更高效的方法获取词向量。因此，他们根据前人在 NNLM、RNNLM 和 C&W 模型上的经验，简化现有模型，保留核心部分，得到了这两个经典的浅层词向量模型。

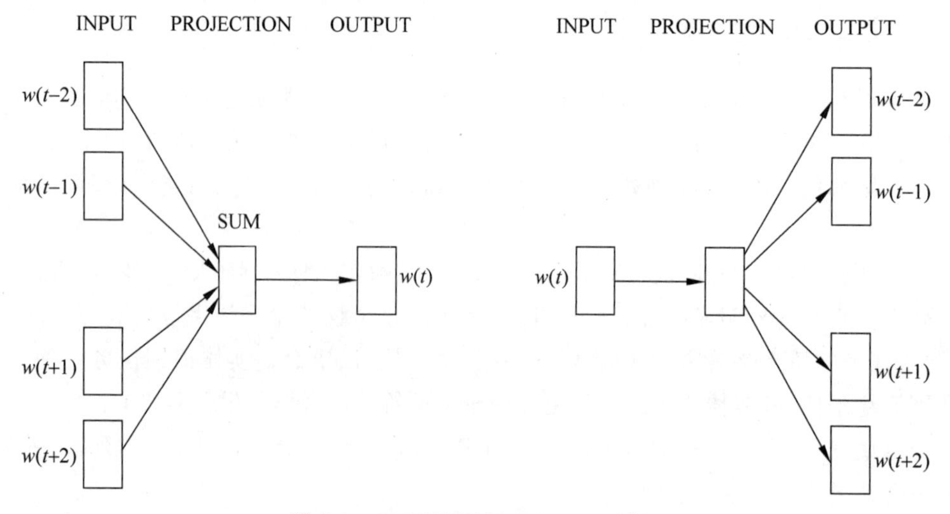

图 2-4 CBOW(左)和 Skip-gram(右)

CBOW 模型根据 C&W 模型的经验，使用一段文本的中间词作为目标词，又以 NNLM 作为蓝本，并在其基础上做了两个简化：

CBOW 没有隐藏层，去掉隐藏层之后，模型从神经网络结构直接转换为 log 线性结构，与 Logistic 回归一致。log 线性结构比三层神经网络结构少了一个矩阵运算，大幅度提升了模型的训练速度。

CBOW 去除了上下文各词的词序信息，使用上下文各词词向量的平均值，代替神经网络语言模型使用的上文各词词向量的拼接。形式化地，CBOW 模型对于一段训练样本，输入为：

$$x=\frac{1}{n-1}\sum_{w_j\in c}e(w_j)$$

由于没有隐藏层,CBOW 模型的输入层直接就是上下文的表示。CBOW 模型根据上下文的表示,直接对目标词进行预测。其中,c 代表该词的上下文,V 为整张词表。

$$P(w\mid c)=\frac{\exp\left(e'(w)^{\mathrm{T}}x\right)}{\sum_{w'\in V}\exp\left(e'(w')^{\mathrm{T}}x\right)}$$

Skip-gram 模型与 CBOW 模型一样,也没有隐藏层。和 CBOW 模型不同的是,Skip-gram 模型每次从目标词的上下文中选择一个词,将其词向量作为模型的输入,也就是上下文的表示。Skip-gram 对于整个语料的优化目标为最大化:

$$\sum_{(w,c)\in D}\sum_{w_j\in c}\log P(w\mid w_j)$$

此外,Transformer 和 Bert 等深层模型的提出,可以捕捉词之间的复杂特征,应广泛用于实体识别等 NLP 相关任务。而本赛题主要采用 Word2Vec 获得词向量,因此不在此章节做详细展开。

2.2.3 基础方法

核心实体识别问题可以转换成序列标注问题。序列标注是指输入句子词语或单词序列的词向量表示,输出标注序列。在实体序列标注任务里,一般是将句子中实体的起始部分、中间部分以及非实体部分进行区分标注,即输入单词的序列,输出含有核心实体信息的序列。标注采用 BIOES 标记方案或者 BIO 标记方案。因为是对文本序列的处理,循环神经网络、长短期记忆神经网络、双向长短期记忆神经网络、条件随机场等是实体识别的重要基础模型。下面对这些基础模型进行介绍。

1. 循环神经网络

理论上,循环神经网络模型能够对任何长度的序列数据进行处理。但在反向传播期间,循环神经网络模型会面临梯度消失的问题。梯度是用于更新神经网络的权重值,消失的梯度问题是当梯度随着时间的推移传播时梯度下降,如果梯度值变得非常小,就不会继续学习。如果一条序列足够长,它们将很难将信息从较早的时间步传送到后面的时间步,而后面的时间步对循环神经网络的输出结果影响力更高。因此,如果使用循环神经网络进行序列标注问题,可能难以识别出在句子首部的核心实体。

2. 长短期记忆神经网络

有时我们仅仅需要使用当前的信息去执行当前的任务。例如,一个语言模型试图根据之前的单词去预测下一个单词。如果我们试图预测“the clouds are in the _”,我们不需要更多的上下文信息,很明显下一个单词会是 sky。在类似这种相关信息和需要它的场合并不太多的情景下,RNN 可以学习使用之前的信息。但是,也有很多场景需要使用更多的上下文。当我们去尝试预测“I grew up in France…I speak fluent French”的最后一个单词,最近的信息表明下一个单词应该是语言的名字,但是如果想缩小语言的范围,看到底是哪种语言,我们需要 France 这个在句子中比较靠前的上下文信息。相关信息和需要预测的点的间隔很大的情况是经常发生的。而 RNN 在解决这种“长期依赖”问题上却有些力不从心。

LSTM 在一定程度上可以解决句子中的长期依赖问题,所以 LSTM 是一种作为解决 RNN 长短期记忆依赖问题的方案,在自然语言处理中与长文本相关的任务中有着广泛的用途,本赛题也会选择使用 LSTM 作为句子编码器,并且配合其他经典的解码方式获得实体识别结果。

3. 双向长短期记忆神经网络

单向的 LSTM 只能编码到词语在句子中从前往后的信息，而无法编码到从后到前的信息，例如，“我刷牙呢”和“我牙刷呢”两个短句用词一样，但因为前后顺序不一致，意思也完全不一样。因此提出了双向长短期记忆神经网络(Bi-directional LSTM，BiLSTM)，其由一个前向的 LSTM 和后向的 LSTM 组成，BiLSTM 每个时间步的输出都由正向隐层输出和反向隐层输出进行拼接。因此 BiLSTM 能同时有效地利用过去的信息和未来的信息，即可以有效利用全局信息，因此 BiLSTM 可以更好地捕获双向的语义依赖。因此，双向循环神经网络逐渐成为解决 NER 这类序列标注任务的标准解法。

此处，给出一个 BiLSTM 模型的实现代码，实现单向的 LSTM 只需要将 nn. LSTM(emb_size，hidden_size，batch_first＝True，bidirectional＝True)中的 bidirectional 改为 False 即可。

```
import torch
import torch.nn as nn
from torch.nn.utils.rnn import pad_packed_sequence, pack_padded_sequence

class BiLSTM(nn.Module):
    def __init__(self, vocab_size, emb_size, hidden_size, out_size):
        super(BiLSTM, self).__init__()
        # 将经过前面步骤处理过后的原始样本,转换成词向量
        self.embedding = nn.Embedding(vocab_size, emb_size)
        self.bilstm = nn.LSTM(emb_size, hidden_size,  batch_first = True,
                              bidirectional = True)
        # 一个线性层将 2 * hidden_size 的输出数据维度转换成 out_size 序列标签维度
        self.lin = nn.Linear(2 * hidden_size, out_size)

    def forward(self, sents_tensor, lengths):
        emb = self.embedding(sents_tensor)  z
        packed = pack_padded_sequence(emb, lengths, batch_first = True)
        rnn_out, _ = self.bilstm(packed)
        rnn_out, _ = pad_packed_sequence(rnn_out, batch_first = True)
        scores = self.lin(rnn_out)
        return scores
```

4. 条件随机场

仅使用 BiLSTM 模型对核心实体进行序列标注在理论上是可行的，但是输出结果可能会存在一些问题，比如存在以 E 为开头的词、两个连续的 B 的词等情况，因此其对模型输出标签之间的相关性有欠考虑。这就引入了条件随机场的使用。

条件随机场(Conditional Random Fields，CRF)是给定一组输入序列的条件下另一组输出序列的条件概率分布模型。假设 $X=(X_1,X_2,\cdots,X_n)$，$Y=(Y_1,Y_2,\cdots,Y_n)$均为线性表示的随机变量序列，若在给定随机变量序列 X 的条件下，随机变量序列 Y 的条件概率分布 $P(Y \mid X)$构成条件随机场，即满足马尔可夫性 $P(Y_i|X,Y_1,\cdots,Y_{i-1},Y_i,\cdots,Y_n)=P(Y_i \mid X,Y_{i-1},Y_i)$，其中 $i=(1,2,\cdots,n)$在 $i=1$ 和 $i=n$ 时只考虑单边。而条件随机场通过定义状态特征和转移特征来完成上述概率计算：

(1) 状态特征：定义在结点上，表示这个结点是否拥有某个属性；

(2) 转移特征：定义在边上，表示两个状态是否会因为某个特征而转移。

如图 2-5 所示，对于序列标注任务，当模型输入句子“Dog caught the cat”时，我们希望模型能够输出标注序列：“n v a n”的概率最大。

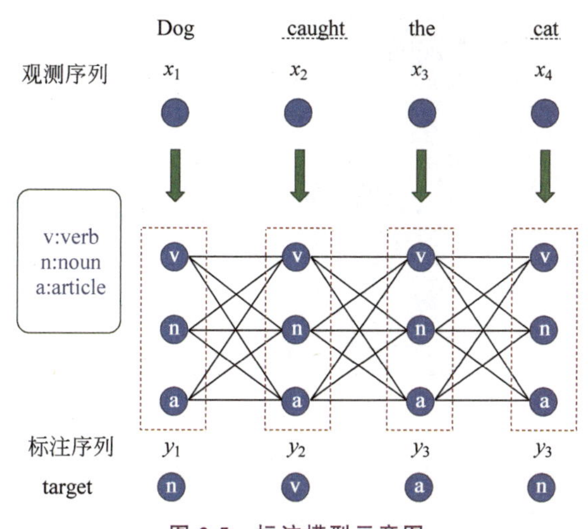

图 2-5 标注模型示意图

那么如何根据这个状态图计算出序列"n v a n"出现的概率呢？我们可以直觉性地定义一些特征，例如状态特征可以是{脊椎动物，哺乳动物，爬行动物，地点，时间，动作}，转移特征可以理解有{动物后面接动词 jump，人后面接动词 love，名词后面接代词，动词后面接代词，形容词后面接名词}，这些就是一些直观特征。

因此使用 CRF 能从训练数据中获得约束性的规则，为预测的标签添加一些约束来学习它们之间的相关性，保证预测的标签是合法的。在训练数据的训练过程中，这些约束可以通过 CRF 层自动学习到。而上述的状态特征和转移特征可以有：

(1) 句子中第一个词总是以标签"B-"或"O"开始，而不是"I-"；

(2) 标签"B-label1 I-label2 I-label3 I-…"，label1、label2、label3 应该属于同一类实体。例如，"B-Person I-Person" 是合法的序列，但是"B-Person I-Organization" 是非法标签序列；

(3) 标签序列"O I-label"是非法的。实体标签的首个标签应该是 "B-"，而非 "I-"，换句话说，有效的标签序列应该是"O B-label"。

通过学习这些特征，实体识别中非法序列出现的概率将会大大降低。

2.3 数据处理

训练数据样本集被处理成标准的 JSON 格式后，使用 Python 3 的 pandas 包对数据进行加载，加载完成的数据，每一行代表一条样本数据。每条样本数据拥有两个字段，分别为：content，字符串类型，代表样本文本；core_entity，数组类型，数组的每一个字符串对象代表一个核心实体。

2.3.1 数据分析

训练数据样本共 1.2 万条，句子内容既包含中文也包含英文，但总体来说以中文为主。对于中文，我们将一个字识别为一个单词；而对于英文，我们将一个字母识别为一个单词，而不是将一个英文词视为单词。我们对训练数据样本长度进行了简单的统计，训练数据样本长度区间分布见图 2-6。

从图 2-6 可以看到，训练数据样本长度绝大多数分布在 0～150，文本以短文本居多(长度在 1～50)，最短的样本长度仅为 3，最长的样本长度为 541。文本的样本长度处于一个良好的区间，所以并不

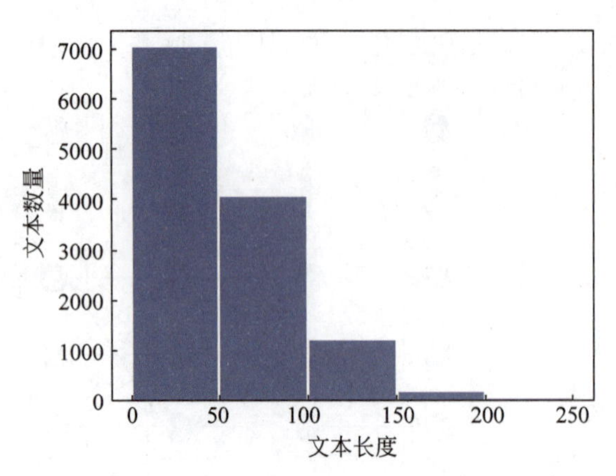

图 2-6 训练数据样本长度分布直方图

需要对长样本进行切割。

由于核心实体的识别并没有一个严格的标准，因而无法从训练样本集中评估样本是否存在漏标、错标等现象。在不了解该领域知识的情况下，利用规则去对数据进行逐条清洗或进行标注补充是不现实的方法。所以，我们不对原始训练样本中存在的错标和漏标情况进行处理。

2.3.2 文本序列预处理

接下来，我们需要对数据进行预处理。在之前的数据分析的过程中，我们得出一个结论，即原始样本文本的样本长度处于一个良好的区间。那么这意味着在数据预处理阶段，我们不需要采取断句、切割的方式降低训练样本文本的长度。

我们需要将英文单词拆解成一个个字母，以及将中文拆成一个个单字，最终将样本文本转换成单词列表。样本处理完毕后，统计样本数据词汇量，给每个单词进行编号，以便在模型训练过程中将样本本文从单词列表转换为编号向量列表。

现在我们已经解决了模型的输入问题，接下来要解决模型的输出问题。

正如前文中提到的，我们将核心实体识别问题可以视为一种序列标注的问题，采用 BIO 标记方案，模型输出的是标签序列。那么在模型训练的过程中，需要将训练样本集标注好的核心实体转换成标注序列，然后使用标注序列参与模型训练。图 2-7 给出了一个样本数据预处理的例子。

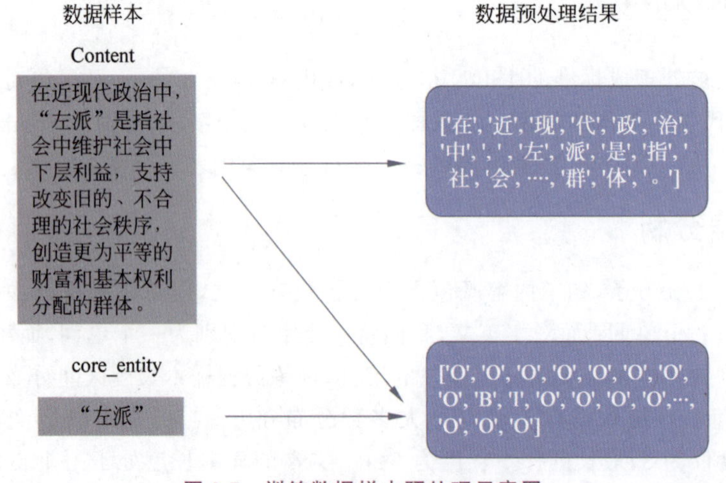

图 2-7 训练数据样本预处理示意图

原始样本数据预处理代码如下：

```
import pandas as pd
import re
def build_data(make_vocab = True, data_dir = "./datas/"):
    d = pd.read_json(data_dir - 'data.json')
    d.index = range(len(d))
    word_lists,tag_lists = [],[]
    for i in range(len(d['content'])):
        text = d['content'][i]
        core_entitys = d['core_entity'][i]
        word_lists.append([char for char in text])     # 将句子分解成字
        # 基于给出的核心实体,对拆分的列表进行标注
        tags = ['0'] * len(text)
        for core_entity in core_entitys:
            l = len(core_entity)
            for m in range(len(text) - l):            # 找出实体位置
                if text[m:m - l] == core_entity:
                    for bs in range(m, m - l):
                        tags[bs] = '1'
        s_tags = ''.join(tags)
        tags = ['O'] * len(s_tags)
        for i in re.finditer('1-', s_tags):           # 进行详细标注
            if i.end() - i.start() > 1:
                tags[i.start()] = 'B'
                tags[i.end() - 1] = 'I'
                for j in range(i.start() - 1, i.end() - 1):
                    tags[j] = 'I'
            else:
                tags[i.start()] = 'B'
        tag_lists.append(tags)
    if make_vocab:
        word2id = build_map(word_lists)               # 构建词典
        tag2id = build_map(tag_lists)                 # 构建标注集典
        return word_lists, tag_lists, word2id, tag2id
    else:
        return word_lists, tag_lists
def build_map(lists):                                 # 构建词典函数
    maps = {}
    for list_ in lists:
        for e in list_:
            if e not in maps:
                maps[e] = len(maps)
    return maps
```

对经过预处理的样本数据使用了随机种子切分方法，根据 4∶1∶1 的比例将原始样本数据划分成训练数据集、验证数据集以及测试数据集。**训练集**的作用是拟合模型，通过设置核心实体模型的超参数，训练模型参数，后续结合验证集时，会选出同一参数的不同取值；**验证集**是当通过训练集训练出多个模型后，为了能找出效果最佳的模型，使用模型对验证集数据进行预测，并记录模型精确率，选出效果最佳的模型所对应的参数，即用来调整模型参数；**测试集**通过训练集和验证集得出最优模型后，使用测

试集进行模型预测,用来衡量该最优模型的性能,即可以把测试集当作从来不存在的数据集,当已经确定模型参数后,使用测试集进行模型性能评价。

上述三个数据集在模型实际训练和评价中的具体使用方法如下:首先使用训练数据集训练模型,然后在每一轮训练完成后,使用验证数据集对模型进行验证,检验模型训练效果,模型在 N 轮训练结束后,保存在验证集上取得最好效果的模型参数,最终使用最佳模型在测试集上进行测试,得出最后的结果。

2.4 核心实体识别

2.4.1 核心实体识别模型

核心实体识别选用 BiLSTM-CRF 模型,将 BiLSTM 和 CRF 结合在一起,使模型既可以像 CRF 一样考虑序列前后之间的关联性,又可以拥有 LSTM 的特征抽取及拟合能力。

在本赛题上,每个待进行实体识别的句子中的每一个单元都代表着由 Character Embedding 或 Word Embedding 构成的向量。其中,Character Embedding 是随机初始化的,Word Embedding 是通过数据训练得到的。所有的 Embedding 在训练过程中都会调整到最优。BiLSTM 的输出分值将作为 CRF 的输入,如图 2-8 所示,BiLSTM 层的输出为每一个标签的预测分值,例如,对于第一个单元,BiLSTM 层输出的是−0.32(B-Location)、0.21(I-Location)、−0.54(B-Persion)、0.28(I-Persion)、0.81(O)。由于 BiLSTM 的输出为单元的每一个标签分值,我们可以挑选分值最高的一个作为该单元的标签。虽然我们可以得到句子中每个单元的正确标签,但是不能保证标签每次都是预测正确的,即所谓的标记偏置的问题。所以再利用 CRF 的功能就是增加了一些约束规则,考虑标签之间的相关性,有效地修正 BiLSTM 层的输出,从而保证序列标注的合理性。综上所述,我们可总结出使用 BiLSTM+CRF 有以下几个优势。

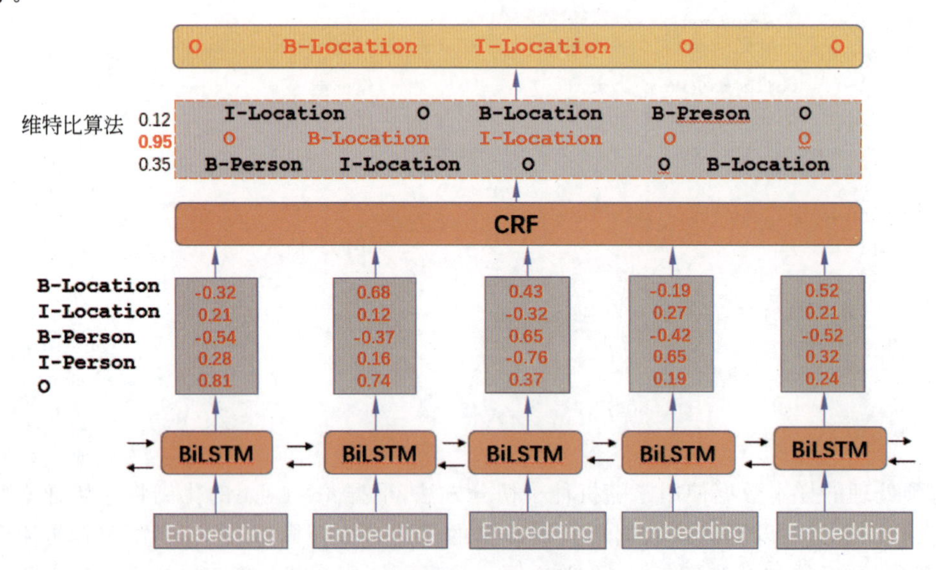

图 2-8 BiLSTM-CRF 模型示意图

(1) 凭借双向 LSTM 可以高效地利用过去和未来的输入特征；

(2) 凭借 CRF 层可以利用句子级的标签信息；

(3) 和之前的工作相比，模型具有鲁棒性，对词嵌入的依赖更弱。

BiLSTM 与 CRF 应用于核心实体抽取任务的流程如图 2-9 所示。

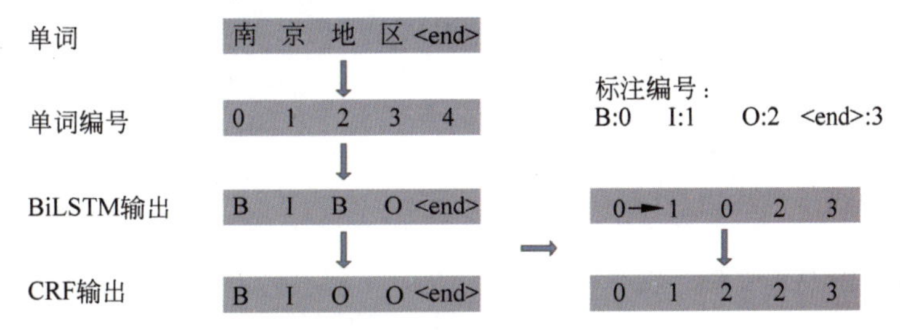

图 2-9　核心实体抽取任务的流程

BiLSTM-CRF 模型的整体架构分为三个步骤：

(1) 对预处理后的原始样本数据做进一步处理，使样本数据符合 BiLSTM 与 CRF 的要求。一方面，在字符集与标签集里面都加入< unk >、< pad >、< start >、< end >等字符；另一方面，在初步处理过后的原始样本数据中添加< end >字符，对样本数据进一步处理的代码如下：

```
word_lists, tag_lists, word2id, tag2id = build_data()
#承接上文提到的原始数据加载和处理
def extend_maps(word2id, tag2id, for_crf = True):
    word2id['< unk >'] = len(word2id)
    word2id['< pad >'] = len(word2id)
    tag2id['< unk >'] = len(tag2id)
    tag2id['< pad >'] = len(tag2id)
    # 如果是加了 CRF 的 bilstm  那么还要加入< start > 和 < end > token
    if for_crf:
        word2id['< start >'] = len(word2id)
        word2id['< end >'] = len(word2id)
        tag2id['< start >'] = len(tag2id)
        tag2id['< end >'] = len(tag2id)
    return word2id, tag2id

def prepocess_data_for_lstmcrf(word_lists, tag_lists, test = False):
    assert len(word_lists) == len(tag_lists)
    for i in range(len(word_lists)):
        word_lists[i].append("< end >")
        if not test:  # 如果是测试数据,就不需要加 end token 了
            tag_lists[i].append("< end >")
    return word_lists, tag_lists

crf_word2id, crf_tag2id = extend_maps(word2id, tag2id)
word_lists, tag_lists = prepocess_data_for_lstmcrf(word_lists, tag_lists)
```

(2) 将处理完的样本数据的单词映射成一个低维稠密的词向量。最原始的方法是采用 One-hot 方式对单词进行编码，但会出现维度爆炸、无法捕捉单词之间的相似性等问题。这里使用 Word2Vec 将单词映射成一个唯一的低维稠密的词向量，跟随模型一起训练，让模型自动学习到单词之间的关系。这个

过程称为 Word Embedding。将词向量输入到 BiLSTM 层,通过学习上下文信息,输出每个单词对于每个标签的得分概率。

(3) 将 BiLSTM 的输出作为 CRF 层的输入,通过学习标签之间的转移分数,得到最终的预测结果,BiLSTM-CRF 模型代码如下:

```
class BiLSTM_CRF(nn.Module):
    def __init__(self, vocab_size, emb_size, hidden_size, out_size):
        """
            vocab_size: 字典的词的总数
            emb_size: 词向量的维数
            hidden_size: 隐向量的维数
            out_size: 标注的种类
        """
        super(BiLSTM_CRF, self).__init__()
        # 承接上文中提到的 BILSTM 模型
        self.bilstm = BiLSTM(vocab_size, emb_size, hidden_size, out_size)
        # CRF 转移矩阵
        self.transition = nn.Parameter(torch.ones(out_size, out_size) * 1 / out_size)

    def forward(self, sents_tensor, lengths):
        emission = self.bilstm(sents_tensor, lengths)
        batch_size, max_len, out_size = emission.size()
        crf_scores = emission.unsqueeze(2).expand(
            -1, -1, out_size, -1) - self.transition.unsqueeze(0)
        return crf_scores
```

2.4.2 损失函数

使用 CRF 损失函数作为模型的损失函数,CRF 损失函数由两部分组成:真实路径的分数和所有路径的总分数,真实路径是所有路径中分数最高的那条路径,所以损失函数的定义为:

$$\text{LogLossFunction} = -\log \frac{P_{\text{RealPath}}}{P_1 + P_2 + \cdots + P_N}$$

将公式展开,得到:

$$\text{LogLossFunction} = \log(P_1 + P_2 + \cdots + P_N) - \log(P_{\text{RealPath}})$$

对公式化简,得到:

$$\text{LogLossFunction} \approx P_1 + P_2 + \cdots + P_N - P_{\text{RealPath}}$$

2.4.3 维特比算法

如何寻找真实路径,最容易想到的就是暴力解法,直接把所有路径全部计算出来,然后找出最优的。这种方法理论上是可行,但当序列很长时,时间复杂度很高,而且要进行大量的重复计算。而维特比算法(Viterbi)可以减少这些重复的计算。

维特比算法是一种用于选择最优路径的动态规划算法,从开始状态后每走一步,记录到达该状态所有路径的最大概率值,然后以最大值为基准继续向后推进。最后再从结尾回溯最大概率,也就是最有可能的最优路径。维特比算法也非常容易理解,如果概率最大的路径 P 经过某个点 x,那么这条路径上从起始点 S 到 x 的这一段路径 Q,一定是 S 到 x 之间的概率最大的路径。否则,用 S 到 x 的最短路径 R

代替 Q，便构成了一条比 P 更短的路径。

计算所有路径的方法也可以参考维特比算法，每个结点记录之前所有结点到当前结点的路径总和，最后一步即可得到所有路径的总和。

基于维特比算法实现 CRF 损失函数的计算的代码如下：

```
def cal_lstm_crf_loss(crf_scores, targets, tag2id):
    # 计算双向 LSTM - CRF 模型的损失
    pad_id, start_id, end_id = tag2id.get('<pad>'),
tag2id.get('<start>'),
tag2id.get('<end>')
    device = crf_scores.device
    batch_size, max_len = targets.size()
    target_size = len(tag2id)
    mask = (targets != pad_id)
    lengths = mask.sum(dim=1)
    targets = indexed(targets, target_size, start_id)
    targets = targets.masked_select(mask)
    flatten_scores = crf_scores.masked_select(mask.view(batch_size, max_len, 1,1).expand_as(crf_
scores))
.view(-1, target_size * target_size).contiguous()
    golden_scores = flatten_scores.gather(dim=1, index=targets.unsqueeze(1)).sum()
    # 计算所有路径分数总和
    scores_upto_t = torch.zeros(batch_size, target_size).to(device)
    for t in range(max_len):
        batch_size_t = (lengths > t).sum().item()
        if t == 0:
            scores_upto_t[:batch_size_t] = crf_scores[:batch_size_t, t, start_id, :]
        else:
            scores_upto_t[:batch_size_t] = torch.logsumexp(
                crf_scores[:batch_size_t, t, :, :] -
                scores_upto_t[:batch_size_t].unsqueeze(2),dim=1)
    all_path_scores = scores_upto_t[:, end_id].sum()
    return (all_path_scores - golden_scores) / batch_size


def indexed(targets, tagset_size, start_id):
    batch_size, max_len = targets.size()
    for col in range(max_len-1, 0, -1):
        targets[:, col] -= (targets[:, col-1] * tagset_size)
    targets[:, 0] -= (start_id * tagset_size)
    return targets
```

2.4.4　核心实体识别实验

BiLSTM-CRF 模型训练时，词嵌入层的维度设定为 128，即将每一个单词映射为一个 128 维的向量。BiLSTM 隐藏状态向量维度设定为 128。每批次训练样本数(Batch Size)设置为 64，模型参数优化方法采用 Adam 优化算法，初始学习率设置为 0.001。

在 2.1.3 节中，已经详细地说明了竞赛的评分规则，然后我们将第一部分评估方式理解为模型识别核心实体的精确率，第二部分评估方式理解为模型识别核心实体的召回率，并且精确率与召回率同样重要。所以在训练的过程中采用精确率(P)、召回率(R)以及综合指标 F1-sorce 作为模型评估指标，既符合竞赛的评估规则，又有利于参赛者直观地观察到模型训练过程是否有效，以及模型最终的效果。

那么如何计算精确率、召回率以及 F1-score 呢？假设 $S=\{s_1,s_2,\cdots,s_m\}$ 为模型对输入句子文本的核心实体的判定结果，而在数据集中该句子真实的核心实体为 $G=\{g_1,g_2,\cdots,g_m\}$。这两个集合中每一个核心实体，表示为一个三元组$<d, pos_b, pos_e>$。d 表示句子文本编号，pos_b 和 pos_e 分别对应核心实体在 d 句子文本中的起止位置的上下标。

在模型评估过程中，模型对输入句子文本中判定的核心实体应与数据集中该句子真实的核心实体的上下标完全一致，才认为该句子中某个核心实体被成功提取。因此，我们定义集合 S 与 G 的严格交集为正确提取的核心实体。由此得到严格评测指标为：

$$P=\frac{|S\cap G|}{|S|}$$

$$R=\frac{|S\cap G|}{|G|}$$

$$\mathrm{F1}=\frac{2PR}{P+R}$$

在模型训练的过程中，模型每经过一轮训练，都需要使用验证集数据对模型进行验证，计算在验证集上测试得到的平均损失、精确率、召回率以及 F1-score。一方面，方便我们观察模型是否往好的方向进行优化，以及模型是否取得了最优的效果；另一方面，防止模型在训练集数据上过拟合。若不在验证集上进行验证，模型可能在训练集上的效果越来越好，但应用到测试集后效果非常差，尤其在本次竞赛中，测试数据集与训练数据集比例相差非常悬殊，所以模型的泛化能力非常重要，需要将在验证集上取得最好效果的一轮模型进行保存。

模型开始训练后，在训练数据集以及验证数据集上获得的平均损失见图 2-10(a)，横坐标为模型训练的轮数，纵坐标为模型在验证集上获得的平均损失。

从图 2-10(a)可以观察到，在最开始训练的几轮，训练数据集和验证数据集的平均损失都在减少，且在第八轮训练时模型在验证集上达到了最佳效果。在之后几轮训练的结果中，模型在训练集上平均损失越来越小，但在验证集上平均损失越来越大，说明模型在之后的训练过程中已经出现了过拟合的情况。

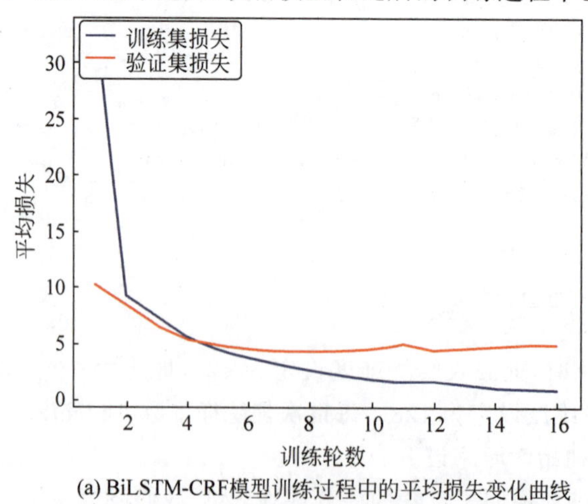

(a) BiLSTM-CRF模型训练过程中的平均损失变化曲线

图 2.10 BiLSTM-CRF 模型训练损失及精确率、召回率、F1-Score 随训练轮数的变化

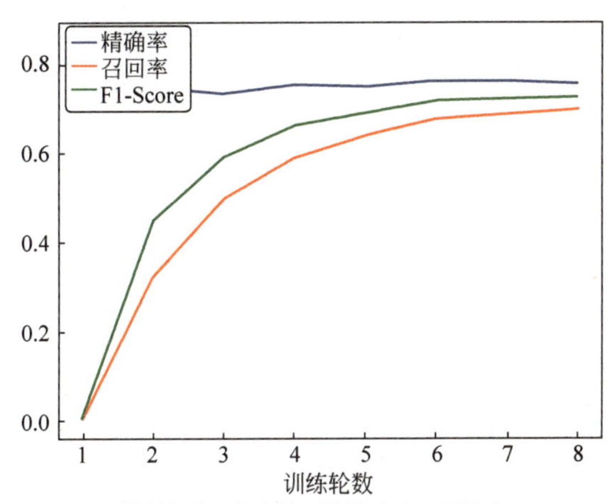

(b) BiLSTM-CRF模型在验证集上的平均精确率、召回率、F1-score变化曲线

图 2.10 （续）

模型训练过程中在验证集上计算得到的精确率、召回率和 F1-Score 如图 2-10(b)所示。在第八轮训练时，模型达到了最佳效果，在验证集上取得了精确率为 0.759、召回率为 0.702 以及 F1-Score 为 0.729 的成绩。然后使用最佳的模型效果在测试集上进行测试，取得了精确率为 0.797、召回率为 0.693 以及 F1-score 为 0.742 的成绩。

接下来我们尝试使用不同的词嵌入的维度、学习率对模型进行了调整：

(1) 分别采用 0.001、0.003、0.005 等学习率对模型进行了训练，但训练结果表明调整学习率加快了模型收敛的速度，并没有起到改进模型效果的作用；

(2) 分别采用 128、256、512 等词嵌入维度对模型进行了调整，但训练结果表明调整词嵌入维度使模型训练的速度变得更加缓慢，并没有起到提高模型效果的作用。可能原因是，训练数据集数据太少，增加词嵌入的维度，并不能使单词在嵌入后获取到更多的有效特征。

为了验证上述所说的可能原因，并且使词嵌入学习到输入文本更多的特征，我们对模型原始数据样本按 8∶1∶1 的比例进行了划分，然后对模型完成了训练。最终模型在测试集上取得的成绩为：精确率为 0.735、召回率为 0.728 以及 F1-score 为 0.732。结果表明，增加训练数据比例后，模型训练结果中召回率有小幅提升，但精确率降低了，F1-score 并没有得到提升。虽然改变了训练数据集数量，完成了一轮测试。但实际上数据量并未增加太多，从 8000 左右增加到 10000 左右，未起到明显验证作用。这也是本次竞赛难度的一个体现，即如何在训练数据量少的情况下，提高模型的性能。

2.4.5 识别结果分析

我们将句子文本中核心实体识别转化为文本序列标注问题，采用 BIO 标注方案对原始样本数据进行了预处理和标注，将原始样本数据按 4∶1∶1 比例划分成训练集、验证集、测试集。

我们从模型的输入和输出两方面考虑，选择了适合序列建模任务的 RNN 体系模型。然后比较了 RNN、LSTM 以及 BiLSTM 等模型的优缺点，由于 BiLSTM 能很好地适用于长文本的建模，并能捕获到文本的上下文语义等信息，我们最后选择了 BiLSTM 模型。但由于 BiLSTM 模型的输出可能会有一些完全不符合标注规则的结果，如模型输出结果中以 I 标注的开头的实体。所以需要给 BiLSTM 的输出加上一层约束，使得输出的序列蕴含核心实体标注的一些特有规则。最终我们选择的模型是 BiLSTM-CRF。

在 BiLSTM-CRF 训练过程中，我们将词嵌入的维度设定为 128，BiLSTM 隐藏向量维度设定为 128，每批次训练样本数为 64。模型参数优化方法采用 Adam 优化算法，初始学习率设置为 0.001。

模型在每一轮训练后，都会在验证集上进行验证，保存在验证集取得了最好效果的一轮模型。最后使用保存的模型在测试集上进行了测试，取得了精确率为 0.797、召回率为 0.693 以及 F1-score 为 0.742 的成绩。

我们尝试使用不同的词嵌入的维度、学习率以及训练数据的比例对模型进行优化，但无模型性能的提升。因此，若要对模型性能进行提高，从模型参数方面进行调优的作用有限。接下来尝试优化模型结构，以获得模型的提升。

2.5 模型提升与改进

2.5.1 K 折交叉验证

由于本次竞赛中提供的原始训练样本与复赛测试样本比例悬殊，复赛测试样本是初赛训练样本的 17 倍，因此在模型训练的过程中留出足量的数据作为测试集与验证集非常必要，用来验证模型的泛化能力。但无可避免会导致训练样本减少，模型不能充分地学习输入文本的特征。K 折交叉验证法似乎可以很好地解决这个问题。

K 折交叉验证法常用的有五折交叉验证，若使用五折交叉验证法来优化模型，具体做法如下：

第一步，将原始数据样本划分成 6 份不相交子集，单独留出 1 份将测试集独立出来；

第二步，其他 5 份子集中，取 1 份作为验证集，其他 4 份作为训练集，按照模型训练章节叙述的内容完成模型的训练；

第三步，把第二步一共重复 5 次，每次取不同的子集作为验证集，最后得到 5 个模型；

第四步，使用模型融合的方式完成模型最后的测试过程，采取少数服从多数的投票方式，将这 5 个模型的测试结果进行等权投票，取预测结果中相同位置票数最多的标签预测结果为最终标签。

通过上述步骤训练出了 5 个模型以及融合模型，分别在相同的测试集上对模型进行测试，各模型的测试结果见表 2-2。

表 2-2　五折交叉验证模型在测试集上取得的性能指标表

模型编号	精确率	召回率	F1-score
1	0.774	0.707	0.739
2	0.755	0.689	0.720
3	0.725	0.717	0.721
4	0.776	0.685	0.728
5	0.760	0.691	0.724
融合模型	0.823	0.710	0.762

从表 2-2 可以看出，5 个单模型的性能相差不大，但融合模型的性能是最佳的。五折交叉验证融合模型除了召回率比模型 3 略低，其他指标都相比其他模型有了有效的提升。特别是融合模型的精确率，比其他模型中精确率最高的模型 4 高出 4.7 %。这表明，通过投票方式对五折交叉验证得到的模型进行融合后，能具有自主纠错的一些能力。

结果表明，通过五折交叉验证法对模型进行优化后，能有效地提升模型的性能，并让融合后模型具备将一些识别错误的核心实体进行排除的能力。

2.5.2 对抗训练

模型还可以采取与五折交叉验证法并不冲突的优化方法，例如，对抗训练就是一种可同时进行的模型优化方案。对抗训练是指通过添加扰动构造一些对抗样本，放给模型去训练。因而，对抗训练目前已经成为提高模型鲁棒性的有效手段，它可以有效减少过拟合，提高泛化能力。对抗训练有两个作用，一是提高模型对非正常输入的鲁棒性，二是提高模型的泛化能力。在图像识别的任务中，根据经验性的结论，对抗训练往往会使得模型在非对抗样本上的表现变差，然而神奇的是，在自然语言处理任务中，模型的泛化能力反而得到了增强。常用的对抗训练的方法有快速梯度法(Fast Gradient Method，FGM)与投影梯度下降法(Project Gradient Descent，PGD)。

1. 快速梯度法

FGM 核心代码实现如下：

```
import torch
import torch.nn as nn

class FGM:
    def __init__(self, model: nn.Module, eps = 1.):
        self.model = (model.module if hasattr(model, "module") else model)
        self.eps = eps
        self.backup = {}

    def attack(self, emb_name = 'bilstm.embeddings'):
        for name, param in self.model.named_parameters():
            if param.requires_grad and emb_name in name:
                self.backup[name] = param.data.clone()
                norm = torch.norm(param.grad)
                if norm and not torch.isnan(norm):
                    r_at = self.eps * param.grad / norm
                    param.data.add_(r_at)

    def restore(self, emb_name = 'bilstm.embeddings'):
        for name, para in self.model.named_parameters():
            if para.requires_grad and emb_name in name:
                assert name in self.backup
                para.data = self.backup[name]
        self.backup = {}
```

FGM 一般是仅对模型的词嵌入(embedding)层在梯度方向添加扰动，其对抗训练的步骤是：

第一步，不干预模型的前向传播过程，正常计算模型损失，然后反向传播计算梯度，先不更新模型梯度；

第二步，在获得模型词嵌入层梯度后，对梯度添加扰动，将扰动累加到原始嵌入层的样本上，即得到了对抗样本；

第三步，得到对抗样本后，根据新对抗样本，计算新的模型损失，再进行反向传播得到对抗样本的梯度。此时，该对抗样本的梯度是累加在原始样本的梯度上的；

第四步，将被修改的词嵌入层的样本恢复到原始状态，使用上一步累加的梯度对模型参数进行更新。

2. 投影梯度下降法

PGD是一种迭代攻击，相对于FGM的只做一次攻击，PGD是进行多次迭代攻击，然后使用最后一次迭代的结果作为PGD的扰动结果，并且将扰动投射到规定范围内。PGD核心代码实现如下：

```
class PGD:
    def __init__(self, model, eps=1., alpha=0.3):
        self.model = (model.module if hasattr(model, "module") else model)
        self.eps = eps
        self.alpha = alpha
        self.emb_backup = {}
        self.grad_backup = {}

    def attack(self, emb_name='word_embeddings', is_first_attack=False):
        for name, param in self.model.named_parameters():
            if param.requires_grad and emb_name in name:
                if is_first_attack:
                    self.emb_backup[name] = param.data.clone()
                norm = torch.norm(param.grad)
                if norm != 0 and not torch.isnan(norm):
                    r_at = self.alpha * param.grad / norm
                    param.data.add_(r_at)
                    param.data = self.project(name, param.data)

    def restore(self, emb_name='word_embeddings'):
        for name, param in self.model.named_parameters():
            if param.requires_grad and emb_name in name:
                assert name in self.emb_backup
                param.data = self.emb_backup[name]
        self.emb_backup = {}

    def project(self, param_name, param_data):
        r = param_data - self.emb_backup[param_name]
        if torch.norm(r) > self.eps:
            r = self.eps * r / torch.norm(r)
        return self.emb_backup[param_name] - r

    def backup_grad(self):
        for name, param in self.model.named_parameters():
            if param.requires_grad and param.grad is not None:
                self.grad_backup[name] = param.grad.clone()

    def restore_grad(self):
        for name, param in self.model.named_parameters():
            if param.requires_grad and param.grad is not None:
                param.grad = self.grad_backup[name]
```

从方法流程难以判别FGM与PGD哪一个更适用于提升核心实体识别的效果，需要通过实验进行比较。

分别使用了FGM对抗训练和PGD对抗训练对模型进行优化，同时也都采取了五折交叉验证法，将各自训练出来的5个模型以及融合模型分别在相同的测试集上预测，取得的效果见表2-3和表2-4。

表 2-3 FGM 对抗模型在测试集上取得的性能指标表

模型编号	精确率	召回率	F1-Score
1	0.768	0.702	0.734
2	0.743	0.723	0.733
3	0.781	0.698	0.737
4	0.750	0.701	0.724
5	0.734	0.732	0.734
FGM 融合模型	0.819	0.729	0.771

表 2-4 PGD 对抗模型在测试集上取得的性能指标表

模型编号	精确率	召回率	F1-Score
1	0.748	0.710	0.728
2	0.774	0.704	0.737
3	0.762	0.703	0.732
4	0.759	0.698	0.727
5	0.735	0.720	0.728
PGD 融合模型	0.809	0.743	0.773

从表 2-3 和表 2-4 可以看出，融合模型与其他 5 个单模型相比较，还是显著地提升了模型的精确率，这表明采用对抗训练对模型优化的同时，采用五折交叉验证法依然有效。

FGM 对抗融合模型性能比 PGD 的对抗融合模型略高，但由于 PGD 采用了多次迭代训练的策略，PGD 对抗模型训练的时间是 FGM 对抗模型训练时间的 2～3 倍。因此，FGM 对抗模型效果比 PGD 对抗模型效果更佳。

表 2-3 的融合模型与表 2-4 的融合模型相比，精确率下降了 1.2%，但召回率提升了 1.9%，F1-Score 值提高了 0.3%。这说明采用对抗学习确实提高了模型的鲁棒性与泛化能力，让模型可以识别出更多的核心实体。

2.5.3 总结

我们采取的基准模型为 BiLSTM-CRF 模型，完成了本次竞赛主题核心实体识别问题。BiLSTM-CRF 模型是 Baidu Research 在 2015 年发表的一篇论文"Bidirectional LSTM-CRF Models for Sequence Tagging"中提出的，它使用双向长短期记忆网络 LSTM 加条件随机场 CRF 的方式解决文本标注的问题，是当时最前沿的技术之一。到目前为止，该方法仍是实体识别的主流方法之一。

通过竞赛初赛阶段提供的 1.2 万条原始数据样本，对 BiLSTM-CRF 模型进行了训练与测试，在独立划分出来的测试集上取得了精确率为 0.797、召回率为 0.693 以及 F1-score 为 0.742 的成绩。然后，我们采用五折交叉验证和对抗训练对模型进行了优化，最终在测试集上取得了精确率为 0.819、召回率为 0.729 以及 F1-score 为 0.771 的成绩。

第3章

2017赛题——宠物分类

3.1 赛题解析

3.1.1 赛题介绍

随着深度学习技术的发展，计算机视觉领域取得了跨越式的发展。其中，图像分类作为计算机视觉领域中最基础、最典型的任务，其发展为其他的视觉任务奠定了基础，从手写数字识别的 MINST 数据集到十分类的 CIRFA10 数据集，直到拥有千万数据的 ImageNet 数据集，不仅图像分类任务本身取得了突飞猛进的发展，其训练得到的模型参数也几乎作为其他所有视觉任务的预训练模型。除此之外，图像分类任务也逐渐从简单的物体分类过渡到了复杂的、大规模的、细粒度、多目标的分类问题，在这一过程中衍生出了许多有价值的应用，并已经广泛应用于生产生活的各方面。

本次比赛的题目为宠物狗识别，属于细粒度图像分类问题。赛题要求从图像中识别 100 种不同品种的狗，如图 3-1 所示，对于每一张图像，选手需要识别出图像中的狗的品种。尽管不同品种的狗在体型、外观上都具备一定差异，但是像“可蒙犬”与“波利犬”，“哈士奇”与“阿拉斯加雪橇犬”，“迷你杜宾”和“小鹿犬”等多种狗，往往仅在耳朵形状、毛色等细微处存在差异，对普通人来说，分辨起来都有一定难度，对计算机挑战无疑更为巨大。

图 3-1 比赛数据示例

3.1.2 数据介绍

比赛总共提供训练数据 18686 张,共包含 100 种不同品种的狗。测试数据共分为 2 个阶段:初赛和复赛。其中,初赛提供 10593 张测试数据,复赛提供 29282 张测试数据。每个品种的狗被赋予了从 0～100 的单一编号,部分示例展示如图 3-2 所示:中亚牧羊犬对应标注编号 0,中华田园犬对应标注编号 1,中国冠毛犬对应标注编号 2……阿根廷杜高犬对应标注编号 99,总计 100 种。

动物---哺乳动物---食肉目---狗---中亚牧羊犬 0
动物---哺乳动物---食肉目---狗---中华田园犬 1
动物---哺乳动物---食肉目---狗---中国冠毛犬 2
动物---哺乳动物---食肉目---狗---中国昆明犬|中国昆明犬 3
动物---哺乳动物---食肉目---狗---中国沙皮犬 4
动物---哺乳动物---食肉目---狗---中国细犬 5
动物---哺乳动物---食肉目---狗---中国藏獒|中国藏獒 6
动物---哺乳动物---食肉目---狗---丹迪丁蒙梗|丹迪丁蒙梗 7
动物---哺乳动物---食肉目---狗---京巴|京巴 8
动物---哺乳动物---食肉目---狗---伯瑞犬|伯瑞犬 9
动物---哺乳动物---食肉目---狗---依比沙猎犬|依比沙猎犬 10
动物---哺乳动物---食肉目---狗---俄罗斯南部牧羊犬 11
动物---哺乳动物---食肉目---狗---俄罗斯高加索犬|俄罗斯高加索犬 12
动物---哺乳动物---食肉目---狗---冰岛牧羊犬 13
动物---哺乳动物---食肉目---狗---凯恩梗|凯恩梗 14
动物---哺乳动物---食肉目---狗---切萨皮克海湾寻回犬|切萨皮克海湾寻回犬 15
动物---哺乳动物---食肉目---狗---刚毛指示格里芬犬|刚毛指示格里芬犬 16
动物---哺乳动物---食肉目---狗---刚毛猎狐梗 17
动物---哺乳动物---食肉目---狗---匈牙利维斯拉犬 18

图 3-2 标注对应关系示例

图像以 jpg 的格式存储,如图 3-3 所示。每张图像以唯一的 ID 命名,ID 经过脱敏处理后与图像内容毫无关联。图片分辨率并不统一,主要围绕在长宽 300 像素左右。训练集、测试集 1、测试集 2 的数据分别在不同的文件下,其中训练集还对应着标注文件。

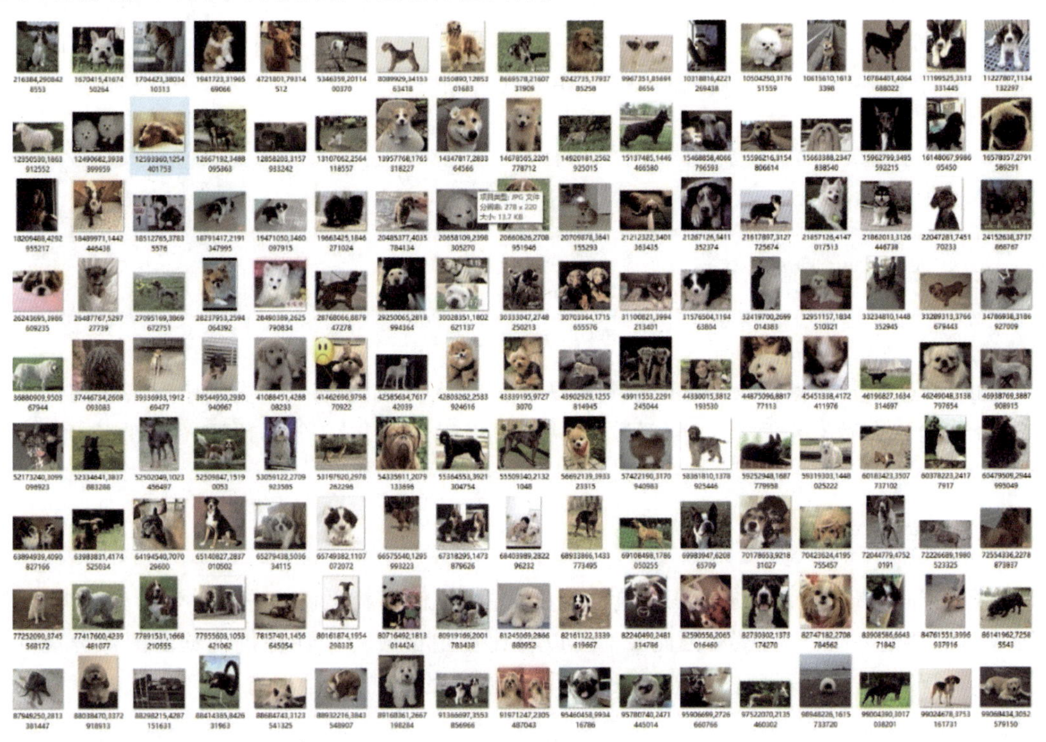

图 3-3 数据图像样例

在全部数据中，训练集是带有标注的，训练集的标注存储在 label. txt 中，其格式如图 3-4 所示。一行代表一张图像的标注，第一列的数字代表图像对应的类别，其后为图像的出处和名字。因为是直接提供的图像，我们只需要取最后一个“/”后的图像名称即可。

```
0 http://www.zhongyuanquanye.com/admin/eWebEditor/UploadFile/2013131114157258.jpg
0 http://pic.baike.soso.com/p/20130109/20130109200035-968869919.jpg
0 http://imgsrc.baidu.com/baike/pic/item/00e93901213fb80ea379f27c36d12f2eb83894f5.jpg
0 http://imgsrc.baidu.com/forum/w%3D580/sign=bcd6ebff352ac65c6705667bcbf3b21d/c63dc1bf6c81800a9f89be91b13533fa838b47a1.jpg
0 http://img5.poco.cn/mypoco/myphoto/20080628/09/4484707320080628095154248491114 3178_036.jpg
0 http://bbs.sgou.com/data/attachment/forum/dvbbs/forum/2008-03/1204537134366582.jpg
0 http://imgsrc.baidu.com/forum/w%3D580/sign=2fb44cc4a964034f0fcdc20e9fc37980/d00a982f070828387b7f5e0dba99a9014c08f12b.jpg
0 http://img3.duitang.com/uploads/item/201609/22/20160922154213_PeLau.jpeg
0 http://4.pic.58control.cn/p1/big/n_s01959740091977752.jpg
0 http://pic.baike.soso.com/p/20130819/20130819160742-219074912.jpg
0 http://dog.petking.cn/upload/heihehuoban/pic/200683160754.jpg
0 http://www.ichong123.com/files/2016/9/20/7/11.jpg
0 http://puui.qpic.cn/qqvideo_ori/0/d0501i01cif_496_280/0
0 http://imgsrc.baidu.com/forum/w%3D580/sign=148c3c6bcbea15ce41eee00186023a25/5e310423dd54564e85efb6d7b1de9c82d0584f3e.jpg
0 http://www.pibaosi.net/uploads/allimg/160128/1-16012P05H10-L.jpg
0 https://lh3.googleusercontent.com/JgSsOV1JkPEUGN4ThfzqvDsWFS9U0zkkcMruRhUdkrQX3H6dUmtRCf869ztA7aRlesY
0 http://img5.poco.cn/mypoco/myphoto/20080628/09/44847073200806280951542484911143178_025.jpg
0 http://tao.goulew.com/users/upfile/201604/20160414142951 0big.jpg
0 http://ywypk.weikaiyu.com/imgall/oaytilthn4ydanzomnxw2/2014_11_21_09/8be7404de7c8585c_0.jpg
0 http://www.goupu.com.cn/file/upload/201704/28/163839261.jpg
0 http://imgsrc.baidu.com/forum/w=580/sign=1a16915eb4de9c82a665f9875c8080d2/0d630b46f21fbe09e32db6736c600c338644ad8a.jpg
0 http://www.tobet.kz/img/ph/m_ph/037_b.jpg
0 http://www.jh96.com/d/file/dongwushijie/2017-04-25/c1b556c617cc0b1f7dbc90d9075207e1.jpg
0 http://www.hzymyzc.com/Uploads/2017-02-13/20170213174759 42457.jpg
0 http://pic.baike.soso.com/p/20130625/20130625103234-1418337579.jpg
0 http://puui.qpic.cn/qqvideo_ori/0/j0390k3u69f_496_280/0
0 http://pic.bestb2b.com/1179d0bfffa51ca6e5bd194bc1798751.jpg
0 http://imgsrc.baidu.com/forum/w%3D580/sign=936a87033801213fcf334ed464e636f8/eb360824ab18972bca7db310e7cd7b899f510a40.jpg
```

图 3-4 训练集标注示例

3.1.3 评估指标

对每张图片 i，算法返回前 3 个 label，l_{ij} $(j=1,2,3)$，该图片对应的 ground truth 记为g_i，则对应 error 为：

$$e_i = \min_j d(l_{ij}, g_i)$$

在此

$$d(x,y) = \begin{cases} 0, & x=y \\ 1, & 其他 \end{cases}$$

因此，在 N 张测试集上总得分为：

$$\text{score} = \frac{1}{N} \sum_i e_i$$

简单地说，对于每张图像算法需返回预测概率前三的类别，如果前三个类别中有真实的类别则记为预测成功，否则记为失败。最后统计全部数据中预测正确的图像占全部预测图像的比例，即为最终得分。

3.1.4 赛题分析

赛题任务可简单概述为从图像中识别狗的类别，“图像”代表着比赛首先是一个计算机视觉的任务，“识别”则表示比赛是一个分类任务，因此我们可以将比赛定位成一个计算机视觉的图像分类问题。近年来，随着人工智能技术的发展，图像分类任务有了飞跃式的发展，其中最有代表性的、具贡献的就是深度学习方法。

3.2　计算机视觉基础介绍

3.2.1　计算机视觉任务

计算机视觉，顾名思义是研究如何通过计算机去"看"的学科，通过计算机去理解人们所看到世界。在研究如何通过计算机去看世界的时候，我们将计算机视觉根据其特点划分成了许多子视觉任务：图像分类、目标检测、图像分割、图像生成、视频分类、文字识别和关键点检测等，接下来我们将对一些典型计算机任务展开介绍。

图像分类：图像分类是计算机视觉中最基础、最经典的任务，是其他视觉任务的基石。其任务可以描述为，给定一张图像，需要模型给出图像属于预定义类别中的哪一类。一般地，计算机会对图像进行一系列运算处理，把图像表示成一种特征形式，然后将这种图像特征通过某种算法模型划分到预先定义好的类别中。经过几十年的研究，图像分类已经取得了很大的进步，研究的问题也逐渐从简单的物体分类过渡到了复杂的、大规模的、细粒度的分类问题，而本章节的比赛，就是一个细粒度的分类问题。

目标检测：目标检测是一个经典的视觉任务，也是应用最广泛的视觉任务之一，像我们常见的工业质检、人脸检测、行人检测、车辆识别等都少不了目标检测的身影。目标检测任务是在图像中找出预定义类别的目标(物体)实例，并确定它们的位置、大小和类别，如图 3-5 所示，通过目标检测得到包裹目标的矩形框，并预测每个矩形框包裹目标所属的类别。近年来，随着深度学习的发展，目标检测任务得到飞跃式发展，在人脸检测、智能计数、视觉搜索引擎以及航拍图像分析等应用领域中发挥着不可替代的作用，为安防、无人驾驶、智能机器人等领域都提供了重要的技术支撑，在学术界和工业界都得到了广泛的研究和应用。

图 3-5　目标检测任务示例

图像分割：图像分割技术是计算机视觉领域的另一个重要的研究方向，是计算机理解图像过程中重要的一环。图像分割任务需要从像素层面进行分类，为每一个像素划分具体的类别，进而把图像分成若干特定的、具有独特性质的区域，如图 3-6(b)所示，通过图像分割划分出了图像中的行人、马路、汽车、天空和标志等。除此之外，图像分割还可以进一步分为语义分割、实例分割和全景分割。实例分割只关注可以描绘出来的个体目标，但在对每个像素进行划分时，还要考虑区分不同的个体，如图 3-6(c)所示，实

例分割不再划分蓝天、马路这些背景区域，而是更加关注前景的目标，不仅区分出了车和人的区域，还将每辆车和每个人区分开来，并用不同的颜色表示。全景分割则是语义分割和实例分割的结合，在区分个体实例的同时，也关注蓝天、街道这些背景区域。

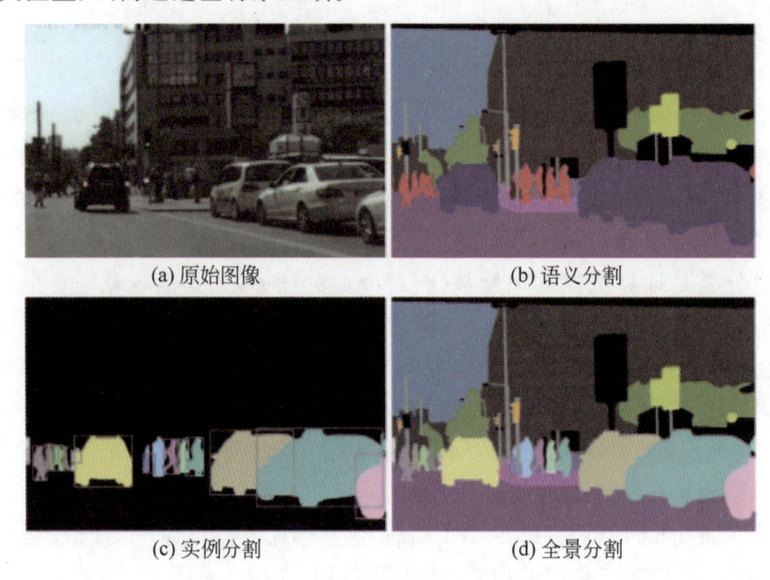

图 3-6 语义分割、实例分割和全景分割

近年来，随着深度学习技术的成熟并广泛应用，图像分割技术也有了突飞猛进的发展，从图像分割延伸出了像场景物体分割、人体前景分割、人脸人体 Parsing、三维重建等许多聚焦具体场景的分割任务，并在无人驾驶、增强现实、安防监控等行业得到了广泛的应用。

图像生成：图像生成是计算机视觉、计算机图形学等领域重要的研究方向。图像生成是指利用计算机基于某种要求或目的"从无到有"或是"从 A 到 B"生成一些图像。它可以根据图像去生成图像。还可以通过文字生成图像，在图像不同模态间转换，图像的修复、编辑、去模糊、超分辨率等，如图 3-7 所示，通过图像生成将照片转换成图画，将马的图像变成斑马，在冬天和夏天之间互相转换。图像生成有着非常广泛的应用，像我们常见的卡通头像生成、虚拟试衣、换脸等有趣的功能都少不了图像生成技术在背后的支持。

图 3-7 图像生成示例

视频分类：视频分类是计算机视觉中重要且非常具有挑战的一项视觉任务。在我们的生活中除了图像,也势必少不了视频的存在。相对于图像,视频则显得更加复杂,它由一帧帧连续的图像组成,它往往比图像包含着更多的信息。与图像分类相似,视频分类其实也是要完成一个分类任务,不同的是分类的对象不再是图像,而是一小段视频。具体地,视频分类是指给定一个视频片段,对其中包含的内容进行分类。类别通常是动作(如做蛋糕)、场景(如海滩)、物体(如桌子)等,如图3-8所示,就是通过视频分类,区分不同的视频片段是篮球比赛还是毕业典礼。随着互联网上视频的规模的日益庞大,对视频整理的需求也越发重要,而视频分类在这里面就发挥着重要的作用,像视频的自动标注、视频的划分都是依靠视频分类技术来完成的。

视频分类

篮球运动

毕业典礼

图3-8 视频分类示例

3.2.2 计算机视觉基础

计算机看世界主要是通过图像和视频(随着发展,计算机也已经可以看到更多的东西,如带有深度信息的图像、雷达采集的3D点云等)两种方式,那么计算机是如何去理解图像的呢?

人们看世界的过程可以大致分为两部分,首先是通过眼睛接收外界的信息形成电信号传递给我们的大脑,再通过大脑处理分析这些信号进而理解我们所看到的内容。而在计算机的眼里,我们通过相机、摄像头采集的信息则是以数字矩阵的方式存储的。

如图3-9所示,在计算机中,图像是由矩阵存储的,如果是灰度图像则由一个矩阵表示,如果是彩色的RGB图像则由3个矩阵(1个三维矩阵表示)。以灰度图像为例,矩阵上每个位置的数值代表对应图像位置的明暗程度(0～255,0表示黑,255表示白);而对于RGB图像则是由3个矩阵组合而成,每个矩阵分别代表对应像素点在红、绿、蓝上的明暗程度(0～255,图3-9展示的为0～1是因为被归一化了,这也是图像处理中最常见的操作之一)。同时,我们常说的图像分辨率,其实就是图像矩阵的长和宽,例如1920×1080像素就表示矩阵的长为1920,宽为1080(矩阵有1920列、1080行)。

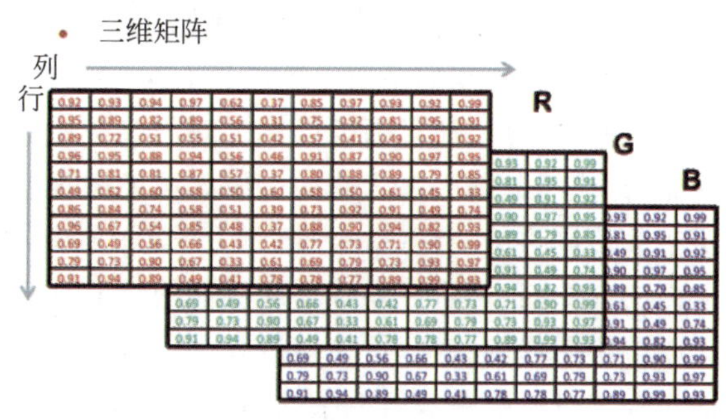

图3-9 图像与图像矩阵

3.2.3 传统图像分类及实践

1. 传统图像分类

图像在计算机中以矩阵的形式存储，我们看到的五彩缤纷图像，在计算机的眼中就是一个一个的数字。那么计算机如何通过这一个个数字来理解图像的呢？在深度学习广泛应用与计算机视觉之前，计算机认识图像是基于人们预先设定好的一些规则从图像矩阵提取图像的一些特征，再根据这些特征来认识图像。这一类需要通过人工设定规则从图像中提取特征的方法，统称为传统图像特征，也是计算机认识图像的基石。

在传统的图像特征中，有两类最具代表性的特征：全局特征和局部特征。

全局图像特征，顾名思义，就是从图像的全局出发来描述图像整体属性的特征，通过统计分析图像矩阵中全部的数值来表示图像的一种特征，如图 3-10 所示，对于一张图像我们可以统计整幅图像中不同颜色的分布情况，统计整个图像中像的形状（相邻像素之间明显的数值变化），统计整个图像中的纹理（相邻像素直接的差异变化描述）等。而这些统计结果所构成的特征（向量、统计直方图等）就是我们用来描述图像的一种全局特征。

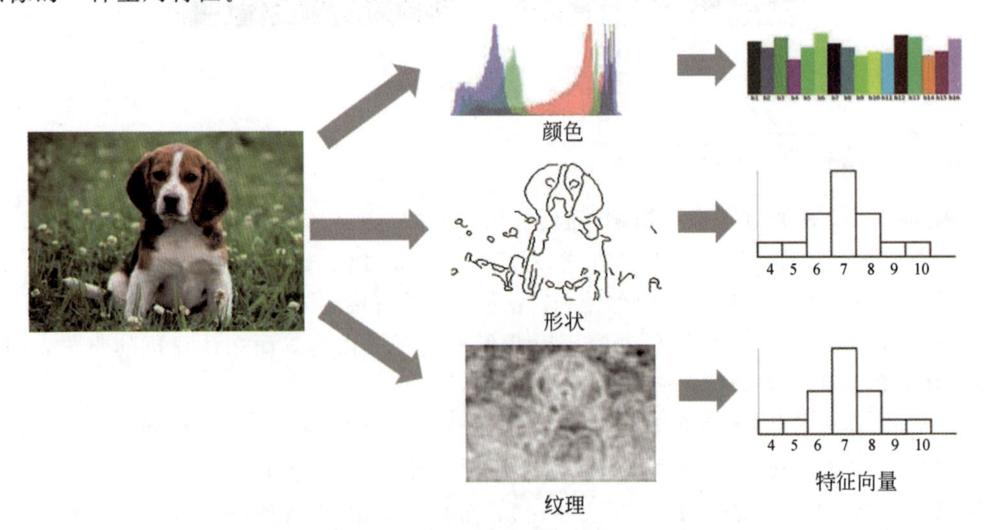

图 3-10 全局特征示例

具体地，如图 3-11 所示，颜色特征是通过在不同的通道（灰度图像只有一个通道，RGB 的彩色图像有红、绿、蓝三个通道）上统计图像矩阵上的数值处于不同区间内的频次，进而构建颜色特征直方图。高的部分代表对应颜色出现的比较多，例如，我们在区分鲜艳的花朵和草地的时候，颜色特征就能发挥很好的作用。纹理特征就是我们平时看到的具有一定重复规则的纹路，但是在计算机的眼里关注的纹理要普遍更细微一些，计算机通过邻近像素之间的差异来描述提取纹理信息。形状特征往往关注的是图像中存在的轮廓、边缘。因为在物体的边缘区域处图像会有较为明显的颜色、纹理上的变化，体现在矩阵上则是明暗数值剧烈的变化。

通过上面的介绍，我们可以发现全局特征的计算往往比较简单且描述起来也非常直观。但是全局特征直接提取整幅图像的特征，往往会提取到大量的冗余信息，还容易丢失图像中原有的空间信息。因此全局特征对描述带有噪声或者复杂的图像时效果并不理想（存在图像混叠、遮挡等情况）。

局部特征与全局特征不同，不再从整幅图像的角度出发去描述图像，而是从图像的局部区域中提取

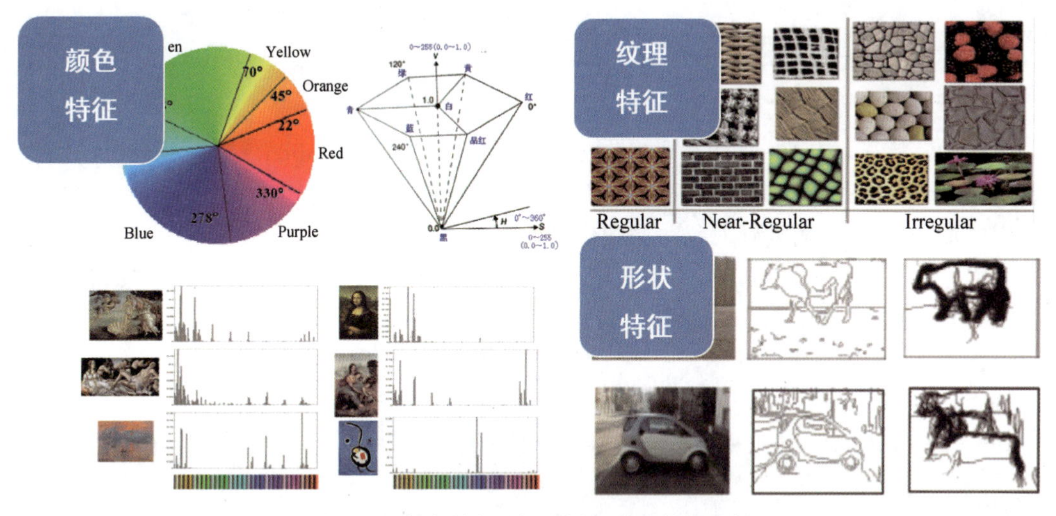

图 3-11 颜色特征、纹理特征、形状特征示例

可以描述图像的特征,而这些特征往往能够稳定地出现并且具有良好的可区分性。常见的局部特征包括边缘、角点、线、曲线和特别属性的区域等,如图 3-12 所示,左侧一列是完整图像,中间一列是提取的角点特征(局部特征),右侧一列则除去角点特征后的线段。其实我们可以发现,只通过中间的局部特征,我们就可以辨别出它是什么物体。相比全局特征,局部特征有着更好的不变性和可区分性,对噪声的鲁棒性也更好。

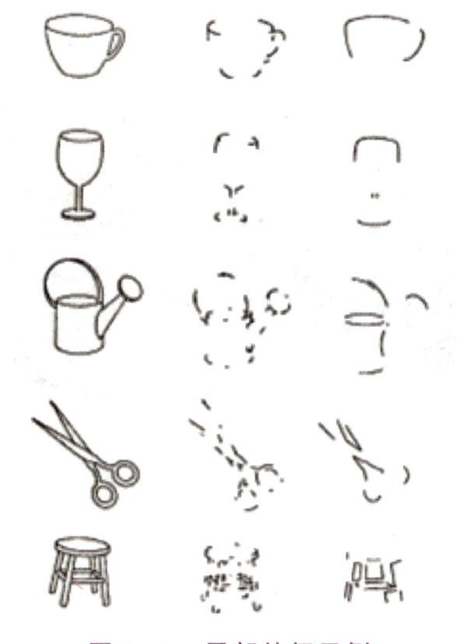

图 3-12 局部特征示例

2. 实践代码

在深度学习广泛地应用于计算机视觉之前,图像分类任务是通过传统图像特征和分类模型完成的。接下来我们就通过一个传统图像分类实践,进一步了解传统图像分类的过程。

在本节实验中,我们通过提取全局特征——HOG 特征和支持向量机来实现图片分类,区分猫、鸡和蛇。首先要导入我们需要使用到的库,其中 cv2(Opencv)是我们常用的用来加载处理图像的库,通过它加载图像,并提取图像的 HOG 特征,sklearn 库则提供了 SVM 模型训练和预测的过程:

```
import numpy as np
import cv2
from sklearn.svm import LinearSVC
```

(补充：HOG特征，方向梯度直方图(Histogram of Oriented Gradient)是一种经典的图像全局特征，它通过计算和统计图像局部区域的梯度方向直方图来构成特征)

完成库的加载后，我们需要针对每一张图像提取它的HOG特征。

首先我们通过 cv2.imread(path,0)加载图像的灰度图像(如图3-13所示)，其中"0"代表加载灰度图像，再通过cv2提取图像的HOG特征，并返图像的HOG特征：

```
def get_Hog_feature(path):
    winSize = (3, 3)
    blockSize = (3, 3)
    blockStride = (10, 10)
    cellSize = (3, 3)
    nbins = 9
    winStride = (8, 8)
    padding = (4, 4)
    img = cv2.imread(path,0)
    hog = cv2.HOGDescriptor(winSize,blockSize,blockStride,cellSize,nbins)
    img_hog = hog.compute(img, winStride, padding)
    return img_hog
```

图 3-13 灰度图像示例

对于每张图像都需要提取它的特征和其对应的标注，构建SVM的训练数据：

```
def creat_trian_data(img_list,label_list):
    trian_data = []
    for img in img_list:
        trian_data.append(get_Hog_feature)
    return trian_data.label_list
```

最后，通过sklearn库就可以实现图像分类模型的训练和测试了：

```
def train_test(trian_data,trian_label,test_data,test_label):
    clf = LinearSVC()
    clf.fit(trian_data, trian_label)
    train_score = clf.score(trian_data, trian_label)
```

```
    print("训练集:", train_score)
    test_score = clf.score(test_data, test_label)
    print("测试集:", test_score)
```

3.2.4 神经网络图像分类及实践

卷积神经网络(Convolutional Neural Networks, CNN)是一类包含卷积计算且具有深度结构的前馈神经网络(Feedforward Neural Networks),是深度学习(Deep Learning)的代表算法之一。2012 年,Hinton 课题组参加 ImageNet 图像识别比赛,通过其构建的 CNN 网络 AlexNet 一举夺得冠军。由此开始,卷积神经网络开始引起越来越多的研究者的注意,许多经典而又强大的卷积神经网络架构被研究出来。同时,伴随着卷积神经网络的研究和发展,计算机视觉各领域也都有了跨越式的飞跃。

随着数据量的增加和任务难度的提高,人类很难设计出一个或多个特征来描述并区分大多数的图像,同时因为不同的任务(如猫狗分类、花草分类),对特征的设计也有不同的要求,这就导致每个新的任务对于研究人员的来说都是一个巨大的挑战(如适用于区分猫狗的特征,很难用于区分花草)。与传统的图像特征提取相比,卷积神经网络具有表征学习(Representation Learning)的能力,它不再需要我们人工地设计特征,而是直接从图像中通过学习的方式提取特征。这种表征学习的能力,使得它可以适应更复杂的情况,达到更好的效果。尤其是,随着数据的扩展和越来越多优秀的卷积神经网络结构被设计出来,通过网络提取的特征的表示能力也越来越强,可以适用的场景也越来越多。

1. CNN 介绍

CNN 是一种包含卷积运算的深度神经网络,它一般由卷积层、池化层、全连接层等网络层基于某些结构排列组合而成,如图 3-14 所示为经典的卷积神经网络 VGG-16,它首先通过卷积层和池化层交替组合构成网络特征提取的部分,最后通过连续的全连接层实现图像分类。

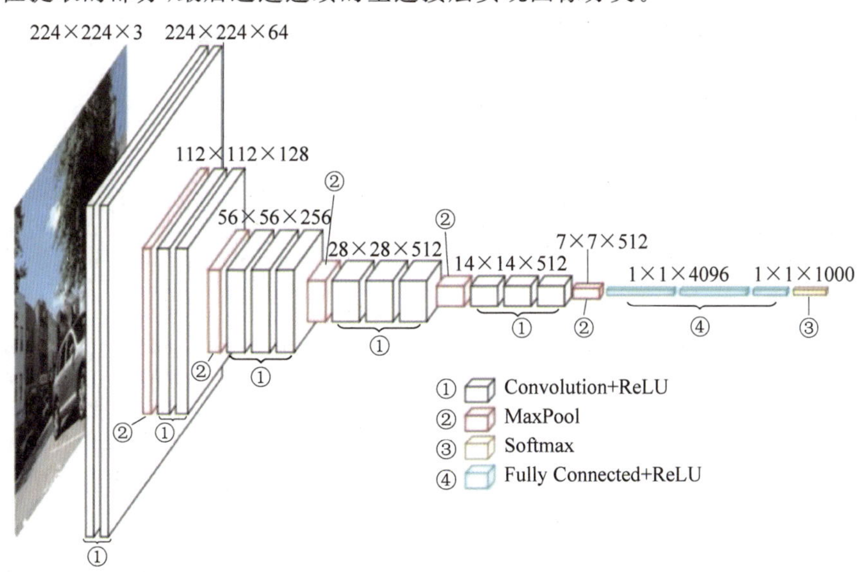

图 3-14 卷积神经网络示例

1) 卷积层

卷积层是卷积神经网络中最重要的组成部分,也是卷积运算的体现。相比全连接层或者 DNN(深度神经网络),卷积层不需要将图像或特征变成一维的向量,从而丢失空间信息。局部链接与权重共享

的特性也使得每个神经元节点不需要全部的特征相连接，极大地减少参数量和避免过拟合的发生。

卷积一词出自数学中的泛函分析，是通过函数 f 和 g 生成第三个函数的一种数学算子(在这里我们不对其数学含义展开介绍，感兴趣的读者可以自行查阅)。到了计算机视觉领域与卷积神经网络中，卷积运算则变成了卷积核在图像或特征上滑动运算的过程。

首先我们来看在图像中卷积是如何运算的，如图 3-15 所示，左侧为要进行卷积运算的矩阵，右侧为卷积核。卷积核有长宽和深度三个属性，图中所示即为一个长宽为 2×2、深度为 1(深度会在后面解释)的卷积核。当矩阵与卷积核一样大的时候，则将两个矩阵中的对应位置相乘，再将所有位置相乘的结果相加就得到了卷积运算后的结果。

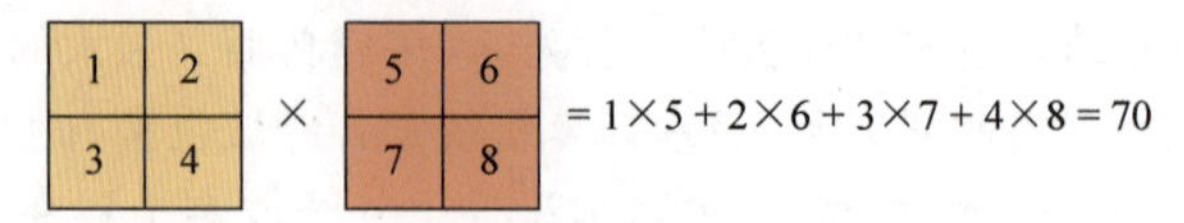

图 3-15　卷积运算示例 1

一般情况下不存在卷积核比图像或特征大的情况，大多数情况下都是图像或特征比卷积核要大，如图 3-16 所示，当输入矩阵比卷积核大时，卷积核首先与矩阵左上角 2×2 的区域进行卷积运算得到数值 25，再向左滑动一格与对应区域内的元素进行卷积运算得到 31。之后再与矩阵最左侧下一行的 2×2 区域进行卷积运算得到 43，同理再向右移动计算得到 49。最后得到的 2×2 矩阵就是最终卷积运算的结果。

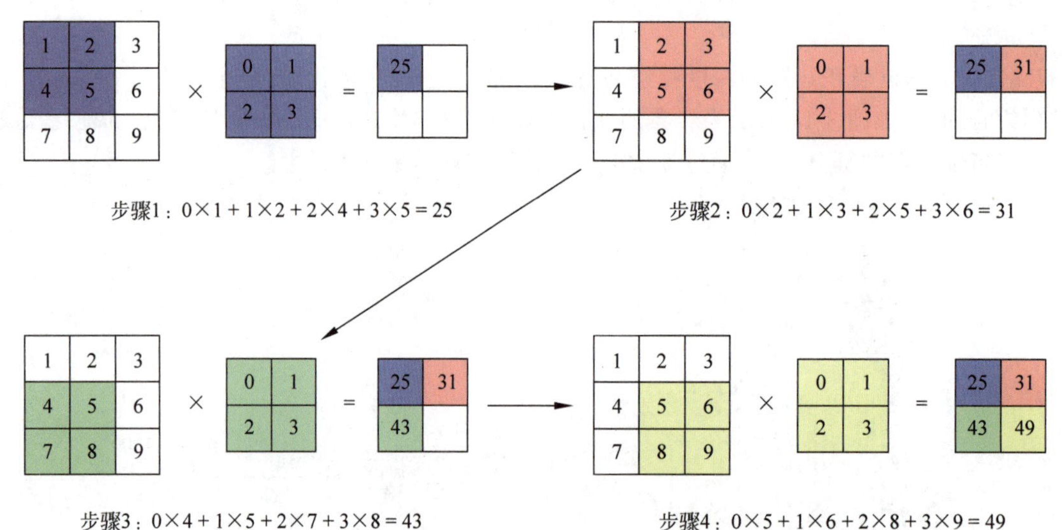

图 3-16　卷积运算示例 2

那么接下来，我们整体看图像卷积运算的过程。图像的大小为 6×6 的灰度图像，卷积核的大小为 3×3，如图 3-17 所示，卷积核首先与图像左上角 3×3 进行卷积运算得到 0，紧接着每次向左滑动一格进行运算得到 0、0、0，完成了输出特征图的第一行。之后再从最左侧开始，下移一行进行运算得 40。重复上面的滑动运算操作，最后得到了一个 4×4 的特征图。在这里我们就会发现卷积核的另外两个参数变量：步长(stride)和填充(padding)。刚刚我们描述的过程其实是一个 stride＝1、padding＝0 的卷积运算，stride=1 表示运算后卷积核移动一个格子(像素)，而 padding 则表示当我们的卷积核到了矩阵的边缘时，是否要将图像的边缘进行扩展再进行一次卷积运算。padding＝0 代表不扩展，padding＝1 则表示图像边缘扩展 1 个像素，以此类推。

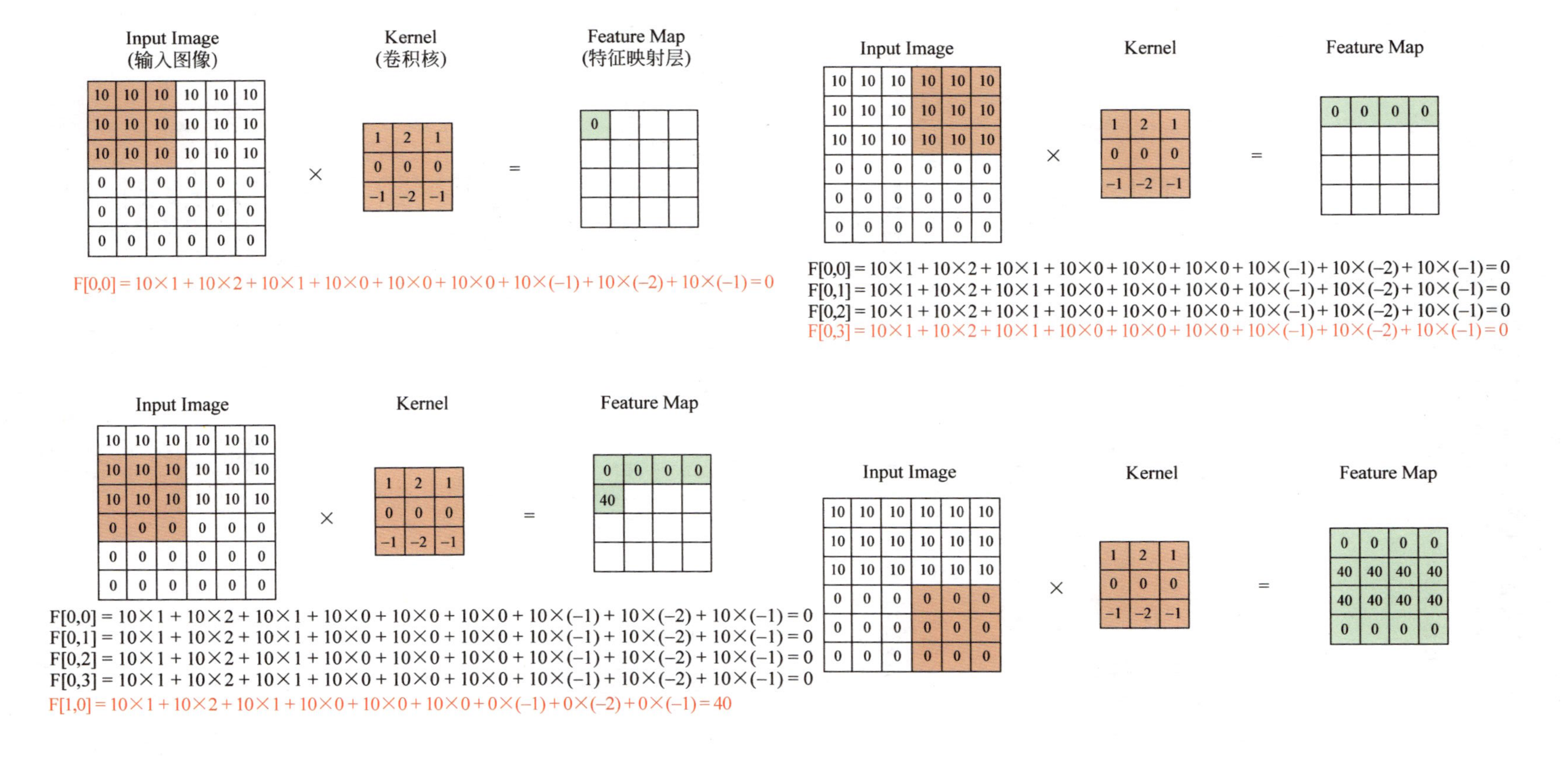

图 3-17 卷积运算示例 3

在对3通道的彩色图像或者多通道的特征图进行卷积运算时，就不得不提到卷积核的另一个属性——深度，卷积的深度往往与输入卷积核的图像或特征的通道数相等，以图3-18为例，对于3通道的输入，我们使用深度为3的卷积核，这时可以将卷积核表示为一个立方体。原来的平面上元素的对位相乘相加变成了立方体的对位元素相乘再相加。

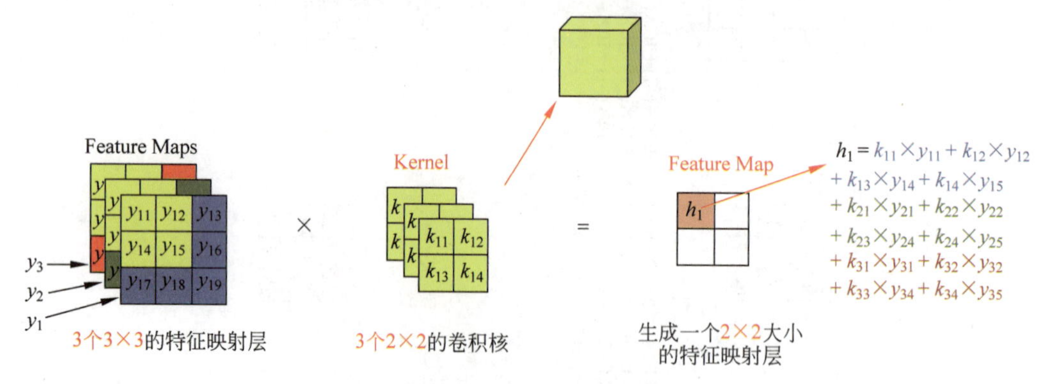

图 3-18 卷积运算示例 4

2）池化层

池化层是卷积神经网络中一个至关重要的网络层，通过池化层网络可以降低特征图的分辨率，从而起到聚合特征、减少网络参数量的效果。池化层往往出现在一组或几组卷积层之后。通常情况下，特征图在进入池化层后分辨率会下降一半（视池化层的结构决定，大多数情况下下降一半）。池化层在运作的过程中与卷积层相似，为一个固定大小的窗口在图像上滑动。因此池化层也有窗口的长宽、深度、步长、填充这些参数。不同的是卷积层每次滑动是进行卷积运算，而池化层则是进行池化操作。常见的池化操作有两种：最大值池化和平均值池化，如图3-19所示，进行的是一个步长为2，池化窗口为2×2的最大值池化。从图像的最左侧开始每次取2×2方块内的最大值作为输出，取完后滑动2个像素到第二个2×2的区域重复操作，直到最后将一个4×4大小的特征图变成了一个2×2的特征图。如果是平均池化，那么每次取的不再是窗口中的最大值，而是窗口中所有值的平均值，其他过程与最大值池化相似。

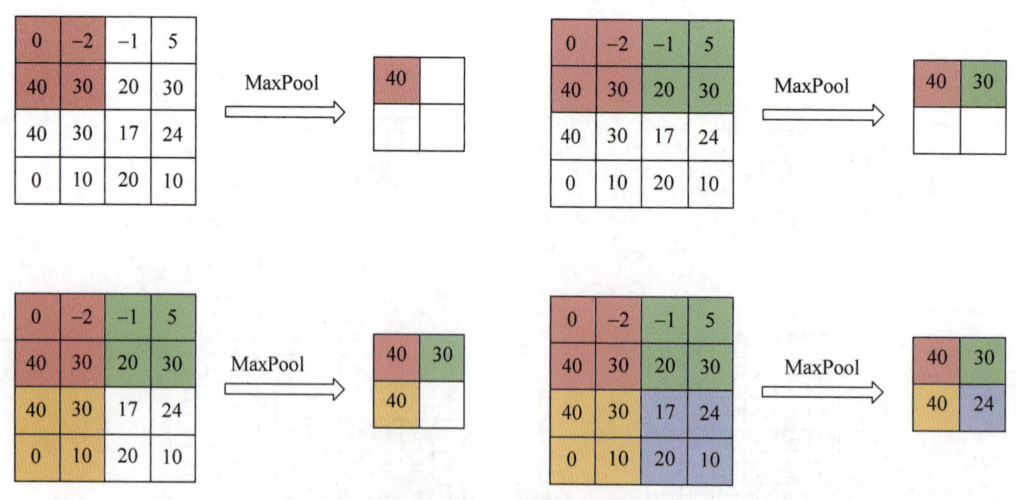

图 3-19 最大池化示例

2. 卷积神经网络 PaddlePaddle 实现

接下来，我们通过 PaddlePaddle 来实现一个简单的卷积神经网络，以实现对宝石数据集的图像分类。宝石数据集有 800 余张格式为 jpg 的宝石图像，总共包含 25 个宝石类别，数据展示如图 3-20 所示，其数据集性质与比赛数据相似，属于相似大类下的细粒度分类，但相对我们的比赛，不同类别的宝石在颜色、形状上有较为明显的差异，同类别宝石形态上的差异也较小，类别数量也仅为比赛的四分之一，因此任务要简单许多，接下来我们通过搭建一个简单的卷积神经网络来完成这个任务。

图 3-20 宝石数据展示

第一步，导入所需的包。其中 PIL 用于加载和打开图像，paddle.io.Dataset 用于构建网络训练过程中的数据读取器，paddle 则用于构建卷积神经网络的结构和训练网络：

```
import numpy as np
from PIL import Image
import paddle
from paddle.io import Dataset
import paddle.nn as nn
```

第二步，通过 paddle.io.Dataset 构建数据读取器。首先定义一个继承 Dataset 的数据加载类 Reader，共分为三部分，在__init__构造函数中，构建训练、测试数据路径的列表：

```
class Reader(Dataset):
    def __init__(self, data_path_list,label_list):
        """
        数据读取器
        :param data_path_list: 数据图像路径列表
        :param label_list: 数据标签列表
        """
        super().__init__()
        self.img_paths = data_path_list
        self.labels = label_list
```

在训练的过程中，每次迭代通过__getitem__函数返回图像和图像对应的标签，其中对于图像依次进行分辨率的统一、维度转换和归一化。

```
    def __getitem__(self, index):
        """
        获取一组数据
        :param index: 文件索引号
        :return:
        """
        # 第一步打开图像文件并获取 label 值
        img_path = self.img_paths[index]
        img = Image.open(img_path)
        if img.mode != 'RGB':
            img = img.convert('RGB')
        img = img.resize((224, 224), Image.BILINEAR)
        img = np.array(img).astype('float32')
        img = img.transpose((2, 0, 1)) / 255
        label = self.labels[index]
        label = np.array([label], dtype = "int64")
        return img, label

train_dataset = Reader(trian_path,train_label)
eval_dataset = Reader(eval_path,eval_label)
#训练数据加载
train_loader = paddle.io.DataLoader(train_dataset, batch_size = 16, shuffle = True)
#测试数据加载
eval_loader = paddle.io.DataLoader(eval_dataset, batch_size = 8, shuffle = False)
```

第三步，定义卷积神经网络的网络结构。整体可以分为两部分，在 init 函数中定义网络中需要用的每一个网络层，在 forward 函数中依次构建网络前向传播过程的顺序(网络层的先后结构顺序)。

其中，Paddle.nn.Conv2D()用于构建卷积层，in_channels 表示输入该卷积层特征的通道数也就是卷积核的深度，out_channels 表示该卷积层使用多少个卷积核，kernel_size 则表示卷积核的大小，stride 代表卷积核移动的步长。通过这几个参数我们就可以完成卷积层的构建。同理，paddle.nn.MaxPool2D()用于构建最大值池化层，kernel_size 和 stride 分别表示池化窗口的大小和移动的步长。

```
class MyCNN(nn.Layer):
    def __init__(self):
        super(MyCNN,self).__init__()
        self.conv0 = nn.Conv2D(in_channels = 3,out_channels = 64, kernel_size = 3,stride = 1)
        self.pool0 = nn.MaxPool2D(kernel_size = 2,stride = 2)
        self.conv1 = nn.Conv2D(in_channels = 64,out_channels = 128,kernel_size = 4,stride = 1)
        self.pool1 = nn.MaxPool2D(kernel_size = 2,stride = 2)
        self.conv2 = nn.Conv2D(in_channels = 128,out_channels = 50,kernel_size = 5)
        self.pool2 = nn.MaxPool2D(kernel_size = 2,stride = 2)
        self.fc1 = nn.Linear(in_features = 50 * 25 * 25,out_features = 25)

    def forward (self,input):
        x = self.conv0(input)
        x = self.pool0(x)
        x = self.conv1(x)
        x = self.pool1(x)
        x = self.conv2(x)
```

```
        x = self.pool2(x)
        x = paddle.reshape(x,shape=[-1,50*25*25])
        y = self.fc1(x)
        return y
```

第四步：训练网络。首先实例化定义好的 CNN 模型，并声明训练模式。再通过 paddle.nn.CrossEntropyLoss 和 paddle.optimizer.SGD 定义损失函数和优化器，最后从定义的 train_loader 函数中依次返回图像和对应的标签，并根据损失进行反向传播进而优化网络。训练过程中的损失和精度变化如图 3-21 所示，可以发现随着训练轮数的增加，精度和损失不断波动，整体趋于好的方向发展。

```
model = MyCNN()                                          #模型实例化
model.train()                                            #训练模式
cross_entropy = paddle.nn.CrossEntropyLoss()
opt = paddle.optimizer.SGD(learning_rate = 0.001, parameters = model.parameters())
epochs_num = train_parameters['num_epochs']              #迭代次数
for pass_num in range(train_parameters['num_epochs']):
    for batch_id,data in enumerate(train_loader()):
        image = data[0]
        label = data[1]
        predict = model(image)                           #数据传入 model
        loss = cross_entropy(predict,label)
        acc = paddle.metric.accuracy(predict,label)      #计算精度
        loss.backward()
        opt.step()
        opt.clear_grad()                                 #opt.clear_grad()重置梯度
paddle.save(model.state_dict(),'MyCNN ')                 #保存模型
```

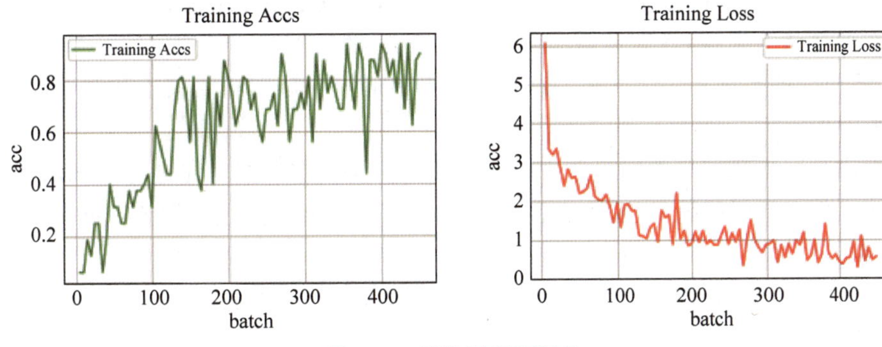

图 3-21 训练过程可视化

第五步：模型评估。在这部分首先加载训练好的参数和网络，并开启验证模式，依次从验证集中加载数据，使用网络预测并计算最后验证集的精度。

```
para_state_dict = paddle.load("MyCNN ")
model = MyCNN ()
model.set_state_dict(para_state_dict)                    #加载模型参数
model.eval()                                             #验证模式
accs = []
for batch_id,data in enumerate(eval_loader()):           #测试集
    image = data[0]
```

```
        label = data[1]
        predict = model(image)
        acc = paddle.metric.accuracy(predict,label)
        accs.append(acc.numpy()[0])
        avg_acc = np.mean(accs)
print("当前模型在验证集上的准确率为:",avg_acc)
```

3.3 数据处理

3.3.1 数据预处理

由于给定的测试集没有标签文件,将训练集中按照约 8∶2 的比例划分成两部分。多的部分作为训练集,少的部分作为验证集。

在训练集中对所有图片进行 Resize,变为相同的大小,并对图像进行归一化和交换数据通道的操作。

3.3.2 数据增强

随着网络规模的扩大,网络对数据规模的要求也越来越高。在训练阶段使用更多的数据,也可以使得网络学习到更多鲁棒的特征,提供网络的泛化能力,并有效降低网络过拟合。因此,在视觉任务中一个必不可少的过程就是进行数据增强。

数据增强可以大致分为两类:离线数据增强和在线数据增强。

其中,离线数据增强会直接对原始的数据集进行处理,对数据集中的图像进行处理,并把原始的图像和处理后的图像存储下来,构成新的数据集。通过离线数据增强可以把原始的数据集规模扩充 N 倍,同时也会把扩充后的数据集固定下来。这种方式更多适用于数据规模较小和需要固定数据集进行其他对比实验的时候。

而在线数据增强则是我们最常用的方法。它在模型读入图像数据时先进行图像增强,再输入进模型训练。因为每次数据增强的随机性,这样也就使得每张图像在每轮(所有训练数据训练完一次视为一轮)训练过程中都不一样,从而使网络在训练过程见过更多情况和变化的数据。

数据增强的方式有很多种,对于不同的任务类型数据增强的方式也不同。我们常见的数据增强方式有以下几种。

随机改变图像亮度:对于每次输入的图像随机调整亮度的值,如图 3-22 所示。

图 3-22 随机改变图像亮度

随机改变图像对比度：对于每次输入的图像对比度进行随机调整，如图 3-23 所示。

图 3-23 随机改变图像对比度

随机调整图像色调：对每次输入的图像的色调进行随机调整，如图 3-24 所示。

图 3-24 随机调整色调

对图像裁剪：在图像中选择一个区域进行裁剪，如图 3-25 所示。

图 3-25 图像裁剪

随机翻转、旋转：每次输入的图像，以一定的概率对图像进行翻转，如图 3-26 所示。

图 3-26 图像翻转、旋转

图像填充：在图像的边界填充黑色边框，如图 3-27 所示。

图 3-27 图像填充

介绍完数据增强的方式，我们通过 PaddlePaddle 提供的 paddle. vision. transforms 来快速地实现数据增强，对于每张加载的图像都先后进行亮度、对比度和色调的随机调整（当亮度和对比度的随机值为 1、色调随机值为 0 时为原图），再依次以一定的概率进行随机中心裁剪、填充以及水平和垂直方向的裁剪，其效果如图 3-28 所示。

```
def image_augment(img):
    brightness_factor = np.random.uniform(0,2)
    img = F.adjust_brightness(img, brightness_factor)                        #随机调整亮度
    contrast_factor = np.random.uniform(0,2)
    img = F.adjust_contrast(img, contrast_factor)                            #随机调整对比度
    hue_factor = np.random.uniform( - 0.5,0.5)
    img = F.adjust_hue(img, hue_factor)                                      #随机调整色调
    if random.random() > 0.7:
        img = F.center_crop(img, (np.random.randint(100, 200), np.random.randint(100, 200)))  #随机裁剪
    if random.random() > 0.7:
        img = F.pad(img, padding = (np.random.randint(0, 10), np.random.randint(0, 10)))#随机填充
    transform = RandomHorizontalFlip(0.7)                                    #随机水平翻转
    img = transform(img)
    transform = RandomVerticalFlip(0.7)                                      #随机垂直翻转
    img = transform(img)
    return img
```

图 3-28 数据增强效果

在每次加载图像时，我们都需要先将图像通过 image_augment 函数进行图像增强后再传递给模型训练。而这一操作是在数据读取类的 __getitem__ 函数中实现的。

```
class PetDataset(Dataset):
    def __init__(self, mode = 'train'):
        ...

    def image_augment(self,img):
        ...


    def __getitem__(self, idx):
        """
        返回 image, label
        """
        img_path = self.img_paths[index]
        img = Image.open(img_path)
        if img.mode != 'RGB':
            img = img.convert('RGB')
        img = self.image_augment(img)  #进行数据增强
        img = img.resize((224, 224), Image.BILINEAR)
        img = np.array(img).astype('float32')
        img = img.transpose((2, 0, 1)) / 255
        label = self.labels[index]
        label = np.array([label], dtype = "int64")
        return img, label
```

这样，我们就完成了在线的数据增强。确保在训练的过程中每次输入模型的图像都带有一定的随机性，让网络模型学习到更多的情况。

3.4 图像分类网络及方法

近年来，随着深度学习技术的广泛应用和发展，诸如图像分类、目标检测、图像分割等计算机视觉任务都获得了跨越式的发展。其中，图像分类作为计算机视觉中的基础任务，出现许多经典的卷积神经网络模型，这些模型不仅大幅提升了图像分类的效果精度，也为其他视觉任务的提升做出了重大的贡献。

3.4.1 经典分类网络

随着 2012 年 Hinton 课题组参加 ImageNet 图像识别比赛，通过其构建的 CNN 网络模型 AlexNet 一举夺得冠军，卷积神经网络开始引起越来越多的研究者的注意，许多经典而又强大的卷积神经网络架构被研究出来。本节将分别介绍几个经典的卷积神经网络架构：AlexNet、VGGNet、GoogLeNet 和 ResNet。

1. AlexNet

AlexNet 是计算机视觉领域最有影响力的网络模型之一，它的出现使得深度学习、计算机视觉领域发生了巨大的改变。AlexNet 是 2012 年 ImageNet 竞赛的冠军模型，在包含 1000 个类别共计 120 万张图像的 ImageNet 分类数据集中，取得了 top-1（预测概率最高的类别为真实类别）37.5%和 top-5（预测概率得分前五的类别中存在真实类别）17%的错误率。

AlexNet 总计采用了 5 个卷积层和 3 个全连接层，在两块 GPU 同步进行。如图 3-29 所示，AlexNet 以 227×227 分辨率的 RGB 图像作为输入，在前两次分别采用 96 个大小为 11×11、步长为 4 的卷积层和 128 个大小为 5×5、步长为 1 的卷积核，并在每个卷积层后使用 ReLU 激活函数（使用 ReLU 作为激活函数，并验证 ReLU 的效果在较深的网络上超过了 Sigmoid，解决了 Sigmoid 在深层网络中的梯度弥散问题）和大小为 3×3、步长为 2 的最大值池化。

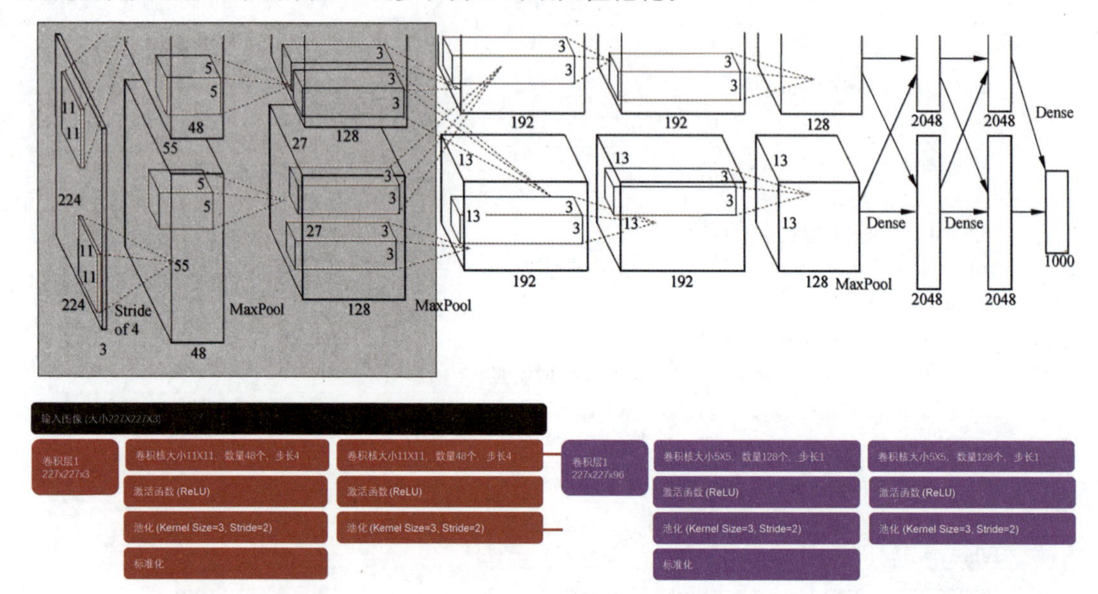

图 3-29 AlexNet 网络结构 1

AlexNet 后三层卷积层采用步长为 1 的 3×3 的卷积，同时因为采用了 padding=1 的填充使得特征图的分辨率保持不变。每个卷积层后通过 ReLU 激活函数进行激活。与前两层不同的是，并不是每一个卷积层后面紧接着一个池化层，而是在三层卷积后进行了一次大小为 3×3、步长为 2 的池化，这也将是之后网络模型的一种经典结构：几层卷积+一层池化，一般我们将这种结构称为一个单元或一组。最后是连续的三个全连接层，这也是分类网络比较常见的一种操作，将之前网络层提取的特征拉成一维的向量，进而通过全连接层进行分类。

与之前的网络结构相比，AlexNet 使用了更大更深的网络架构，有 6000 万个参数和 65000 个神经元，如图 3-30 所示。除此之外，AlexNet 在训练时使用 dropout 的方式来解决过拟合问题，并使用 LRN 层，对局部神经元的活动创建竞争机制，在神经元响应时，会对周围其他神经元进行抑制，增强了模型的泛化能力。

2. VGGNet

2014 年，牛津大学计算机视觉组（Visual Geometry Group）和 Google DeepMind 公司的研究员一起研发出了新的深度卷积神经网络：VGGNet。它与 AlexNet 相比有更小的卷积核和更深的网络层以提升网络参数效率。VGG 提出了多种不同深度的网络结构：11 层、13 层、16 层和 19 层等，其具体网络结构如图 3-31 所示。VGG 采用了分组划分的形式，以卷积+池化划分为一个单元，不同的 VGG 网络结构中，每个单元中具有不同数量的卷积层。

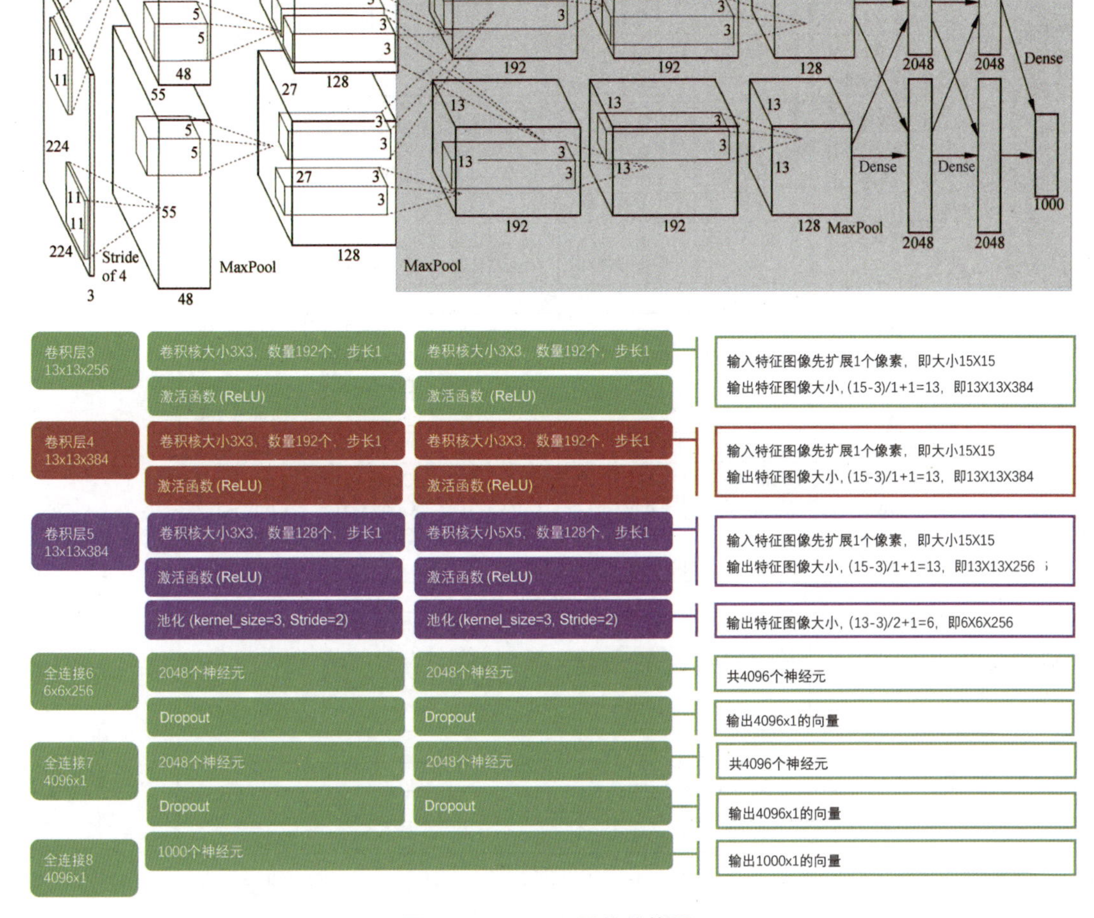

图 3-30 AlexNet 网络结构图 2

在 VGG 网络结构中，最具代表性的为 VGG16，其结构如图 3-32 所示。由 13 个卷积层和 3 个全连接层组成，以单元组的形式划分成了 6 个单元，单元与单元之间通过最大池化分开，每个单元内采用具有相同大小和个数卷积核的卷积层。随着网络深度的增加，每个单元内卷积层卷积核的个数也逐步增加。在网络的最后同 AlexNet 一样采用了连续的 3 组全连接层进行分类。在一定程度上，VGG 可以理解为是 AlexNet 的加深版本，并使用了 3 个 3×3 卷积核来代替 7×7 卷积核，使用了 2 个 3×3 卷积核来代替 5×5 卷积核，在保证了感受野的前提下，提升了网络的深度，提升了神经网络的效果。

3. GoogLeNet

GoogLeNet 出现在 ILSVRC2014 年的比赛中（和 VGGNet 同年），以 top-5 错误率 6.67%超过了 VGGNet 错误率 7.3%夺得了第一名的成绩。GoogLeNet 最大的特点是控制了计算量和参数量的同时提高了网络的性能，其 22 层的网络结构只有 15 亿次浮点计算和 500 万的参数量，是 AlexNet 的 1/12，是 VGG 的 1/36。因此在内存或计算资源有限时，GoogLeNet 是更好的选择，同时在性能上 GoogLeNet 表现也更好。至今为止，在 GoogLeNet 最基础的版本 Inception Net-v1 的基础上谷歌又相继提出了 Inception-v2、Inception-v3、Inception-v4 等。

GoogLeNet 的网络架构由几个 Inception 模块组合而成，如图 3-33 所示为 GoogLeNet 的基本结构，也是 GoogLeNet 的核心组成单元。该结构将 CNN 中常用的卷积(1×1,3×3,5×5)、池化操作(3×3)

<table>
<tr><td colspan="6">ConvNet Configuration</td></tr>
<tr><td>A</td><td>A-LRN</td><td>B</td><td>C</td><td>D</td><td>E</td></tr>
<tr><td>11 Weight Layers</td><td>11 Weight Layers</td><td>13 Weight Layers</td><td>16 Weight Layers</td><td>16 Weight Layers</td><td>19 Weight Layers</td></tr>
<tr><td colspan="6">Input(224×224 RGB Image)</td></tr>
<tr><td>Conv3-64</td><td>Conv3-64
LRN</td><td>Conv3-64
Conv3-64</td><td>Conv3-64
Conv3-64</td><td>Conv3-64
Conv3-64</td><td>Conv3-64
Conv3-64</td></tr>
<tr><td colspan="6">MaxPool</td></tr>
<tr><td>Conv3-128</td><td>Conv3-128</td><td>Conv3-128
Conv3-128</td><td>Conv3-128
Conv3-128</td><td>Conv3-128
Conv3-128</td><td>Conv3-128
Conv3-128</td></tr>
<tr><td colspan="6">MaxPool</td></tr>
<tr><td>Conv3-256
Conv3-256</td><td>Conv3-256
Conv3-256</td><td>Conv3-256
Conv3-256</td><td>Conv3-256
Conv3-256
Conv1-256</td><td>Conv3-256
Conv3-256
Conv3-256</td><td>Conv3-256
Conv3-256
Conv3-256
Conv3-256</td></tr>
<tr><td colspan="6">MaxPool</td></tr>
<tr><td>Conv3-512
Conv3-512</td><td>Conv3-512
Conv3-512</td><td>Conv3-512
Conv3-512</td><td>Conv3-512
Conv3-512
Conv1-512</td><td>Conv3-512
Conv3-512
Conv3-512</td><td>Conv3-512
Conv3-512
Conv3-512
Conv3-512</td></tr>
<tr><td colspan="6">MaxPool</td></tr>
<tr><td>Conv3-512
Conv3-512</td><td>Conv3-512
Conv3-512</td><td>Conv3-512
Conv3-512</td><td>Conv3-512
Conv3-512
Conv1-512</td><td>Conv3-512
Conv3-512
Conv3-512</td><td>Conv3-512
Conv3-512
Conv3-512
Conv3-512</td></tr>
<tr><td colspan="6">MaxPool</td></tr>
<tr><td colspan="6">FC-4096</td></tr>
<tr><td colspan="6">FC-4096</td></tr>
<tr><td colspan="6">FC-1000</td></tr>
<tr><td colspan="6">Soft-max</td></tr>
</table>

图 3-31 VGG 网络结构

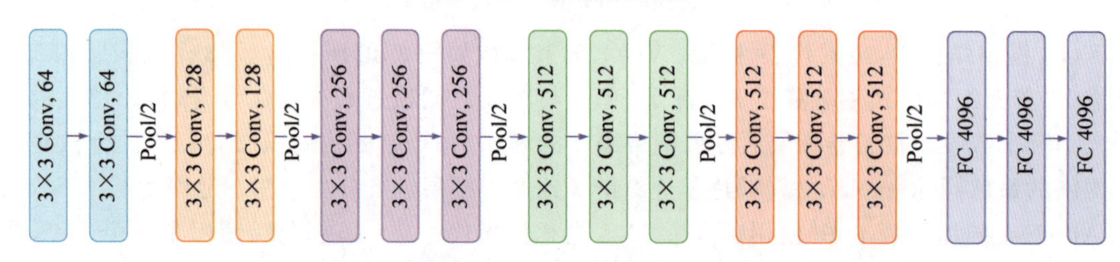

图 3-32 VGG16 网络结构

堆叠在一起(卷积、池化后的尺寸相同,将通道相加),一方面增加了网络的宽度,另一方面也增加了网络对尺度的适应性。但是,这种拼接堆叠特征的方式会导致特征的通道变得特别多。因此,在左侧的基础上,添加了 1×1 卷积来压缩特征的通道数,进而构成了右侧的结构,这也是 GoogLeNet 中最终的基础结构。

4. ResNet

随着网络深度的不断增加,研究者们发现当卷积神经网络达到一定深度后再一味地通过增加卷积层的方式来增加网络的深度并不能让分类性能进一步地提高,反而会导致网络训练过程收敛变得缓慢,分类的准确率也会有一定程度地下降。直到 2015 年,何凯明提出的 ResNet(Deep Residual Network,深度残差网络)使得卷积神经网络突破了深度的束缚,从 VGG 的 19 层突破到了 152 层。

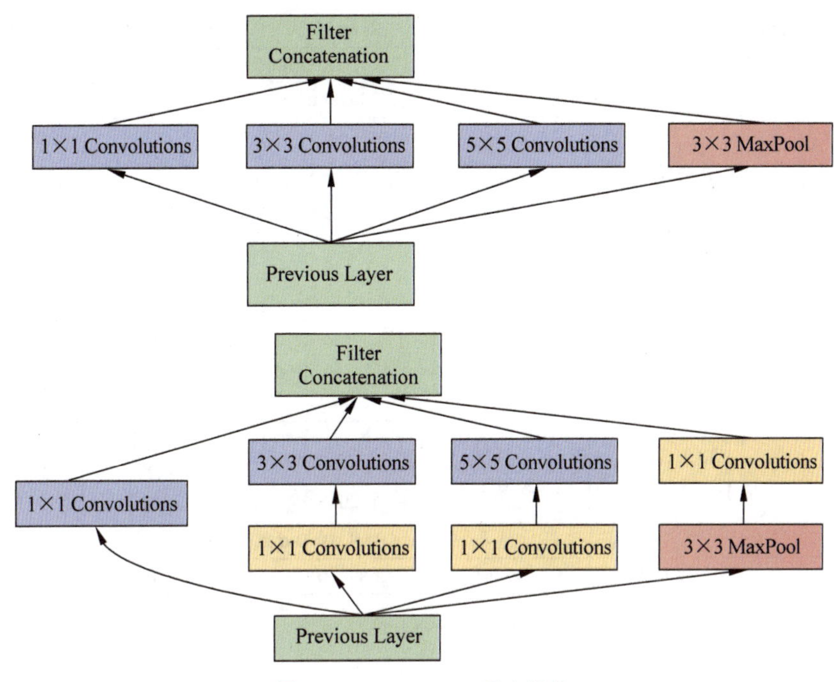

图 3-33 GoogLeNet 基本结构

ResNet 的主要思想是在网络中增加一些跳跃连接的通道，让卷积层的输入不仅仅来源于上一网络层的输出，而是来自上一网络层和之前网络层输出的组合。通过这种方式网络层的作用不仅仅是对上一网络层输出结果的线性或非线性变换，还可以在一定比例上保留之前网络层的输出，如图 3-34(a)所示，对于一个堆积层结构(几个卷积层堆积而成)当输入为 x 时其学习到的特征记为 $H(x)$，ResNet 使用残差学习的方式使用多个网络层来学习，输入、输出之间的参差即 $F(x)=H(x)-x$。而在网络中，残差学习则是以跳跃连接的方式实现，如图 3-34(b)所示，对于输入的特征在经过两次卷积后与原始的输入特征对位相加得到最终的特征。

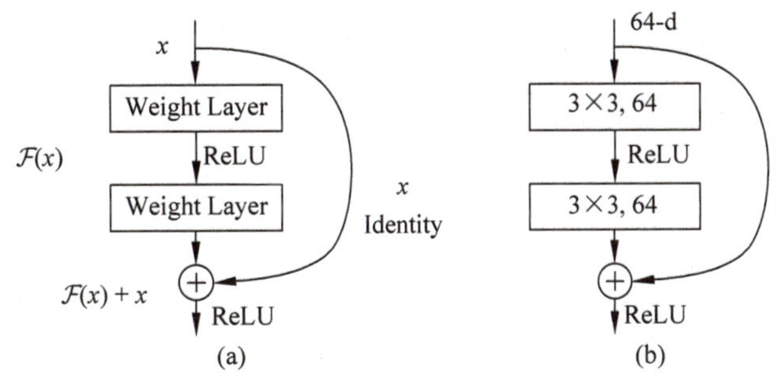

图 3-34 残差学习单元

ResNet 也有 18 层、34 层、50 层、101 层和 152 层的版本，如图 3-35 所示，ResNet 首先会经过一组步长为 2、大小为 7×7 的卷积和一组步长为 2、大小 3×3 的最大值池化以降低特征的分辨率。之后根据 ResNet 的版本的不同，堆叠多个不同类型的残差单元。值得注意的是，ResNet 中间层特征不再通过池化的方式实现特征图分辨率的下采样，而是通过步长为 2 的卷积实现。同时，每次特征图分辨率的下降都会伴随特征图通道数的上升。

Layer Name	Output Size	18-Layer	34-Layer	50-Layer	101-Layer	152-Layer
Conv1	112×112	7×7, 64, Stride 2				
Conv2_x	56×56	3×3, MaxPool, Stride 2				
		$\begin{bmatrix}3\times3, 64\\3\times3, 64\end{bmatrix}\times2$	$\begin{bmatrix}3\times3, 64\\3\times3, 64\end{bmatrix}\times2$	$\begin{bmatrix}1\times1, 64\\3\times3, 64\\1\times1, 256\end{bmatrix}\times3$	$\begin{bmatrix}1\times1, 64\\3\times3, 64\\1\times1, 256\end{bmatrix}\times3$	$\begin{bmatrix}1\times1, 64\\3\times3, 64\\1\times1, 256\end{bmatrix}\times3$
Conv3_x	28×28	$\begin{bmatrix}3\times3, 128\\3\times3, 128\end{bmatrix}\times2$	$\begin{bmatrix}3\times3, 128\\3\times3, 128\end{bmatrix}\times4$	$\begin{bmatrix}1\times1, 128\\3\times3, 128\\1\times1, 512\end{bmatrix}\times4$	$\begin{bmatrix}1\times1, 128\\3\times3, 128\\1\times1, 512\end{bmatrix}\times4$	$\begin{bmatrix}1\times1, 128\\3\times3, 128\\1\times1, 512\end{bmatrix}\times8$
Conv4_x	14×14	$\begin{bmatrix}3\times3, 256\\3\times3, 256\end{bmatrix}\times2$	$\begin{bmatrix}3\times3, 256\\3\times3, 256\end{bmatrix}\times6$	$\begin{bmatrix}1\times1, 256\\3\times3, 256\\1\times1, 1024\end{bmatrix}\times6$	$\begin{bmatrix}1\times1, 256\\3\times3, 256\\1\times1, 1024\end{bmatrix}\times23$	$\begin{bmatrix}1\times1, 256\\3\times3, 256\\1\times1, 1024\end{bmatrix}\times36$
Conv5_x	7×7	$\begin{bmatrix}3\times3, 512\\3\times3, 512\end{bmatrix}\times2$	$\begin{bmatrix}3\times3, 512\\3\times3, 512\end{bmatrix}\times3$	$\begin{bmatrix}1\times1, 512\\3\times3, 512\\1\times1, 2048\end{bmatrix}\times3$	$\begin{bmatrix}1\times1, 512\\3\times3, 512\\1\times1, 2048\end{bmatrix}\times3$	$\begin{bmatrix}1\times1, 512\\3\times3, 512\\1\times1, 2048\end{bmatrix}\times3$
	1×1	Average Pool, 1000-d fc, Softmax				
FLOPs		1.8×10^9	3.6×10^9	3.8×10^9	7.6×10^9	11.3×10^9

图 3-35 ResNet 网络结构

3.4.2 VGG 网络 Paddle 实现

本节通过 Paddle 实现 VGG-16 网络模型，如图 3-36 所示，VGG 的核心是 5 个卷积单元，每两个单元之间通过最大值池化实现特征的下采样。同一单元内采用多次连续的 3×3 卷积，卷积核的数目由较浅组的 64 层逐渐增多到 512 层，最后通过三层全连接层实现分类。

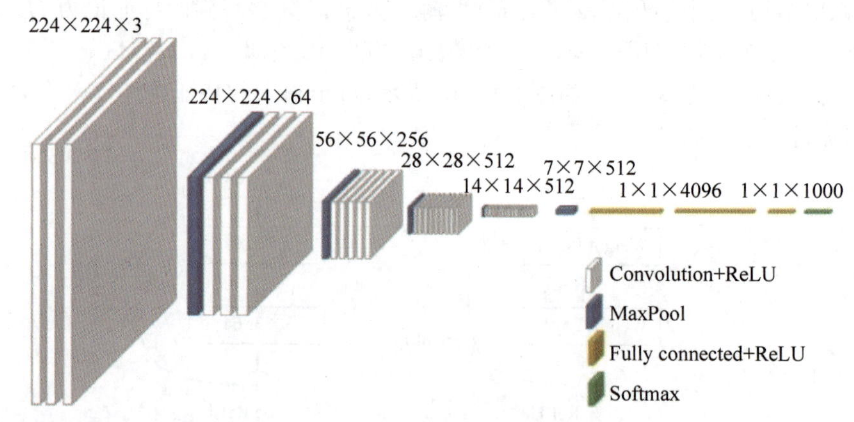

图 3-36 VGG 网络结构

首先我们定义 ConvPool 用于构建每一个卷积单元，ConvPool 类继承 paddle. nn. Layer。因为每个卷积单元中卷积核的大小和数目是一样的，所以在 ConvPool 类只需要依次定义输入特征的通道数(num_channels)、卷积核的尺寸(filter_size)、卷积核的数目(num_filters)、卷积核移动的步长(conv_stride)、卷积过程中的 paddling(conv_padding)、单元中卷积层的数目(groups)、池化窗口的大小(pool_size)、池化层的步长(pool_stride)。

随着网络深度和网络规模的增大，我们采用一种新的定义网络层的方式：通过 self. add_sublayer 顺序地添加网络层，在每个卷积层后添加 ReLU 激活函数，并在几组卷积后添加最大值池化。在

forward 中通过 self.named_children 构建卷积单元前向传播的顺序。

```
class ConvPool(paddle.nn.Layer):
    '''卷积+池化'''
    def __init__(self,
                 num_channels,
                 num_filters,
                 filter_size,
                 pool_size,
                 pool_stride,
                 groups,
                 conv_stride=1,
                 conv_padding=1,
                 ):
        super(ConvPool, self).__init__()
        for i in range(groups):
            self.add_sublayer(
                                'bb_%d' % i,
                paddle.nn.Conv2D(              # layer
                in_channels=num_channels,      #通道数
                out_channels=num_filters,      #卷积核个数
                kernel_size=filter_size,       #卷积核大小
                stride=conv_stride,            #步长
                padding = conv_padding,        #padding
                )
            )
            self.add_sublayer(
                'relu%d' % i,
                paddle.nn.ReLU()
            )
            num_channels = num_filters
        self.add_sublayer(
            'Maxpool',
            paddle.nn.MaxPool2D(
            kernel_size=pool_size,             #池化核大小
            stride=pool_stride                 #池化步长
            )
        )
    def forward(self, inputs):
        x = inputs
        for prefix, sub_layer in self.named_children():
            x = sub_layer(x)
        return x
```

接下来,我们使用前面定义的 ConvPool 类,搭建 VGG 的网络结构。VGG-16 由 5 个单元构成,因此我们依次通过 ConvPool 定义 5 个卷积单元,然后依次搭建 3 个全连接层,其中最后的全连接层为分类层(有几个类别就有几个神经元)。在 forward 函数中定义前向传播的顺序,先后经过 5 个卷积单元,在经过 reshape 调整特征维度后通过全连接层得到最终的分类结果。

```
class VGGNet(paddle.nn.Layer):
    def __init__(self):
        super(VGGNet, self).__init__()
        self.convpool01 = ConvPool(3, 64, 3, 2, 2, 2)  #3:通道数,64:卷积核个数,3:卷积核大小,2:池化核
                                                      #大小,2:池化步长,2:连续卷积个数
        self.convpool02 = ConvPool(64, 128, 3, 2, 2, 2)
        self.convpool03 = ConvPool(128, 256, 3, 2, 2, 3)
        self.convpool04 = ConvPool(256, 512, 3, 2, 2, 3)
        self.convpool05 = ConvPool(512, 512, 3, 2, 2, 3)
        self.pool_5_shape = 512 * 7 * 7
        self.fc01 = paddle.nn.Linear(self.pool_5_shape, 4096)
        self.fc02 = paddle.nn.Linear(4096, 4096)
        self.fc03 = paddle.nn.Linear(4096, train_parameters['class_dim'])
    def forward(self, inputs):
        """前向计算"""
        out = self.convpool01(inputs)
        out = self.convpool02(out)
        out = self.convpool03(out)
        out = self.convpool04(out)
        out = self.convpool05(out)
        out = paddle.reshape(out, shape=[-1, 512*7*7])
        out = self.fc01(out)
        out = self.fc02(out)
        out = self.fc03(out)
        return out
```

3.5 算法提升与改进

3.5.1 进阶的分类模型

在分类任务中,网络模型起着至关重要的作用,也直接决定着可以达到的效果,接下来介绍几个在比赛中表现优异的网络模型。

1. DenseNet

DenseNet是CVPR2017年的Best Paper,其通过对特征的充分利用在提升效果的同时还减少了网络的参数量。与ResNet和GoogLeNet不同,DenseNet不再通过加深网络层数和加宽网络结构来提升网络的性能,而是从特征的角度入手,通过特征重用和旁路的设置,达到更好的效果,如图3-37所示,为DenseNet的核心结构Dense Block。在Dense Block中,第i层的输入不再仅仅是第i−1层的输出,而是将Dense Block内第i层之前所有层的输出连接起来构成新的特征作为第i层的输入,并在每个Dense Block的最后添加了1×1卷积降低Dense Block的输出维度。通过这种密集的连接方式,特征和梯度的传递更加有效,同时也减轻了梯度消失的问题,使得网络更加容易训练。

由于在DenseNet中需要对不同层的特征图进行连接操作,这就要求不同层之间的特征图分辨率保持一致,从而限制了特征的下采样。因此,在DenseNet采用了保持每个Dense Block中特征图分辨率相同,Dense Block之间下采样的操作,如图3-38所示为一个由三个Dense Block搭建的网络模型,每个Dense Block之间通过1×1卷积和池化层降低特征图的通道数和对特征进行下采样。

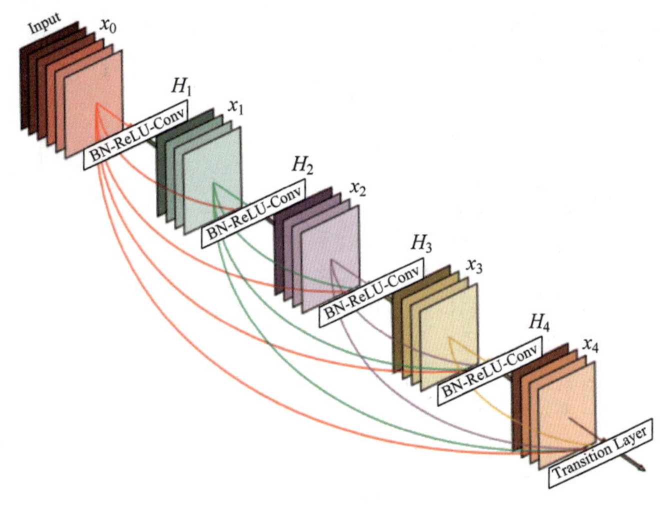

图 3-37　Dense Block 结构示意图

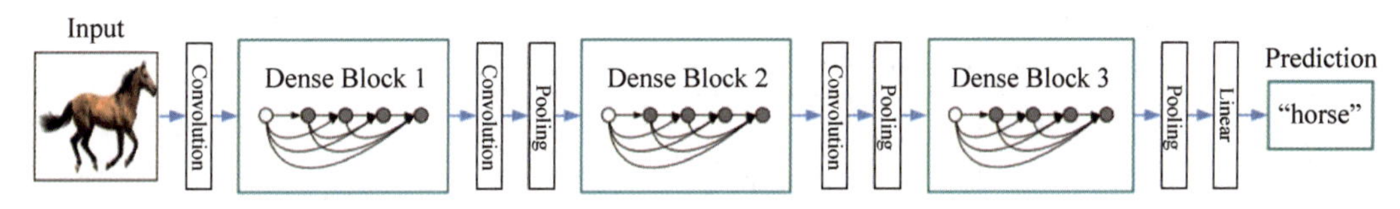

图 3-38　DenseNet 结构示意图

2. Xception

Xception 是 Google 继 Inception 后提出的对 Inception-v3 的一种改进，提出了一种极致的 Inception 模块，如图 3-39(a)所示为 Inception-v3 中的卷积单元，对于输入的特征，并行地进行 1×1 卷积、1×1 卷积+3×3 卷积、池化+3×3 卷积以及 1×1 卷积+2 组 3×3 卷积。Xception 首先在左侧的基础上去掉了池化的分支，使得三个支路都变成了 1×1 卷积和 3×3 的卷积。之后再将所有支路 1×1 卷积合并在一起，针对每个通道进行 3×3 卷积，就形成了图 3-39(b)的 Xception 的卷积单元结构。

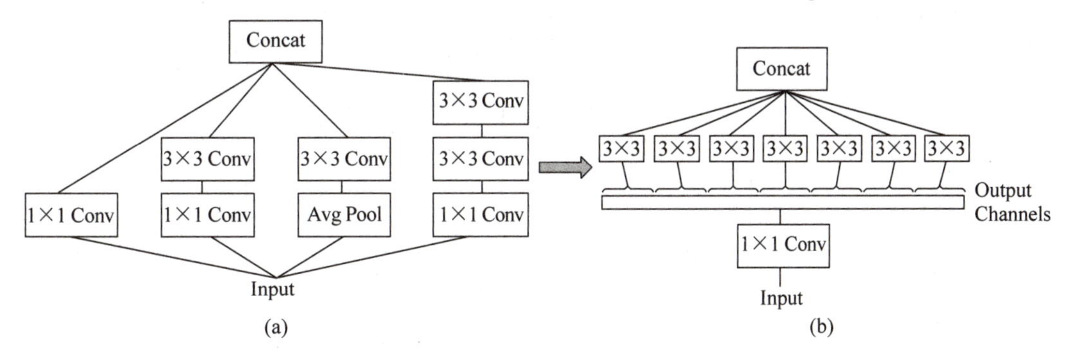

图 3-39　Inception-v3 和 Xception 的 Inception 模块

Xception 的整体网络结构和 ResNet 相似，但是将其中的卷积层换成了 Xception 的 Inception 模块，如图 3-40 所示，整个网络被分为了 Entry、Middle 和 Exit 3 部分，采用了跳跃连接和 Inception 模块组合的方式。Xception 与 Inception-v3 相比，在 ImageNet 数据集上的表现要更好，同时参数量也有所下降。

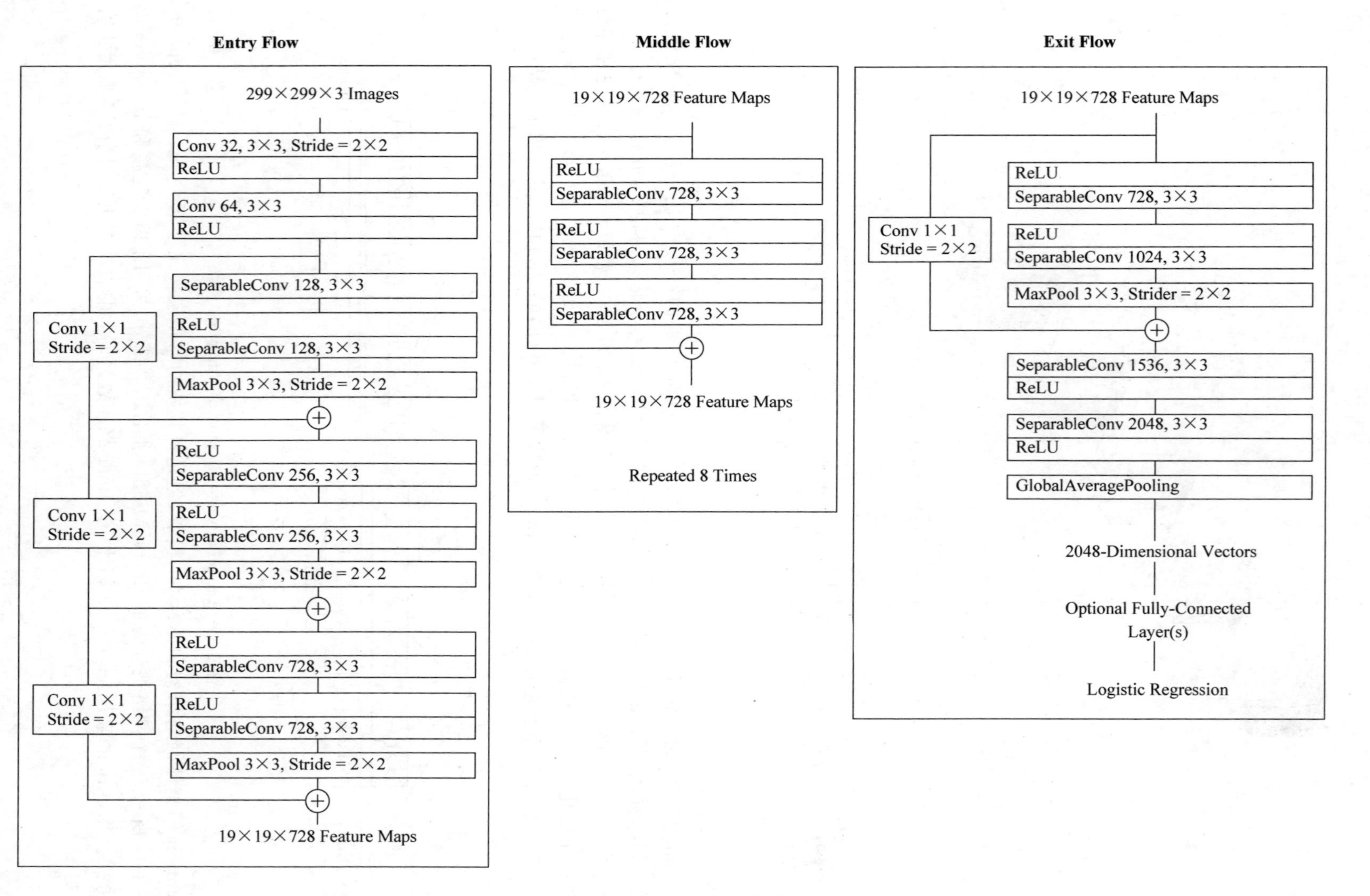

图 3-40 Xception 网络结构

3.5.2 目标检测

在宠物分类的比赛中，每张图像除了宠物狗之外还有大量的包括背景在内的干扰。因此，对于每张图像如果我们能够事先知道宠物狗的位置，只针对宠物狗的区域进行分类，将有助于分类效果的提升，如图 3-41 所示，宠物狗其实只占据了图像右下角的区域，其他的区域都是背景和人，对我们区分宠物狗的类别不仅没有帮助，还会起到反作用。因此我们可以通过目标检测的方法先将宠物狗的区域提取出来，再进行分类，从而提升效果。

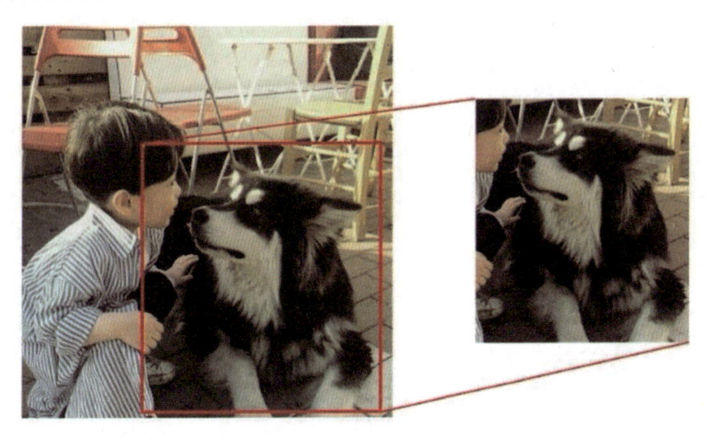

图 3-41　目标检测示例

一阶段检测模型 SSD：

SSD(Single Shot MultiBox Detector)是一种直接预测目标类别和位置的一阶段目标检测算法。详细请参见 4.2.1 节。

其中 SSD 核心代码如下：

```
class SSDHead(nn.Layer):
    __shared__ = ['num_classes']
    __inject__ = ['anchor_generator', 'loss']
    def __init__(self,
                 num_classes = 80,
                 in_channels = (512, 1024, 512, 256, 256, 256),
                 anchor_generator = AnchorGeneratorSSD().__dict__,
                 kernel_size = 3,
                 padding = 1,
                 use_sepconv = False,
                 conv_decay = 0.,
                 loss = 'SSDLoss'):
        super(SSDHead, self).__init__()
        # add background class
        self.num_classes = num_classes + 1
        self.in_channels = in_channels
        self.anchor_generator = anchor_generator
        self.loss = loss
        if isinstance(anchor_generator, dict):
            self.anchor_generator = AnchorGeneratorSSD( ** anchor_generator)
```

```
        self.num_priors = self.anchor_generator.num_priors
        self.box_convs = []
        self.score_convs = []
        for i, num_prior in enumerate(self.num_priors):
            box_conv_name = "boxes{}".format(i)
            if not use_sepconv:
                box_conv = self.add_sublayer(
                    box_conv_name,
                    nn.Conv2D(
                        in_channels = in_channels[i],
                        out_channels = num_prior * 4,
                        kernel_size = kernel_size,
                        padding = padding))
            else:
                box_conv = self.add_sublayer(
                    box_conv_name,
                    SepConvLayer(
                        in_channels = in_channels[i],
                        out_channels = num_prior * 4,
                        kernel_size = kernel_size,
                        padding = padding,
                        conv_decay = conv_decay))
            self.box_convs.append(box_conv)
            score_conv_name = "scores{}".format(i)
            if not use_sepconv:
                score_conv = self.add_sublayer(
                    score_conv_name,
                    nn.Conv2D(
                        in_channels = in_channels[i],
                        out_channels = num_prior * self.num_classes,
                        kernel_size = kernel_size,
                        padding = padding))
            else:
                score_conv = self.add_sublayer(
                    score_conv_name,
                    SepConvLayer(
                        in_channels = in_channels[i],
                        out_channels = num_prior * self.num_classes,
                        kernel_size = kernel_size,
                        padding = padding,
                        conv_decay = conv_decay))
            self.score_convs.append(score_conv)
    @classmethod
    def from_config(cls, cfg, input_shape):
        return {'in_channels': [i.channels for i in input_shape], }
    def forward(self, feats, image, gt_bbox = None, gt_class = None):
        box_preds = []
        cls_scores = []
        prior_boxes = []
```

```
        for feat, box_conv, score_conv in zip(feats, self.box_convs,
                                              self.score_convs):
            box_pred = box_conv(feat)
            box_pred = paddle.transpose(box_pred, [0, 2, 3, 1])
            box_pred = paddle.reshape(box_pred, [0, -1, 4])
            box_preds.append(box_pred)
            cls_score = score_conv(feat)
            cls_score = paddle.transpose(cls_score, [0, 2, 3, 1])
            cls_score = paddle.reshape(cls_score, [0, -1, self.num_classes])
            cls_scores.append(cls_score)
        prior_boxes = self.anchor_generator(feats, image)
        if self.training:
            return self.get_loss(box_preds, cls_scores, gt_bbox, gt_class,
                                 prior_boxes)
        else:
            return (box_preds, cls_scores), prior_boxes
    def get_loss(self, boxes, scores, gt_bbox, gt_class, prior_boxes):
        return self.loss(boxes, scores, gt_bbox, gt_class, prior_boxes
```

第4章

2018赛题——商家招牌分类

4.1 赛题解析

4.1.1 赛题介绍

本次赛题将结合图像处理技术，通过街采的或用户在该地点上传的包含商家招牌的照片，机器检测出图片中的招牌，并且对招牌进行分类，实现降低人工成本的目标。

现实生活中的招牌各种各样，千变万化。初赛数据集提供100类常见的招牌图片，如肯德基、麦当劳、耐克等，每类招牌包含10～30张图像作为训练数据，5～10张图像作为测试数据。复赛主要用于检测与分类。数据集覆盖60类常见品牌类别，如肯德基、星巴克、耐克等，包含9000张带有位置信息和类别信息的图像数据用于训练，4351张图像用于评估测试。该数据集全部来源于百度地图淘金。

4.1.2 数据介绍

商家招牌分类比赛包含初赛和复赛两个阶段。初赛根据给定的图片，预测图片中商家招牌的类别。复赛根据给定的图片，预测出商家招牌的位置并识别其类别。给定的图片来自百度地图淘金。

1. 初赛数据

初赛数据集中的数据如图4-1所示。test.zip中包含测试数据集的图片，train.zip中包含训练数据集的图片，test.csv是测试数据集的标签文件，train.csv是训练数据集的标签文件。

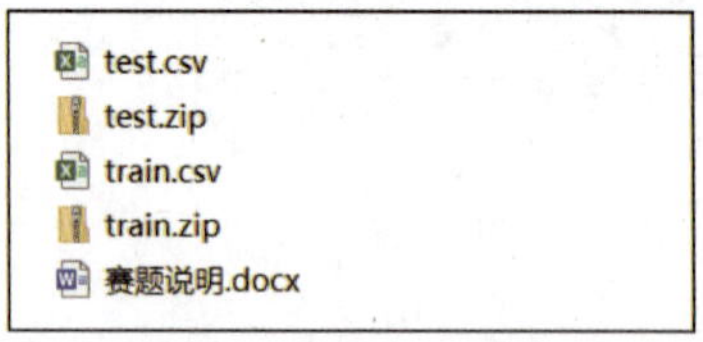

test.csv
test.zip
train.csv
train.zip
赛题说明.docx

图4-1 初赛数据集

图4-2是train.zip中的部分图片示例。test.zip中的数据格式和train.zip类似。

图4-3是train.csv中的部分标签示例。train.csv中从第二行开始每一行对应一条标签，每一条标签都有filename、label两个属性。filename属性中存储图像名字，对应train.zip中的一张图像。label属性中存储类别编号，类别编号的取值在[1，100]范围。test.csv中只包含filename一列数据。

2. 复赛数据

复赛数据集中的数据如图4-4所示。test.zip包含测试数据集的图片，train.zip中包含训练数据集的图片，test. csv 是测试数据集的标签文件，train. csv 是训练数据集的标签文件。

图 4-2 初赛 train. zip 中的部分数据

filename	label
2934349b033b5bb5f4a305393fd3d539b700bc84.jpg	1
29381f30e924b899e131842162061d950a7bf69e.jpg	1
314e251f95cad1c83ac5d8ae743e6709c93d5138.jpg	1
34fae6cd7b899e518e0757074ea7d933c8950d13.jpg	1
34fae6cd7b899e51a69a3e3049a7d933c8950df9.jpg	1
377adab44aed2e734506853f8b01a18b87d6fa32.jpg	1
3801213fb80e7bec503e59cd232eb9389b506b31.jpg	1
3ac79f3df8dcd100755525327e8b4710b8122fdc.jpg	1

图 4-3 初赛 train. csv 中的部分数据

test.csv
test.zip
train.csv
train.zip
复赛说明-招牌图像分类检测数据集.docx

图 4-4 复赛数据集

图 4-5 是 train. zip 中的部分图片示例。test. zip 中的数据格式和 train. zip 类似。

图 4-5 复赛 train. zip 中的部分数据

图 4-6 是 train. csv 部分训练数据的标签示例。每一行对应一条标签信息，每条标记都包含 filename、label、x_min、y_min、x_max、y_max 这 6 个属性。filename 中包含该标签对应的图片名称，对

应 train.zip 中的一张图片。x_min 对应图片中招牌所在位置的左上角 x 坐标，y_min 对应图片中招牌所在位置的左上角 y 坐标，x_max 对应图片中招牌所在位置的右下角 x 坐标，y_max 对应图片中招牌所在位置的右下角 y 坐标。label 中包含[x_min, y_min]和[x_max, y_max]所定位区域中招牌的类别编号，类别编号的取值在[1, 60]范围。test.csv 中只包含 filename 一列数据。

filename	label	x_min	y_min	x_max	y_max
00e93901213fb80e0f2eab4e3dd12f2eb83894a8.jpg	17	84	129	330	397
00e93901213fb80e1fc75be43dd12f2eb93894ea.jpg	48	662	734	906	866
00e93901213fb80e218a4cbb3ad12f2eb9389406.jpg	17	293	226	652	400
00e93901213fb80e218a4cbb3ad12f2eb9389406.jpg	17	208	475	272	569
00e93901213fb80e226c4dc73ad12f2eb9389464.jpg	4	73	370	390	449
00e93901213fb80e229c4db63ad12f2eb9389405.jpg	38	248	248	515	438
00e93901213fb80e229c4db63ad12f2eb9389405.jpg	38	862	396	949	448
00e93901213fb80e2a4c765e3dd12f2eb838949d.jpg	4	339	294	655	435
00e93901213fb80e331b7eb03ad12f2eb838948a.jpg	32	583	559	750	640
00e93901213fb80e331b7eb03ad12f2eb838948a.jpg	32	508	882	772	1016
00e93901213fb80e331b7eb03ad12f2eb838948a.jpg	32	167	40	618	389

图 4-6 复赛 train.csv 中的部分数据

图片和标签的关系如图 4-7 所示。

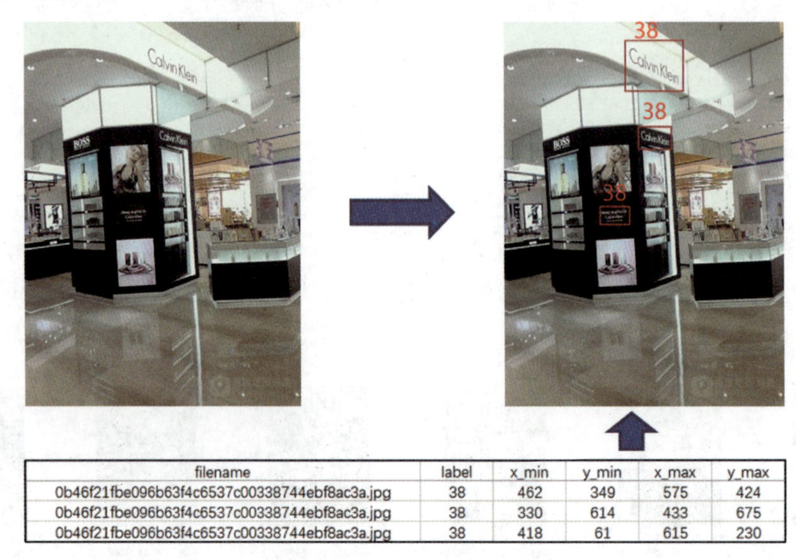

filename	label	x_min	y_min	x_max	y_max
0b46f21fbe096b63f4c6537c00338744ebf8ac3a.jpg	38	462	349	575	424
0b46f21fbe096b63f4c6537c00338744ebf8ac3a.jpg	38	330	614	433	675
0b46f21fbe096b63f4c6537c00338744ebf8ac3a.jpg	38	418	61	615	230

图 4-7 图片和标签的关系

4.1.3 评估指标

1. 初赛评估指标

初赛以 Precision 作为评判指标，计算公式如下：

$$\text{Precision}=\frac{\text{TP}}{\text{TP}+\text{FP}}$$

TP(True Positive)为正样本预测为真的数目，FP(False Positive)为负样本预测为真的数目。

2. 复赛评估指标

复赛预测结果以 MAP(Mean Average Precision)作为评价指标。

MAP 为所有类别的平均精度求和除以所有类别，即数据集中所有类的平均精度的平均值，计算公式如下：

$$\mathrm{MAP}=\frac{\sum_{i=1}^{C}\mathrm{AP}(i)}{C}$$

4.1.4 赛题分析

根据大赛的给定信息，可以很容易地抽象出本次初赛的主要目标是图像分类。初赛给定的每张图片里只包含一个商家招牌外接矩形区域，受拍摄角度的影响，图像中的商家招牌在图像中不是规则的，包含少量的背景信息。初赛任务就是需要对这些图片进行分类。因此，初赛的任务形式十分明确：

输入：商家招牌外接矩形区域的图像。

模型：图像分类卷积神经网络。

输出：图像中商家招牌的类别。

本次复赛的主要目标是图像目标检测。复赛给定的每张图像里不仅包含了商家招牌，还包含附近区域的背景信息，商家招牌只占其中的一小部分区域，并且每张图像中不止包含一个商家招牌，它们大小不一，可能存在遮挡、干扰的情况。参赛者不仅需要定位这些商家招牌的位置，还要识别商家招牌的类别。因此，复赛的任务形式为：

输入：包含商家招牌的街拍图像。

模型：图像目标检测卷积神经网络。

输出：图像中商家招牌矩形区域位置的左上角坐标、右下角坐标和对应类别。

4.2 目标检测基础介绍

4.2.1 目标检测概述

目标检测是计算机视觉的核心任务，可应用在机器人导航、智能监控、工业检测等实际领域中。随着深度学习的发展，现阶段基于深度学习的目标检测算法有两类，分别为一阶段目标检测算法和两阶段目标检测算法。目标检测算法就是找出图像中所有感兴趣的目标，并确定其类别和位置。由于目标检测可能会存在多个目标，因此不仅需要判断物体类别，还要准确定位物体位置，由此目标检测任务可分为物体分类和物体定位两个子任务。

两阶段目标检测算法在第一步特征提取后会生成一个有可能包含待检测物体的候选区域（Region Proposal，RP），第二步通过卷积神经网络进行分类和定位回归。常见的目标检测算法有 R-CNN，Fast R-CNN，Faster R-CNN 等，此类算法以准确率高为特点。

一阶段目标检测算法不用生成候选区域，而是直接在网络中提取特征预测目标分类和位置，即在特征提取后直接分类加定位。常见的一阶段目标检测算法有 YOLOv1、YOLOv2、YOLOv3、SSD 等。

目标检测的最终结果是生成边界框(Bounding Box，BBox)，即包含检测物体的最小矩形，检测目标在此矩形内部，形式为一组(x,y,w,h)数据。一般情况下，(x,y)为边界框的左上角坐标，w 和 h 分别表示边界框的宽和高。因此，边界框可以唯一确定一个目标的定位。目标检测结果如图 4-8 所示。

真实边界框是人工标注在图像上的边界框，形式也是一组(x,y,w,h)数据。由于目标检测算法的目的是让生成边界框与真实边界框一致，因此我们分两部分学习生成边界框的变形比例，即对边界框固定坐标(x,y)的移动$(\mathrm{d}x,\mathrm{d}y)$和对边界框大小$(w,h)$的缩放$(\mathrm{d}w,\mathrm{d}h)$。最直观的变换公式如下：

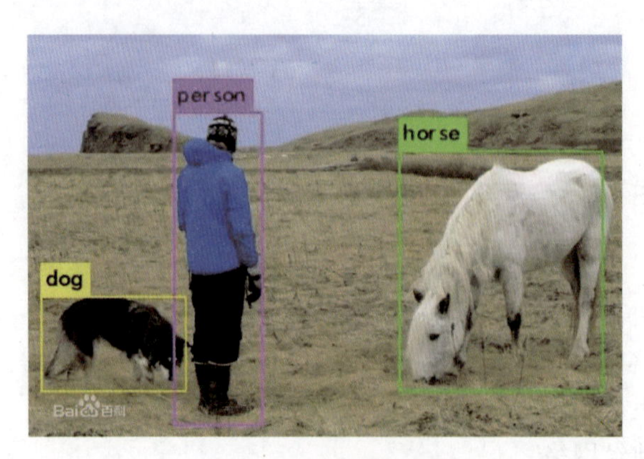

图 4-8 目标检测结果

$$gt_x = bbox_x + dx$$
$$gt_y = bbox_y + dy$$
$$gt_w = bbox_w dw$$
$$gt_h = bbox_h dh$$

4.2.2 模型调研

对目标检测的几种效果较好的模型进行了调研，其论文及代码地址见表 4-1。

表 4-1 模型调研

论文地址	源码地址
https://arxiv.org/abs/1512.02325	https://github.com/weiliu89/caffe/tree/ssd
https://arxiv.org/pdf/1711.06897.pdf	https://github.com/sfzhang15/RefineDet
https://arxiv.org/abs/1711.08189 https://arxiv.org/abs/1805.09300	https://github.com/mahyarnajibi/SNIPER
https://arxiv.org/abs/1711.07767	https://github.com//ruinmessi/RFBNet
https://arxiv.org/abs/1712.00726	https://github.com/zhaoweicai/cascade-rcnn
https://arxiv.org/abs/1611.08588	https://github.com/sanghoon/pva-faster-rcnn
https://arxiv.org/abs/1708.01241	https://github.com/szq0214/DSOD
https://arxiv.org/abs/1708.02002	—
https://arxiv.org/pdf/1703.06870.pdf	—

对模型的效果进行了对比分析，在 PASCAL VOC2007＋2012 的训练和验证数据集上训练，在 PASCAL VOC2007 测试集上的结果见表 4-2。

表 4-2 不同模型预测结果

模　型	数据集	输入大小	MAP	FPS
Faster RCNN(VGG-16)	VOC2007 test	1000×600	73.2	7/Titan X
YOLO(GoogLeNet)	VOC2007 test	448×448	63.4	45/Titan X
YOLOv2(Darknet-19)	VOC2007 test	544×544	78.6	40/Titan X
SSD300(VGG-16)	VOC2007 test	300×300	77.2	46/Titan X
SSD512(VGG-16)	VOC2007 test	512×512	79.8	19/Titan X
RefineDet320(VGG-16)	VOC2007 test	320×320	80.0	40/Titan X

续表

模　型	数据集	输入大小	MAP	FPS
RefineDet512(VGG-16)	VOC2007 test	512×512	81.8	24/Titan X
RFBNet300(VGG-16)	VOC2007 test	300×300	80.5	83/Titan X
RFBNet5120(VGG-16)	VOC2007 test	512×512	82.2	38/Titan X

两阶段的目标检测模型通过在预定义的 Anchors(x_0,y_0,w_0,h_0)上预测 Offset($\Delta x,\Delta y,\Delta w,\Delta h$)用于回归 Anchor 得到检测结果($x,y,w,h$),这样会使定位的目标更加精确。通过对上述模型进行整理分析及初步验证的结果,最终选择以 RefineDet 作为目标检测的基础模型,在其上进行改进和优化。

4.2.3 经典二阶段目标检测算法

1. Fast R-CNN 算法

Fast R-CNN 网络将一个完整的图像和一组目标推荐区域作为输入,网络结构如图 4-9 所示。该网络首先通过几个卷积层和最大池化层处理输入的整个图像产生一个卷积特征图。然后,对于每一个目标推荐区域,使用感兴趣区域(RoI)池化层从特征映射图上提取固定维度的特征向量。每一个特征向量被输入一系列全连接层中,最终得到了两个同级的输出:第一个输出产生的是一个($k+1$)类的 Softmax 概率估计(Probability Estimates),它包括了 k 个目标类别和一个背景类;第二个输出产生的是对于 k 个目标类的每一个类别输出 4 个实数值。k 类目标的每一类的 4 个数字对边界框的位置进行编码,以获得更精细(Refine)的边界框位置。

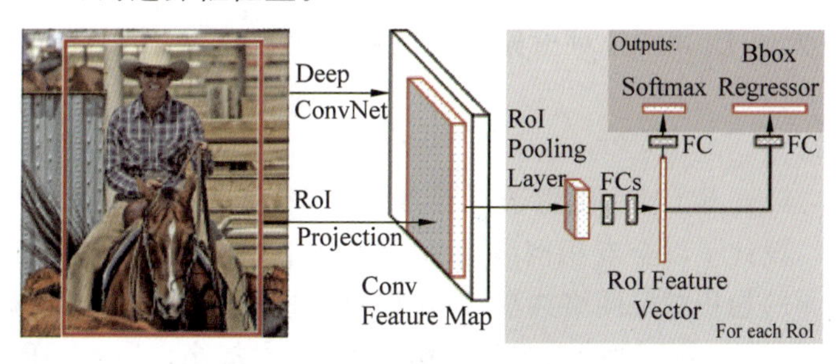

图 4-9 Fast R-CNN 结构

RoI 池化层使用最大池化操作将任何有效的感兴趣区域内的特征转换为一个固定空间范围 $H\times W$(例如,7×7)较小的特征映射,其中 H 和 W 是独立于任何特定(Particular)的 RoI 区域的超参数(Hyper-Parameters)。每个 RoI 是被转换为在卷积特征映射上的一个矩形窗口。每个 RoI 通过 4 元组(r,c,h,w)来定义,矩形左上角顶点是(r,c),矩形的高和宽是(h,w)。

感兴趣区域最大池化的作用是通过尺寸大约 $h/H\times w/W$ 的子窗口将 $h\times w$ 的 RoI 窗口划分为 $H\times W$ 的网格(Grid Cell),然后将每个子窗口中的值最大池化到相应的输出网格单元。池化操作是标准的最大池化,它独立地作用于特征映射的每一个通道。

当一个预训练的网络初始化 Fast R-CNN 网络时,它经历了三次转换。

首先,最后一个最大池化层被 RoI 池化层所取代,该 RoI 池化层通过设置合理 H 和 W 实现了与第一个全连接层兼容性配置。

其次,网络的最后的全连接层和 Softmax 层被两个同级并列的层所取代,一个是 $k+1$ 个类别的 Softmax 分类层,另一个是指定类别的边界框回归偏移量。

最后,网络被修改为两种数据输入:一个是图像列表,另一个是这些图像的 RoI 列表。

Fast R-CNN 网络有两个同级并列的输出层：第一个输出层是一个离散的概率分布(对于每一个 RoI 区域)，$p=(p_0, p_1, \cdots, p_k)$，包含有 $k+1$ 个类别。通常 p 由全连接层的 $k+1$ 个输出上的 Softmax 计算得到。第二个同级的输出层是边界框回归偏移量(Offsets)，对于每个 k 对象类，有 $t^k=(t_x^k, t_y^k, t_w^k, t_h^k,)$，索引是 k。

每个训练的 RoI 区域都标注有完全真实的类(Ground-Truth Class)u 和完全真实的边界框(Ground-Truth Bounding-Box)回归目标 v。对于每一个标注的 RoI 区域使用多任务损失函数 L 来联合训练分类和边界框回归：

$$L(p, u, t^u, v)=L_{\mathrm{cls}}(p, u)+\lambda[u \geqslant 1] L_{\mathrm{loc}}(t^u, v)$$

这里，$L_{\mathrm{cls}}(p, u)$，表示对真实类的对数损失，也就是交叉熵损失。

第二个任务损失L_{loc} 是针对类 u 和 $v=(v_x, v_y, v_w, v_h)$ 的真实边界框回归目标的元组定义的，并且预测的元组 $t^u=(t_x^u, t_y^u, t_w^u, t_h^u,)$，还是针对 u 类别。当 $u \geqslant 1$ 时，中括号的指示器函数 $[u \geqslant 1]$ 的计算结果为 1，否则为 0。对于背景 RoI 区域没有完全真实的边界框的概念，因此L_{loc} 被忽略(Ignored)。对于边界框回归，使用如下的损失函数：

$$L_{\mathrm{loc}}(t^u, v)=\sum_{i=(x, y, w, h)} \mathrm{smooth}_{L_1}(t_i^u, v_i)$$

这里，

$$\mathrm{smooth}_{L_1}(x)=\begin{cases}0.5 \times x^2, & |x|<1 \\ |x|-0.5, & |x| \geqslant 1\end{cases}$$

smooth_{L_1} 是一种强大的 L_1 损失，对于异常值的敏感度要低于 R-CNN 和 SPPNet 中使用的 L_2 损失。

2. Faster R-CNN 算法

在提取候选区域时，Fast R-CNN 使用选择性搜索算法，计算复杂度很高，浪费了大量时间。而 Faster R-CNN 由此出发，设计了以全卷积网络为基础的 RPN(Region Proposal Network，区域候选生成网络)，且其与目标检测的卷积神经网络共享，这使得目标检测的 4 个基本步骤(候选区域生成、特征提取、分类、位置精修)统一为一个端到端的神经网络，速度大大提高。Faster R-CNN 可以被视为区域生成网络+Fast R-CNN 的综合系统。

RPN 提出了 Anchor 的设计，其为特征图的一个点上有大小和尺寸固定的不同组合形状的候选框。Anchor 的三种尺寸，即面积范围是小(蓝 128)、中(红 256)和大(绿 512)，三种长宽比例是 1∶1，1∶2，2∶1，它们组合成 9 种 Anchor 。利用 9 种 Anchor 在特征图上的移动，使每一个特征图上的点都有 9 个 Anchor，这样可以实现对一张图片生成 20000 个左右的 Anchor，如图 4-10 所示。

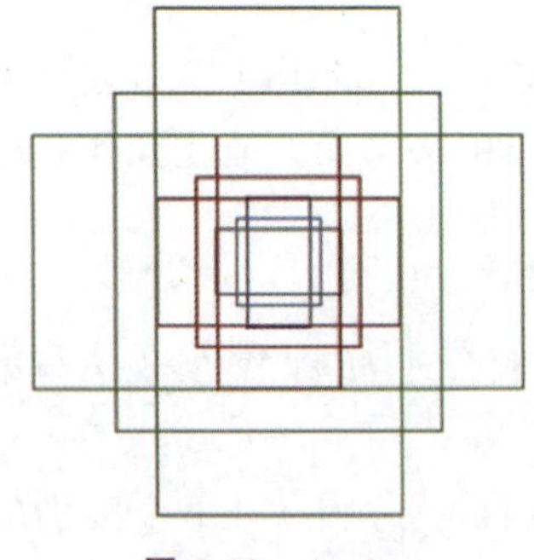

图 4-10 Anchor

Anchor 的本质是特征金字塔算法，适用于多尺度目标检测。由于 9 个 Anchor 在原始图片中的中心点完全一样，因此可以根据 9 个不同长宽比例、不同面积的 Anchor 逆向推导原始图片中的 9 个区域，而这些区域的尺寸及坐标都是已知的，它们就是候选区域。每个候选区域会输出 6 个参数：候选区域和真实边框比较得到 2 个分类概率(前景、背景，对应二分类)；候选区域转换为真实边界框需要的 4 个线性变换参数(对应定位回归)。

RPN 的目标：

（1）自身训练完成目标检测：完成分类任务和边框定位回归任务；

（2）提供候选区域：为后面训练提供需要的 RoIs(Regions of Interest,感兴趣区域)。

其具体步骤：首先每次输入一个特征图，然后使用相同通道且填充成与原特征图同样尺寸的 3×3 大小的卷积核滑动全图，生成一个同等尺寸维度的特征图，目标是转换特征的语义空间，进一步集中特征信息。

之后连接两个不同的分支，分别用作二分类(rpn_cls)和目标定位回归(rpn_BBox)。左分支是改变特征维度的 18 个 1×1 卷积，其卷积神经网络针对每个点对应的 9 个 Anchor 实现二分类概率预测的目标；右分支是改变特征维度的 36 个 1×1 卷积，其卷积神经网络针对每个点对应的 9 个 Anchor 实现 4 个坐标值的边界框回归任务。RPN 网络如图 4-11 所示。

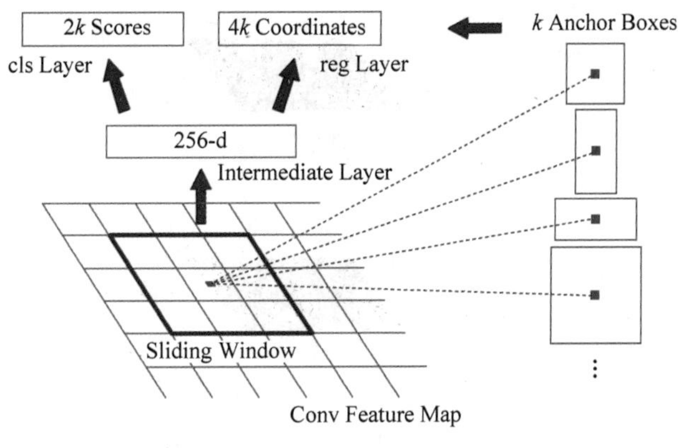

图 4-11　RPN 网络

当逐像素对 Anchors 进行分类时，去除超过原始图边界的 Anchor Box，如果 Anchor Box 与 Ground Truth 的 IoU 值最大或 IoU > 0.7，则将它们都标记为正样本，即 Label=1。如果 IoU < 0.3，则标记为负样本，即 Label=0。剩下的 Anchor Box，不被用于训练，即 Label=−1。

当逐像素对 Anchors 进行边界框回归定位时，首先计算 Anchor Box 与 Ground Truth 之间的偏移量，然后通过 Ground Truth Box 与预测的 Anchor Box 的差异进行学习，更新 RPN 中的权重，以达到完成预测边界框定位回归的任务。

以上为 RPN 自身的训练过程。

RPN 除了自身训练，还会提供 RoIs 给 Fast R-CNN 中的 RoI Head 作为训练样本。

RPN 生成 RoIs 的步骤：针对每张图片的特征图，计算所有 Anchor 属于目标概率的以及对应的位置参数。选取概率较大的部分 Anchor，利用回归的位置修正这些 Anchor 的位置，得到 RoIs，然后利用非极大值抑制从 RoIs 中选出概率最大的区域。这部分的算法不需要反向传播，直接输出筛选后的 RoIs 即可。最后使用感兴趣区域池化将不同尺寸的区域全部池化到同一个尺度，再输入全连接神经网络来实现最后的分类和定位回归。

说明：此阶段是 21 类别分类(20 个目标种类加 1 个背景)，与 RPN 网络的二分类不同。

Faster R-CNN 的流程如下：

（1）输入数据集；

（2）利用卷积层 CNN 等基础网络，提取特征得到特征图；

（3）RPN 按固定尺寸和面积生成 9 个 Anchors ，故在图片中生成大量的 Anchor Box；

(4) 利用 1×1 卷积对每个 Anchor 做二分类和初步定位回归,输出比较精确的 RoIs;

(5) 把 RoIs 映射到卷积神经网络生成的特征图上;

(6) 把经过卷积层的特征图用感兴趣区域池化生成固定尺寸的特征图;

(7) 进行边界框回归和分类。利用 Softmax Loss 和 smooth_{L_1} Loss 对分类概率和定位回归进行联合训练。

Faster R-CNN 算法存在 RPN 分类损失、RPN 定位回归损失、RoI 分类损失和 RoI 定位回归损失共 4 个损失,将它们相加作为最后的损失,再进行反向传播,可更新权重参数。损失函数的设计如下:

$$L(\{p_i\},\{t_i\})=\frac{1}{N_{\text{cls}}}\sum_i L_{\text{cls}}(p_i,p_i^*)+\lambda\frac{1}{N_{\text{reg}}}\sum_i p_i^* L_{\text{reg}}(t_i,t_i^*)$$

Faster R-CNN 算法如图 4-12 所示。

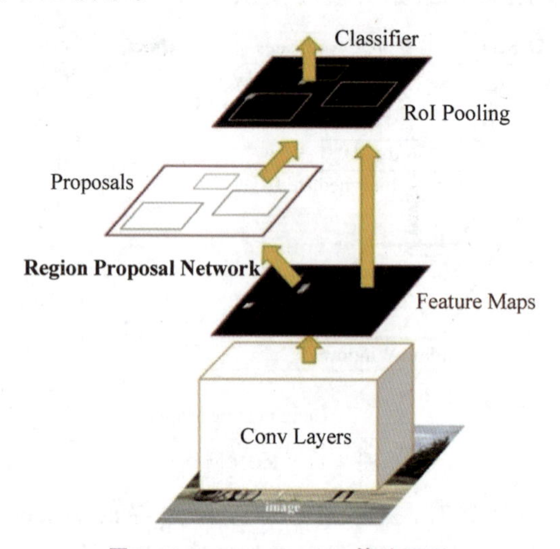

图 4-12 Faster R-CNN 算法图示

4.2.4 经典一阶段目标检测算法

1. YOLO 算法

YOLO 网络的设计保证能够实现端到端的训练和实时检测的速度,同时实现较高的检测平均精度。YOLO 将输入图像划分成 $S\times S$ 个网格。如果一个物体的中心点在某个网格中,则这个网格负责检测这个物体。每个网格单元预测 B 个边界框以及每个边界框的置信度(Confidence)。这些置信度反映了网络模型对该边界框是否含有物体的信心,以及边界框位置预测的准确度。在形式上将置信度定义为 $C=\text{Pr}(\text{Object})\times\text{IoU}_{\text{pred}}^{\text{truth}}$,Pr(Object),网格存在物体为 1,不存在则为 0。如果网格中不包含物体,则 Pr(Object)=0,即置信度为 0;包含物体 Pr(Object)=1,则置信度等于预测边界框和真实边界框的 IoU(交并比)。

每个边界框有 5 个预测值:x,y,w,h,Confidence,(x,y)代表预测边界框的中心点坐标,w,h 是边界框的宽度和高度,Confidence 是预测边界框和真实边界框的 IoU。

每个网格预测 C 个条件类别概率,$\text{Pr}(\text{Class}_i|\text{Object})$,这是网格中含有物体的条件下属于某个类别的概率,每个网格只预测一组条件类别概率,B 个边界框公用。测试时将条件类概率和 Confidence 相乘,提供了每个边界框在各类别的得分值,这些得分值代表该类别物体出现在框中的概率和边界框与物体的拟合程度,如图 4-13 所示。

$$\Pr(\text{Class}_i \mid \text{Object}) \times \Pr(\text{Object}) \times \text{IoU}_{\text{pred}}^{\text{truth}} = \Pr(\text{Class}_i) \times \text{IoU}_{\text{pred}}^{\text{truth}}$$

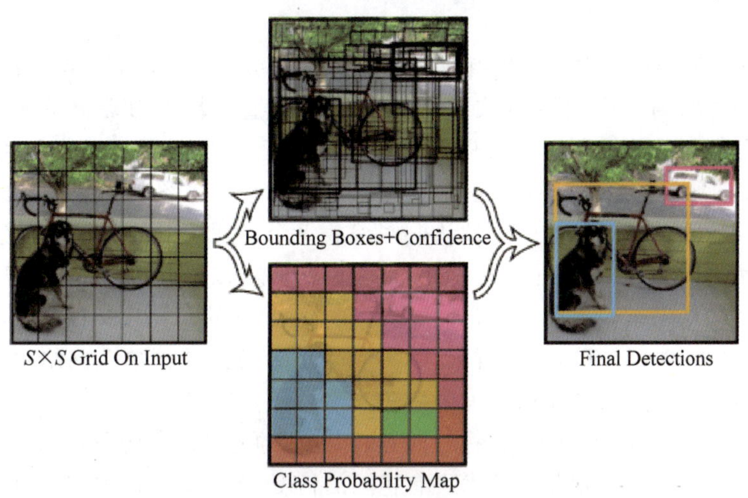

图 4-13　YOLO 网络模型

YOLO 模型以卷积神经网络来实现，网络的初始卷积层用来提取图像特征，全连接层用来预测类别概率和坐标。

YOLO 的网络结构受到图像分类网络 GoogLeNet 的启发，网络包括 24 层卷积层和 2 层全连接层，不同于 GoogLeNet 使用的 Inception 块，一个 1×1 卷积层后面跟一个 3×3 卷积层。

YOLO 最后一层输出类别概率和边界框坐标。通过图像的宽度和高度来标准化边界框的宽度和高度至 0 到 1 之间，将边界框 x 和 y 坐标参数化为相对特定网格的偏移量，使其值处于 0 到 1 之间，对最后一层使用线性激活函数，其他层使用以下激活函数。

$$\phi(x) = \begin{cases} x, & x > 0 \\ 0.1x, & \text{其他} \end{cases}$$

YOLO 使用平方和误差来优化模型。平方和误差计算损失时将大框和小框同等对待，同样的一个损失值对大框的影响小于对小框的影响。为了解决这个问题，计算损失时先对框的宽度和高度求根号再计算平方和。

YOLO 为每个网格预测多个边界框。在训练时每个物体只有一个边界框负责检测这个物体。选择和真实物体位置 IoU 最大的边界框作为负责检测这个物体的边界框。这使得边界框预测变量都负责预测特定物体。所以每个预测变量可以更好地预测边界框尺寸、长宽比或物体类别，从而改善整体召回率。

训练期间优化下面的损失函数：

$$\lambda_{\text{coord}} \sum_{i=0}^{S^2} \sum_{j=0}^{B} 1_{ij}^{\text{obj}} [(x_i - \hat{x}_i)^2 + (y_i - \hat{y}_i)^2] +$$

$$\lambda_{\text{coord}} \sum_{i=0}^{S^2} \sum_{j=0}^{B} 1_{ij}^{\text{obj}} [(\sqrt{w_i} - \sqrt{\hat{w}_i})^2 + (\sqrt{h_i} - \sqrt{\hat{h}_i})^2] + \sum_{i=0}^{S^2} \sum_{j=0}^{B} 1_{ij}^{\text{obj}} (C_i - \hat{C}_i)^2 +$$

$$\lambda_{\text{noobj}} \sum_{i=0}^{S^2} \sum_{j=0}^{B} 1_{ij}^{\text{noobj}} (C_i - \hat{C}_i)^2 + \sum_{i=0}^{S^2} 1_i^{\text{obj}} \sum_{c \in \text{classes}} (p_i(c) - \hat{p}_i(c))^2$$

如果网格中含有物体，损失函数只需考虑分类损失。如果这个预测器负责预测真实边界框，损失函

数只考虑预测坐标损失。

2. SSD 算法

基于 Faster R-CNN 的目标检测方法当前得到了广泛的应用，并在检测基准数据上成效突出。这些方法检测精确度虽然很高，但对于嵌入式系统而言，其计算量过大，即使是高端硬件，对于实时应用而言也太慢。通常，这些方法的检测速度是以帧每秒（FPS）度量，甚至最快的高精度检测器，Faster R-CNN，仅以 7 帧每秒的速度运行。SSD 是一种使用单个深度神经网络来检测图像目标的方法，将边界框的输出空间离散化为不同长宽比的一组默认框并缩放每个特征映射的位置。在预测时，网络会在每个默认框中为每个目标类别的出现生成分数，并对框进行调整，以更好地匹配目标形状。此外，网络还结合了不同分辨率的多个特征映射的预测，自然地处理各种尺寸的目标。SSD 非常简单，因它完全消除了生成 RoIs 和随后的像素或特征重新采样阶段，并将所有计算封装到单个网络中。这使得 SSD 易于训练和直接集成到需要检测组件的系统中。

SSD 是一种针对多个类别的一阶段目标检测器，比先前的先进的一阶段目标检测器准确得多，事实上，与执行显式区域提取和 RoIs 池化的技术具有相同的精度（包括 Faster R-CNN）。

SSD 的核心是预测固定的一系列默认边界框的类别分数和边界框偏移，使用更小的卷积滤波器应用到特征映射上。为了实现高检测精度，SSD 根据不同尺度的特征映射生成不同尺度的预测，并通过纵横比明确分开预测。

SSD 方法基于前馈卷积网络，该网络产生固定大小的边界框集合，并对这些边界框中存在的目标类别实例进行评分，然后进行非极大值抑制步骤来生成最终的检测结果。早期的网络层用于高质量图像分类的标准架构（在任何分类层之前被截断），可以将其称为基础网络。然后，将辅助结构添加到网络中以生成具有以下关键特征的检测。

用于检测的多尺度特征图。将卷积特征层添加到截取的基础网络的末端。这些层在尺寸上逐渐减小，并允许在多个尺度上对检测结果进行预测。用于预测检测的卷积模型对于每个特征层都是不同的。

用于检测的卷积预测器。每个添加的特征层（或者任选的来自基础网络的现有特征层）可以使用一组卷积滤波器产生固定的检测预测集合。这些在图 4-14 中的 SSD 网络架构的上部指出。对于具有 p 通道的大小为 $m\times n$ 的特征层，潜在检测的预测参数的基本元素是 $3\times3\times p^3\times3\times p$ 的小核得到某个类别的分数，或者相对于默认框坐标的形状偏移。在应用卷积核的 $m\times n$ 的每个位置，它会产生一个输出值。边界框偏移输出值是相对每个特征映射位置的相对默认框位置来度量的。

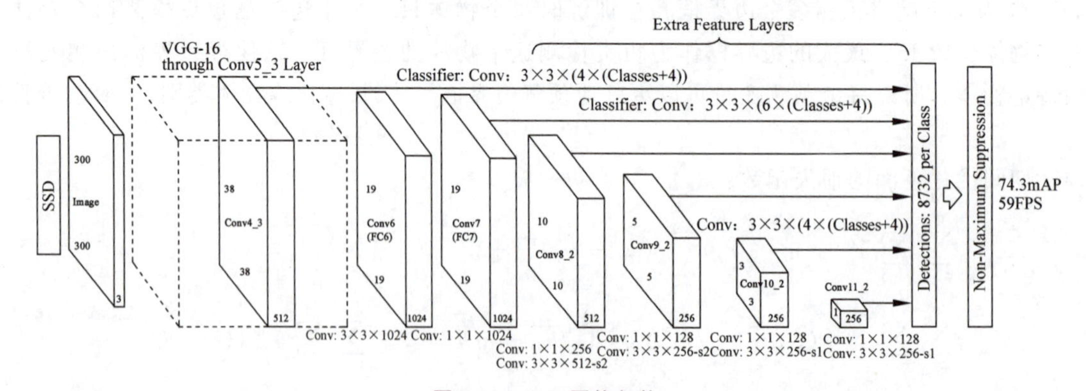

图 4-14 SSD 网络架构

SSD 模型在基础网络的末端添加了几个特征层，它预测了不同尺度和长宽比的默认边界框的偏移量及相关的置信度。

默认边界框和长宽比。对于网络顶部的多个特征图，将一组默认边界框与每个特征图单元相关联。默认边界框以卷积的方式平铺特征映射，以便每个边界框相对于其对应单元的位置是固定的。在每个特征映射单元中，预测单元中相对于默认边界框形状的偏移量，以及指出每个边界框中存在的每个类别实例的类别分数。具体而言，对于给定位置处的 k 个边界框中的每一个，计算 c 个类别分数和相对于原始默认边界框形状的 4 个偏移量。这导致在特征映射中的每个位置周围应用总共 $(c+4)\times k$ 个滤波器，对于 $m\times n$ 的特征映射取得 $(c+4)\times k\times m\times n$ 个输出。默认边界框与 Faster R-CNN 中使用的锚边界框相似，但是将它们应用到不同分辨率的几个特征映射上。几个特征图允许不同的默认边界框形状，让我们有效地离散输出框形状的空间。

在训练期间，SSD 仅需要每个目标的输入图像和真实边界框。以卷积方式，评估具有不同尺度（例如图 4-15(b)和图 4-15(c)中的 8×8 和 4×4）的几个特征图中每个位置处不同长宽比的默认框的小集合（例如 4 个）。对于每个默认边界框，预测所有目标类别（$(c_1,c_2,\cdots,c_p)(c_1,c_2,\cdots,c_p)$）的形状偏移量和置信度。在训练时，首先将这些默认边界框与实际的边界框进行匹配。例如，已经与猫匹配两个默认边界框，与狗匹配了一个，这被视为积极的，其余的是消极的。模型损失是定位损失（例如，smooth_{L_1}）和置信度损失（例如 Softmax）之间的加权和。

$$L(x,c,l,g)=\frac{1}{N}(L_{\mathrm{conf}}(x,c)+\alpha L_{\mathrm{loc}}(x,l,g))$$

其中，N 是匹配的默认边界框的数量。如果 $N=0$，则将损失设为 0。定位损失是预测框(l)与真实框(g)之间的 smooth_{L_1} 损失。SSD 回归默认边界框(d)的中心偏移量(c_x，c_y)和其宽度(w)、高度(h)的偏移量。

$$L_{\mathrm{loc}}(x,l,g)=\sum_{i\in\mathrm{Pos}}^{N}\sum_{m\in\{cx,cy,w,h\}}x_{ij}^{k}\,\mathrm{smooth}_{L_1}(l_i^m-\hat{g}_j^m)$$

$$\hat{g}_j^{cx}=(g_j^{cx}-d_i^{cx})/d_i^{w}\quad \hat{g}_j^{cy}=(g_j^{cy}-d_i^{cy})/d_i^{h}$$

$$\hat{g}_j^{w}=\log\left(\frac{g_j^{w}}{d_i^{w}}\right)\quad \hat{g}_j^{h}=\log\left(\frac{g_j^{h}}{d_i^{h}}\right)$$

置信度损失是在多类别置信度(c)上的 Softmax 损失。SSD 中 α 设置为 1。

$$L_{\mathrm{conf}}(x,c)=-\sum_{i\in\mathrm{Pos}}^{N}x_{ij}^{p}\log(\hat{c}_i^p)-\sum_{i\in\mathrm{Neg}}\log(\hat{c}_i^0)\quad 其中\quad \hat{c}_i^p=\frac{\exp(c_i^p)}{\sum_p\exp(c_i^p)}$$

训练 SSD 和训练使用区域提出的典型检测器之间的关键区别在于，需要将真实信息分配给固定的检测器输出集合中的特定输出。一旦确定了这个分配，损失函数和反向传播就可以应用端到端了。训练过程中还涉及难例挖掘、数据增强、默认边界框集合的选择以及边界框随图片的变换等问题，在此就不一一列举了。

匹配策略。在训练过程中，需要确定哪些默认边界框对应实际边界框的检测，并相应地训练网络。对于每个实际边界框，从默认边界框中选择，这些框会在位置、长宽比上变化。首先将每个实际边界框与具有最好的 Jaccard 重叠的边界框相匹配。SSD 将默认边界框匹配到 Jaccard 重叠高于阈值(0.5)的任何实际边界框。这简化了学习问题，允许网络为多个重叠的默认边界框预测高分，而不是要求它只挑选具有最大重叠的一个边界框。

为默认边界框选择尺度和长宽比。使用较低和较高的特征映射进行检测可以提高不同尺寸目标的检测效果。图 4-15 显示了框架中使用的两个示例性特征映射（8×8 和 4×4）。在实践中，可以使用更

多的具有很少计算开销的特征图。

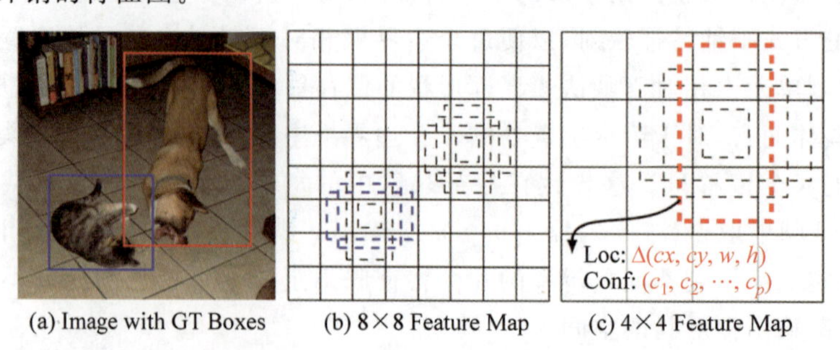

图 4-15 SSD Anchor 示意

已知网络中不同层的特征映射具有不同的感受野大小。在 SSD 框架内，默认边界框不需要对应于每层的实际感受野。SSD 设计平铺默认边界框，以便特定的特征映射学习响应目标的特定尺度。假设要使用 m 个特征映射进行预测。每个特征映射默认边界框的尺度计算如下：

$$s_k = s_{\min} + \frac{s_{\max} - s_{\min}}{m-1}(k-1), \quad k \in [1,m]$$

通过将所有默认边界框的预测与许多特征映射所有位置的不同尺度和高宽比相结合，SSD 有不同的预测集合，涵盖各种输入目标大小和形状。例如，在图 4-15 中，狗被匹配到 4×4 特征映射中的默认边界框，而不是 8×8 特征映射中的任何默认框。这是因为那些边界框有不同的尺度，不匹配狗的边界框，因此在训练期间被认为是负例。

4.3 数据处理

4.3.1 数据预处理

由于给定的测试集没有标签文件，将训练集中按照约 8∶2 的比例划分成两部分。划分之后，8/10 部分作为新的训练集，2/10 部分作为新的验证集。

将训练集中的图片进行 Resize，缩小为原来的一半，以进行训练加速，并将训练集的标注进行 Resize。

4.3.2 数据加载

将数据转换为 VOC 格式，为数据新建文件夹 data，将所有图片保存在 data/JPEGImages 文件夹下，并将标签转换为 xml 格式，保存在 data/Annatations 文件夹下，将中文标签转换为 1～60 的字符串编号。数据加载代码从 VOC 格式的 data 文件夹中加载数据，数据加载代码如下：

```
class VOCDataset(torch.utils.data.Dataset):
    class_names = ('__background__', '1', '2', '3', '4', '5', '6', '7', '8', '9', '10',
'11', '12', '13', '14', '15', '16', '17', '18', '19', '20', '21', '22', '23', '24', '25',
'26', '27', '28', '29', '30', '31', '32', '33', '34', '35', '36', '37', '38', '39', '40',
'41', '42', '43', '44', '45', '46', '47', '48', '49', '50', '51', '52', '53', '54', '55',
'56', '57', '58', '59', '60')
    def __init__(self, data_dir, split, transform = None, target_transform = None, keep_difficult = False):
        image_sets_file = os.path.join(self.data_dir, "ImageSets", "Main", "%s.txt" % self.split)
        self.ids = VOCDataset._read_image_ids(image_sets_file)
```

```
        self.keep_difficult = keep_difficult
        self.class_dict = {class_name: i for i, class_name in enumerate(self.class_names)}

    def __getitem__(self, index):
        image_id = self.ids[index]
        boxes, labels, is_difficult = self._get_annotation(image_id)
        if not self.keep_difficult:
            boxes = boxes[is_difficult == 0]
            labels = labels[is_difficult == 0]
        image = self._read_image(image_id)
        if self.transform:
            image, boxes, labels = self.transform(image, boxes, labels)
        if self.target_transform:
            boxes, labels = self.target_transform(boxes, labels)
        targets = Container(boxes = boxes, labels = labels)
        return image, targets, index
    def get_annotation(self, index):
        image_id = self.ids[index]
        return image_id, self._get_annotation(image_id)
    def __len__(self):
        return len(self.ids)
    @staticmethod
    def _read_image_ids(image_sets_file):
        ids = []
        with open(image_sets_file) as f:
            for line in f:
                ids.append(line.rstrip())
        return ids

    def _get_annotation(self, image_id):
        annotation_file = os.path.join(self.data_dir, "Annotations", "%s.xml" % image_id)
        objects = ET.parse(annotation_file).findall("object")
        boxes = []
        labels = []
        is_difficult = []
        for obj in objects:
            class_name = obj.find('name').text.lower().strip()
            bbox = obj.find('bndbox')
            x1 = float(bbox.find('xmin').text) - 1
            y1 = float(bbox.find('ymin').text) - 1
            x2 = float(bbox.find('xmax').text) - 1
            y2 = float(bbox.find('ymax').text) - 1
            boxes.append([x1, y1, x2, y2])
            labels.append(self.class_dict[class_name])
            is_difficult_str = obj.find('difficult').text
            is_difficult.append(int(is_difficult_str) if is_difficult_str else 0)
        return (np.array(boxes, dtype = np.float32),
                np.array(labels, dtype = np.int64),
                np.array(is_difficult, dtype = np.uint8))
    def get_img_info(self, index):
```

```
        img_id = self.ids[index]
        annotation_file = os.path.join(self.data_dir, "Annotations", "%s.xml" % img_id)
        anno = ET.parse(annotation_file).getroot()
        size = anno.find("size")
        im_info = tuple(map(int, (size.find("height").text, size.find("width").text)))
        return {"height": im_info[0], "width": im_info[1]}
    def _read_image(self, image_id):
        image_file = os.path.join(self.data_dir, "JPEGImages", "%s.jpg" % image_id)
        image = Image.open(image_file).convert("RGB")
        image = np.array(image)
        return image
```

4.3.3 数据增强

训练过程首先将图片转换为 np.float32 类型。随后对图片进行随机对比度变换、随机饱和度变换、随机色调变换、随机亮度变换，增加随机白噪声、随机采样来对数据进行增强。

随机对比度变换：

```
class RandomContrast(object):
    def __init__(self, lower=0.5, upper=1.5):
        self.lower = lower
        self.upper = upper
    def __call__(self, image, boxes=None, labels=None):
        if random.randint(2):
            alpha = random.uniform(self.lower, self.upper)
            image *= alpha
        return image, boxes, labels
```

随机饱和度变换：

```
class RandomSaturation(object):
    def __init__(self, lower=0.5, upper=1.5):
        self.lower = lower
        self.upper = upper
    def __call__(self, image, boxes=None, labels=None):
        if random.randint(2):
            image[:, :, 1] *= random.uniform(self.lower, self.upper)
        return image, boxes, labels
```

随机色调变换：

```
class ConvertColor(object):
    def __init__(self, current, transform):
        self.transform = transform
        self.current = current
    def __call__(self, image, boxes=None, labels=None):
        if self.current == 'BGR' and self.transform == 'HSV':
            image = cv2.cvtColor(image, cv2.COLOR_BGR2HSV)
        elif self.current == 'RGB' and self.transform == 'HSV':
            image = cv2.cvtColor(image, cv2.COLOR_RGB2HSV)
```

```
        elif self.current == 'BGR' and self.transform == 'RGB':
            image = cv2.cvtColor(image, cv2.COLOR_BGR2RGB)
        elif self.current == 'HSV' and self.transform == 'BGR':
            image = cv2.cvtColor(image, cv2.COLOR_HSV2BGR)
        elif self.current == 'HSV' and self.transform == "RGB":
            image = cv2.cvtColor(image, cv2.COLOR_HSV2RGB)
        else:
            raise NotImplementedError
        return image, boxes, labels
```

随机亮度变换：

```
class RandomBrightness(object):
    def __init__(self, delta = 32):
        assert delta >= 0.0
        assert delta <= 255.0
        self.delta = delta
    def __call__(self, image, boxes = None, labels = None):
        if random.randint(2):
            delta = random.uniform(-self.delta, self.delta)
            image += delta
        return image, boxes, labels
```

增加随机白噪声：

```
class RandomLightingNoise(object):
    def __init__(self):
        self.perms = ((0, 1, 2), (0, 2, 1), (1, 0, 2), (1, 2, 0), (2, 0, 1), (2, 1, 0))
    def __call__(self, image, boxes = None, labels = None):
        if random.randint(2):
            swap = self.perms[random.randint(len(self.perms))]
            shuffle = SwapChannels(swap)   # shuffle channels
            image = shuffle(image)
        return image, boxes, labels
```

随机采样：

```
class RandomSampleCrop(object):
    def __init__(self):
        self.sample_options = (
            None, (0.1, None), (0.3, None), (0.7, None), (0.9, None), (None, None))
    def __call__(self, image, boxes = None, labels = None):
        if boxes is not None and boxes.shape[0] == 0:
            return image, boxes, labels
        height, width, _ = image.shape
        while True:
            mode = self.sample_options[random.randint(0, len(self.sample_options))]
            if mode is None:
                return image, boxes, labels
            min_iou, max_iou = mode
            if min_iou is None:
                min_iou = float('-inf')
```

```
        if max_iou is None:
            max_iou = float('inf')
        for _ in range(50):
            current_image = image
            w = random.uniform(0.3 * width, width)
            h = random.uniform(0.3 * height, height)
            if h / w < 0.5 or h / w > 2:
                continue
            left = random.uniform(width - w)
    top = random.uniform(height - h)
            rect = np.array([int(left), int(top), int(left + w), int(top + h)])
            overlap = jaccard_numpy(boxes, rect)
            if overlap.max() < min_iou or overlap.min() > max_iou:
                continue
            current_image = current_image[rect[1]:rect[3], rect[0]:rect[2],:]
            centers = (boxes[:, :2] + boxes[:, 2:]) / 2.0
            m1 = (rect[0] < centers[:, 0]) * (rect[1] < centers[:, 1])
            m2 = (rect[2] > centers[:, 0]) * (rect[3] > centers[:, 1])
            mask = m1 * m2
            if not mask.any():
                continue
            current_boxes = boxes[mask, :].copy()
            current_labels = labels[mask]
            current_boxes[:, :2] = np.maximum(current_boxes[:, :2], rect[:2])
            current_boxes[:, :2] -= rect[:2]
            current_boxes[:, 2:] = np.minimum(current_boxes[:, 2:], rect[2:])
            current_boxes[:, 2:] -= rect[:2]
            return current_image, current_boxes, current_label
```

4.4 算法提升与改进

4.4.1 比赛模型

使用的模型如图 4-16 所示。

使用 VGG-16 作为主干网络，VGG-16 的模型结构如图 4-17 所示。

将 VGG-16 中原来的 Conv1～Conv5 保留。将全连接层 FC6、FC7 转换为卷积层 Conv6、Conv7。去掉 VGG-16 中原有的分类层，即 fc-1000 和 softmax 层，增加卷积层 Conv8～Conv11，特征层的尺寸逐渐递减。修改后的网络结构如图 4-18 所示。

为了使检测层具有不同尺寸的感受野以适用于多种尺度的目标，使用网络的 Conv4_3，Conv7～Conv11_2 作为预测层。预测层生成一组 Anchors，每组 Anchor 有多种尺度和长宽比；预测层预测 Anchor 与标签之间的 Offset，并预测分类，如图 4-19 所示。

现有的 Regression Based 的检测器（如图 4-20 所示）存在几个问题：

（1）Anchor 的尺度在训练过程中是固定的，网络训练过程中不能改变；

（2）Anchor 的位置在训练过程中是固定的，训练过程中不能调整。ARM 在训练过程中动态调整 Anchor 的尺度、位置，在训练过程中 Anchor 是可学习的。

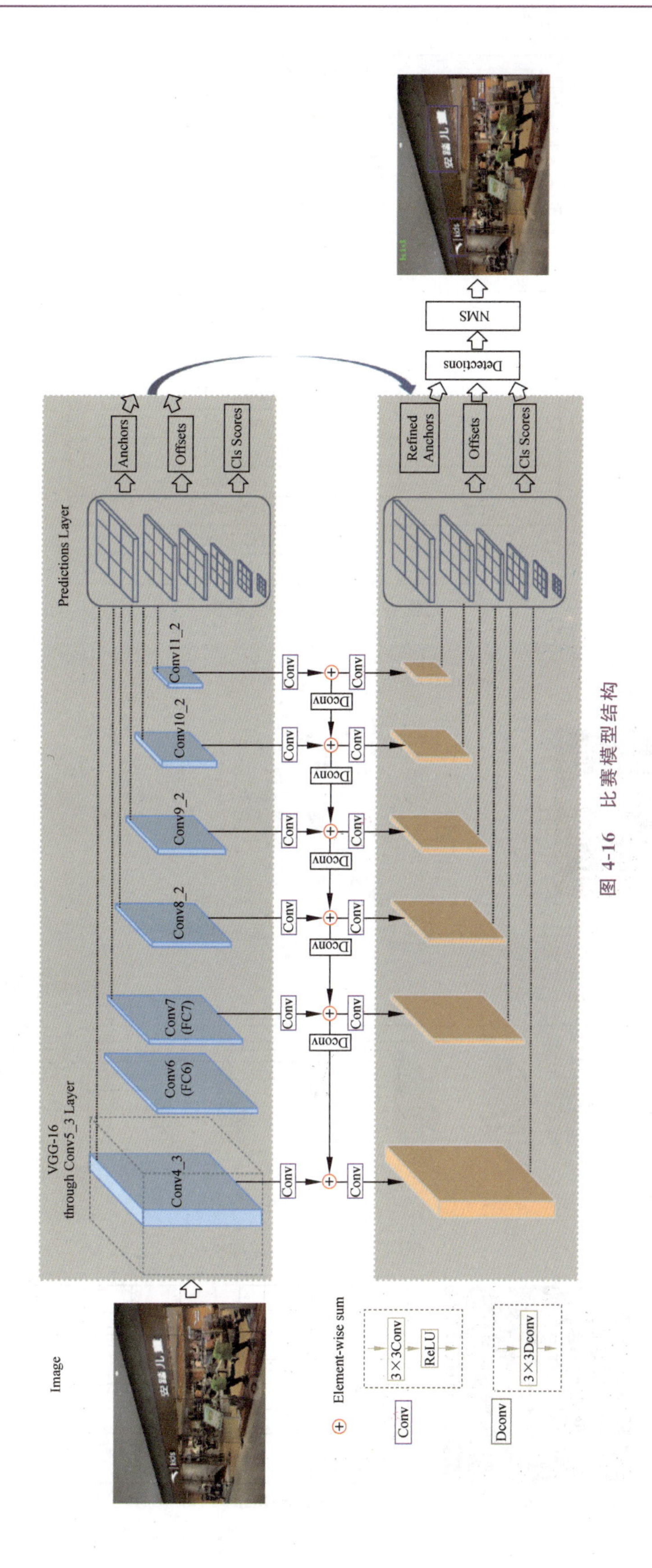

Image
VGG-16
through Conv5_3 Layer
Conv4_3
Conv6
(FC6)
Conv7
(FC7)
Conv8_2
Conv9_2
Conv10_2
Conv11_2
Predictions Layer
Anchors
Offsets
Cls Scores
Conv
Dconv
Refined
Anchors
Offsets
Cls Scores
Detections
NMS
Element-wise sum
Conv
3×3Conv
ReLU
Dconv
3×3Dconv

图 4-16　比赛模型结构

VGG-16	
Conv1	Conv3-64
	Conv3-64
Conv2	Conv3-128
	Conv3-128
Conv3	Conv3-256
	Conv3-256
	Conv3-256
Conv4	Conv3-512
	Conv3-512
	Conv3-512
Conv5	Conv3-512
	Conv3-512
	Conv3-512
FC6	FC-4096
FC7	FC-4096
Classify Layer	FC-1000
	softmax

图 4-17 VGG 模型结构

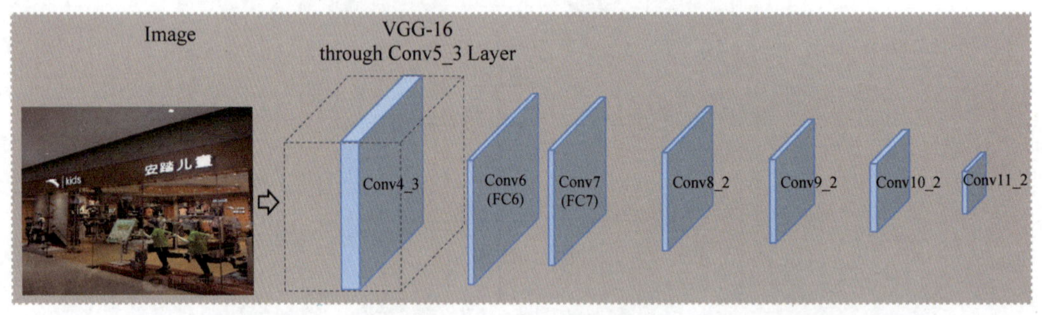

图 4-18 VGG 修改后的结构

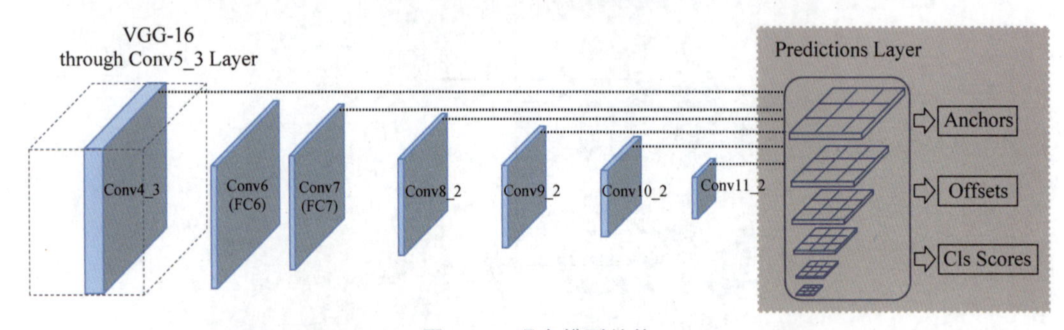

图 4-19 现有模型结构

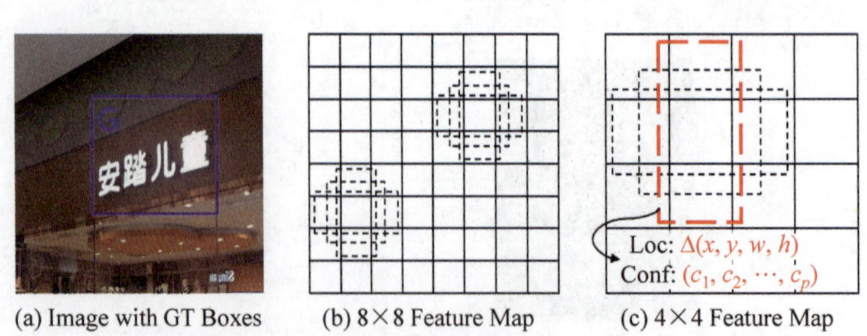

图 4-20 现有 Regression Based 检测器 Anchor 示意图

在此模块中,预测层的作用:

(1) 预定义 Anchors,类似 SSD;

(2) 学习 Anchor 与 Ground Truth 之间的偏移量,用于调整 Anchor 的尺度和位置;

(3) 预测分类,此处分为 2 类,即前景和背景。

比赛中使用的模型在 VGG 修改结构的基础上对特征进行了融合,如图 4-21 所示。

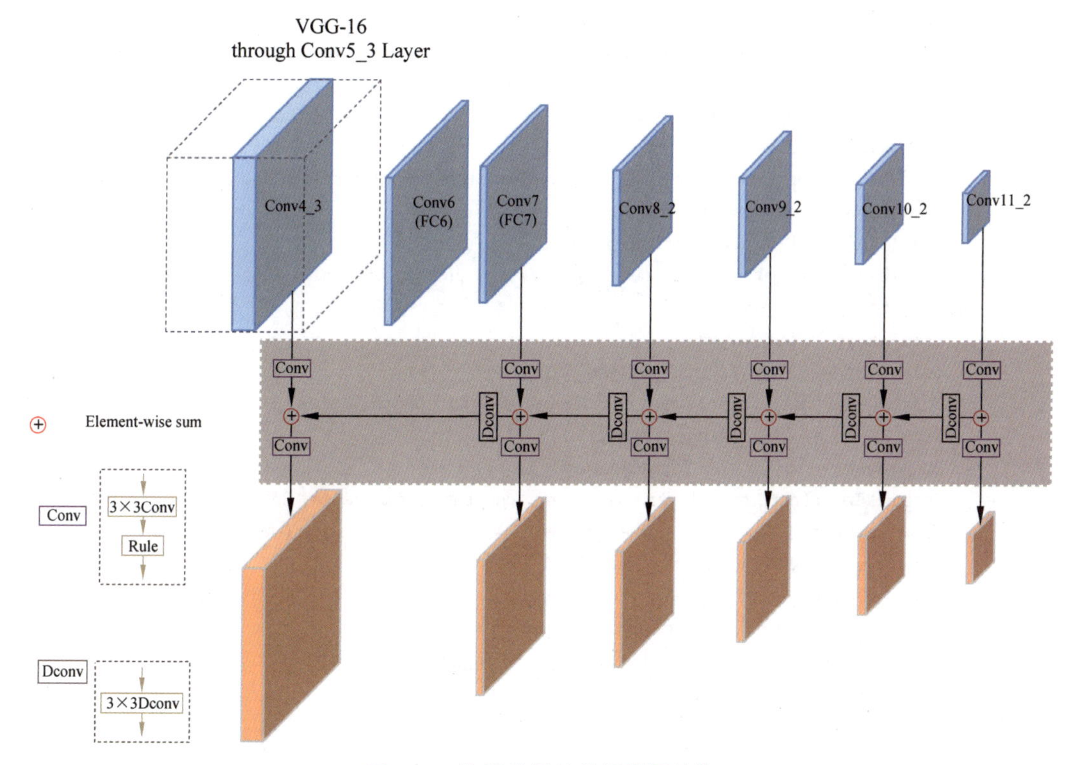

图 4-21 比赛使用的特征提取结构

VGG 修改之后增加的层:

```
def AddExtraLayers(net, use_batchnorm = True, arm_source_layers = [], normalizations = [], lr_mult = 1):
    use_relu = True
    from_layer = net.keys()[ - 1]
    out_layer = "conv6_1"
    ConvBNLayer(net, from_layer, out_layer, use_batchnorm, use_relu, 256, 1, 0, 1, lr_mult = lr_mult)
    from_layer = out_layer
    out_layer = "conv6_2"
    ConvBNLayer(net, from_layer, out_layer, use_batchnorm, use_relu, 512, 3, 1, 2, lr_mult = lr_mult)
    arm_source_layers.reverse()
    normalizations.reverse()
    num_p = 6
    for index, layer in enumerate(arm_source_layers):
        out_layer = layer
        if normalizations:
            if normalizations[index] != - 1:
                norm_name = "{}_norm".format(layer)
```

```
                net[norm_name] = L.Normalize(net[layer], scale_filler = dict(type = "constant", value =
normalizations[index]),
                        across_spatial = False, channel_shared = False)
                out_layer = norm_name
                arm_source_layers[index] = norm_name
        from_layer = out_layer
        out_layer = "TL{}_{}".format(num_p, 1)
        ConvBNLayer(net, from_layer, out_layer, use_batchnorm, use_relu, 256, 3, 1, 1, lr_mult = lr_mult)
        if num_p == 6:
            from_layer = out_layer
            out_layer = "TL{}_{}".format(num_p, 2)
            ConvBNLayer(net, from_layer, out_layer, use_batchnorm, use_relu, 256, 3, 1, 1, lr_mult = lr_mult)
            from_layer = out_layer
            out_layer = "P{}".format(num_p)
            ConvBNLayer(net, from_layer, out_layer, use_batchnorm, use_relu, 256, 3, 1, 1, lr_mult = lr_mult)
        else:
            from_layer = out_layer
            out_layer = "TL{}_{}".format(num_p, 2)
            ConvBNLayer(net, from_layer, out_layer, use_batchnorm, False, 256, 3, 1, 1, lr_mult = lr_mult)
            from_layer = "P{}".format(num_p + 1)
            out_layer = "P{} - up".format(num_p + 1)
            DeconvBNLayer(net, from_layer, out_layer, use_batchnorm, False, 256, 2, 0, 2, lr_mult = lr_mult)
            from_layer = ["TL{}_{}".format(num_p, 2), "P{} - up".format(num_p + 1)]
            out_layer = "Elt{}".format(num_p)
            EltwiseLayer(net, from_layer, out_layer)
            relu_name = '{}_relu'.format(out_layer)
            net[relu_name] = L.ReLU(net[out_layer], in_place = True)
            out_layer = relu_name
            from_layer = out_layer
            out_layer = "P{}".format(num_p)
            ConvBNLayer(net, from_layer, out_layer, use_batchnorm, use_relu, 256, 3, 1, 1, lr_mult = lr_mult)
        num_p = num_p - 1
    return net
```

特征融合中的 ConvBN 层：

```
def ConvBNLayer(net, from_layer, out_layer, use_bn, use_relu, num_output,
    kernel_size, pad, stride, dilation = 1, use_scale = True, lr_mult = 1,
    conv_prefix = '', conv_postfix = '', bn_prefix = '', bn_postfix = '_bn',
    scale_prefix = '', scale_postfix = '_scale', bias_prefix = '', bias_postfix = '_bias',
    ** bn_params):
  if use_bn:
    kwargs = {
        'param': [dict(lr_mult = lr_mult, decay_mult = 1)],
        'weight_filler': dict(type = 'gaussian', std = 0.01),
        'bias_term': False,
        }
    if use_scale:
      sb_kwargs = {'bias_term': True }
    else:
```

```
        bias_kwargs = {
            'param': [dict(lr_mult = lr_mult, decay_mult = 0)],
            'filler': dict(type = 'constant', value = 0.0) }
    else:
      kwargs = {
          'param': [
              dict(lr_mult = lr_mult, decay_mult = 1),
              dict(lr_mult = 2 * lr_mult, decay_mult = 0)],
          'weight_filler': dict(type = 'xavier'),
          'bias_filler': dict(type = 'constant', value = 0)
          }
    conv_name = '{}{}{}'.format(conv_prefix, out_layer, conv_postfix)
    [kernel_h, kernel_w] = UnpackVariable(kernel_size, 2)
    [pad_h, pad_w] = UnpackVariable(pad, 2)
    [stride_h, stride_w] = UnpackVariable(stride, 2)
    if kernel_h == kernel_w:
      net[conv_name] = L.Convolution(net[from_layer], num_output = num_output,
          kernel_size = kernel_h, pad = pad_h, stride = stride_h, ** kwargs)
    else:
      net[conv_name] = L.Convolution(net[from_layer], num_output = num_output,
          kernel_h = kernel_h, kernel_w = kernel_w, pad_h = pad_h, pad_w = pad_w,
          stride_h = stride_h, stride_w = stride_w, ** kwargs)
    if dilation > 1:
      net.update(conv_name, {'dilation': dilation})
    if use_bn:
      bn_name = '{}{}{}'.format(bn_prefix, out_layer, bn_postfix)
      net[bn_name] = L.BatchNorm(net[conv_name], in_place = True)
      if use_scale:
        sb_name = '{}{}{}'.format(scale_prefix, out_layer, scale_postfix)
        net[sb_name] = L.Scale(net[bn_name], in_place = True, ** sb_kwargs)
      else:
        bias_name = '{}{}{}'.format(bias_prefix, out_layer, bias_postfix)
        net[bias_name] = L.Bias(net[bn_name], in_place = True, ** bias_kwargs)
    if use_relu:
      relu_name = '{}_relu'.format(conv_name)
      net[relu_name] = L.ReLU(net[conv_name], in_place = True)
```

特征融合中的 DeconvBN 层：

```
def DeconvBNLayer(net, from_layer, out_layer, use_bn, use_relu, num_output,
    kernel_size, pad, stride, use_scale = True, lr_mult = 1, deconv_prefix = '', deconv_postfix = '',
    bn_prefix = '', bn_postfix = '_bn', scale_prefix = '', scale_postfix = '_scale', bias_prefix = '',
    bias_postfix = '_bias', ** bn_params):
  if use_bn:
    kwargs = {
        'param': [dict(lr_mult = lr_mult, decay_mult = 1)],
        'weight_filler': dict(type = 'gaussian', std = 0.01),
        'bias_term': False,
        }
    # parameters for scale bias layer after batchnorm.
```

```
    if use_scale:
      sb_kwargs = {
          'bias_term': True,
          }
    else:
      bias_kwargs = {
          'param': [dict(lr_mult = lr_mult, decay_mult = 0)],
          'filler': dict(type = 'constant', value = 0.0),
          }
  else:
    kwargs = {
        'param': [
            dict(lr_mult = lr_mult, decay_mult = 1),
            dict(lr_mult = 2 * lr_mult, decay_mult = 0)],
        'weight_filler': dict(type = 'xavier'),
        'bias_filler': dict(type = 'constant', value = 0)
        }
  deconv_name = '{}{}{}'.format(deconv_prefix, out_layer, deconv_postfix)
  net[deconv_name] = L.Deconvolution(net[from_layer], num_output = num_output,
      kernel_size = kernel_size, pad = pad, stride = stride, ** kwargs)

  if use_bn:
      bn_name = '{}{}{}'.format(bn_prefix, out_layer, bn_postfix)
      net[bn_name] = L.BatchNorm(net[deconv_name], in_place = True)
      if use_scale:
          sb_name = '{}{}{}'.format(scale_prefix, out_layer, scale_postfix)
          net[sb_name] = L.Scale(net[bn_name], in_place = True, ** sb_kwargs)
      else:
          bias_name = '{}{}{}'.format(bias_prefix, out_layer, bias_postfix)
          net[bias_name] = L.Bias(net[bn_name], in_place = True, ** bias_kwargs)

  if use_relu:
      relu_name = '{}_relu'.format(deconv_name)
      net[relu_name] = L.ReLU(net[deconv_name], in_place = True)
```

损失函数计算：

$$L(x,c,l,g)=\frac{1}{N_{\text{ARM}}}(L_{\text{conf\_A}}(x,c)+\alpha L_{\text{loc\_A}}(x,l,g))+\frac{1}{N_{\text{ODM}}}(L_{\text{conf\_O}}(x,c)+\alpha L_{\text{loc\_O}}(x,l,g))$$

网络包括两个分支，因此 Loss 包含两部分：Anchor Refinement Module 的损失和 Object Detection Module 的损失；每个分支的 Loss 包括两部分：分类 Loss 和检测 Loss。ARM 与 ODM 中，检测 Loss 均采用 smooth_{L_1} Loss：

$$\text{smooth}_{L_1}=\begin{cases}0.5x^2, & |x|<1\\ |x|-0.5, & \text{其他}\end{cases}$$

对于分类 Loss：

ARM 采用 2-class soft-max loss：

$$L_{\text{conf\_A}}(x,c)=-\log c$$

ODB 采用 focal loss：

$$L_{\text{conf\_O}}(x,c)=-\sum_{i\in \text{Pos}}^{N}x_{ij}^{p}\beta(1-c_i^p)^{\gamma}\log(c_i^p)-\sum_{i\in \text{Neg}}\beta(1-c_i^0)^{\gamma}\log(c_i^0)$$

（1）当招牌被分错类，即概率 cp 很小时，log 前面的系数接近 1，Loss 不受影响；

（2）当分类很好即概率 cp 接近 1 时，Loss 前的系数很小，Loss 被 Down-weighted：

```
name = "arm_loss"
mbox_layers_arm = []
mbox_layers_arm.append(mbox_layers[0])
mbox_layers_arm.append(mbox_layers[1])
mbox_layers_arm.append(mbox_layers[2])
mbox_layers_arm.append(net.label)
multibox_loss_param_arm = multibox_loss_param.copy()
multibox_loss_param_arm['num_classes'] = 2
net[name] = L.MultiBoxLoss( * mbox_layers_arm, multibox_loss_param = multibox_loss_param_arm,
        loss_param = loss_param, include = dict(phase = caffe_pb2.Phase.Value('TRAIN')),
        propagate_down = [True, True, False, False])
conf_name = "arm_conf"
reshape_name = "{}_reshape".format(conf_name)
net[reshape_name] = L.Reshape(net[conf_name], shape = dict(dim = [0, -1, 2]))
softmax_name = "{}_softmax".format(conf_name)
net[softmax_name] = L.Softmax(net[reshape_name], axis = 2)
flatten_name = "{}_flatten".format(conf_name)
net[flatten_name] = L.Flatten(net[softmax_name], axis = 1)
name = "odm_loss"
mbox_layers_odm = []
mbox_layers_odm.append(mbox_layers[3])
mbox_layers_odm.append(mbox_layers[4])
mbox_layers_odm.append(mbox_layers[2])
mbox_layers_odm.append(net.label)
mbox_layers_odm.append(net[flatten_name])
mbox_layers_odm.append(mbox_layers[0])
net[name] = L.MultiBoxLoss( * mbox_layers_odm, multibox_loss_param = multibox_loss_param,
        loss_param = loss_param, include = dict(phase = caffe_pb2.Phase.Value('TRAIN')),
        propagate_down = [True, True, False, False, False, False])
```

4.4.2　结果分析与改进

1. 检测结果分析

检测结果存在如下问题：①定位准确，分类得分低；②候选框冗余。如图 4-22 所示。

针对上述存在的两个问题，提出了下面两条后处理策略：①增加分类模型，以修正检测框的分类得分；②通过后处理操作减少并修正检测框。

2. 检测方法改进

SENet 通过建模网络中某一层不同 Feature Map 之间的相互依赖关系，自适应地校准通道的特征响应，具有精度高、速度快的特点。SENet 以 BN-Inception 作为主干网络，具有 Squeeze 和 Excitation 两个核心模块。

（1）Squeeze 模块：该层所有的 Feature Map 分别采用全局平均池化操作，对每个 Feature Map 进行压缩，得到 C 个 1×1 的 Feature Map；

图 4-22 检测结果展示

(2) Excitation 模块：经过 FC、ReLU、Sigmoid 操作，为每个 Feature Map 学习一个权重，该权重用来显式地对特征通道间的相关性进行建模，示意图如图 4-23 所示。

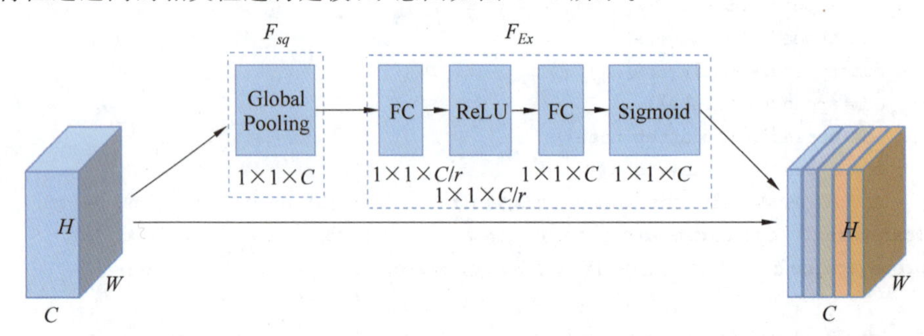

图 4-23 Excitation 模块

分别训练了 60 个类的分类器和 61 个类的分类器，其数据准备过程如下。

具体地，首先从点石竞赛官方所给的带标注的数据中裁剪出 60 个类的目标区域(商标区域)，裁剪出的代码如下：

```
file = open('crop_DS_DetectNet_60class.txt')
predclass = file.readlines()
file.close()
prdclass = dict()
for line in predclass:
    line = line.strip().split(' ')
    imagename = line[0]
    classn = int(line[1])
```

```
        classinfo = dict()
        classinfo["classn"] = classn
        classinfo["classscore"] = float(line[2])
        prdclass[imagename] = classinfo
file = open('mapfile_DS_DetectNet.csv')
predresult = file.readlines()
file.close()
pred = dict()
with open('60class_score1 + score2_score1 + 0.csv','w') as f:
    for line in predresult:
        line = line.strip().split(' ')
        imagename = line[0]
        classn = int(line[1])
        score = float(line[2])
        xmin = int(line[3])
        ymin = int(line[4])
        xmax = int(line[5])
        ymax = int(line[6])
        anothername = line[7]
        bbox = prdclass[anothername]
        if bbox["classn"] == classn:
            f.write('{} {} {} {} {} {} {}\n'.format(imagename,bbox["classn"],score + bbox["classscore"],
xmin,ymin,xmax,ymax))
        else:
            f.write('{} {} {} {} {} {} {}\n'.format(imagename,classn,score,xmin,ymin,xmax,ymax))
```

然后使用随机旋转、随机裁剪等操作对裁剪出来的图片进行数据增强，得到60个类的商标数据集，数据增强的代码如下，最后按照检测模型对数据集的划分方法划分训练集和验证集。为了训练61类的分类器，增加了一个背景类，该类别的数据是由Selective Search方法生成的，首先用Selective Search对每张图片生成100个候选框，然后从生成的候选框中移除和60个目标类的Ground Truth IoU > 0.5的候选框，最后从剩下的候选框中随机选择1/10作为最终的背景类的训练数据。

检测模型与分类模型的融合过程如图4-24所示。首先将检测模型的检测结果裁剪出来，输入60/61类的分类器中进行分类，即融合1——如果分类网络所得类别与检测网络的一致，则该Box的类别不变，置信得分取检测网络与分类网络的置信得分之和；如果分类网络所得类别与检测网络的不一致，则取检测的类别和置信得分作为该Box的所属类别和置信得分。这样就得到两个融合结果，一个是检测

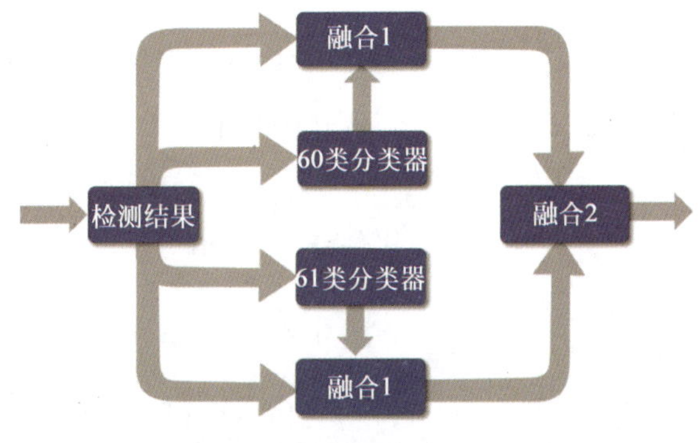

图4-24　模型融合方法

模型和60类的分类器融合的结果，另一个是检测模型和61类的分类器融合的结果。计算验证集中融合1得到的结果在每个类别上的AP，发现：在3、6、8、10等类别上检测模型和60类的分类器融合效果更好，在1、2、4、5等类别上检测模型和61类的分类器融合效果更好，以此作为类别先验。融合1的代码如下：

```
file = open('crop_DS_DetectNet_60class.txt')
predclass = file.readlines()
file.close()
prdclass = dict()
for line in predclass:
    line = line.strip().split(' ')
    imagename = line[0]
    classn = int(line[1])
    classinfo = dict()
    classinfo["classn"] = classn

classinfo["classscore"] = float(line[2]) ##float(line[classn + 1])
    prdclass[imagename] = classinfo
file = open('mapfile_DS_DetectNet.csv')
predresult = file.readlines()
file.close()
pred = dict()
with open('60class_score1 + score2_score1 + 0.csv','w') as f:
    for line in predresult:
        line = line.strip().split(' ')
        imagename = line[0]
        classn = int(line[1])
        score = float(line[2])
        xmin = int(line[3])
        ymin = int(line[4])
        xmax = int(line[5])
        ymax = int(line[6])
        anothername = line[7]
        bbox = prdclass[anothername]
        if bbox["classn"] == classn:
            f.write('{} {} {} {} {} {} {}\n'.format(imagename,bbox["classn"],score + bbox["classscore"],
xmin,ymin,xmax,ymax))
        else:
            f.write('{} {} {} {} {} {} {}\n'.format(imagename,classn,score,xmin,ymin,xmax,ymax))
```

对融合1得到的结果进行类别的融合，即融合2，代码如下：

```
import numpy as np
import os
import shutil

def del_file(path):
    ls = os.listdir(path)
    for i in ls:
        c_path = os.path.join(path, i)
```

```
        if os.path.isdir(c_path):
            del_file(c_path)
        else:
            os.remove(c_path)
if os.path.exists('resultfile60'):
    del_file('resultfile60')
else:
    os.mkdir('resultfile60')
if os.path.exists('resultfile61'):
    del_file('resultfile61')
else:
    os.mkdir('resultfile61')
if os.path.exists('resultfile'):
    del_file('resultfile')
else:
    os.mkdir('resultfile')
path = '60class_score1 + score2_score1 + 0.csv'
with open(path, 'r') as file:
    for line in file.readlines():
        classnum = line.strip().split(' ')[1]
        fout = open('resultfile60\\' + str(classnum) + '.txt','a+')
        fout.write(line)
        fout.close()
path = '61class_score1 + score2_score1 + 0.csv'
with open(path, 'r') as file:
    for line in file.readlines():
        classnum = line.strip().split(' ')[1]
        fout = open('resultfile61\\' + str(classnum) + '.txt','a+')
        fout.write(line)
        fout.close()
for i in [3,6,8,10,11,12,14,16,18,19,20,24,27,39,41,42,44,47,48,52,53,54,58,60]:
shutil.copy('resultfile60\\{}.txt'.format(i),'resultfile\\{}.txt'.format(i))
for i in
[1,2,4,5,7,9,13,15,17,21,22,23,25,26,28,29,30,31,32,33,34,35,36,37,38,40,43,45,46,49,50,51,55,56,
57,59]:

shutil.copy('resultfile61\\{}.txt'.format(i),'resultfile\\{}.txt'.format(i))
with open('60_61combine.csv','w') as f:
    for path in os.listdir('resultfile\\'):
        file = open('resultfile\\' + path)
        lines = file.readlines()
        file.close()
        for line in lines:
            f.write(line)
```

此外，基于数据的特点（每张图像只包含一个类），我们对每张图像的检测结果进行过滤。首先对每张图像的所有候选框按照置信得分进行排序，然后将置信得分最高的候选框对应的类别记为该图像的类别，最后对每张图像，删除所有所属类别与图像类别不一致的候选框。

使用一个改进版本，对剩下的候选框进行非极大值抑制处理。首先对每张图像的所有候选框进行

排序,对于有重叠的候选框:

(1) 若 IoU >阈值,则删除得分低的,并将得分高的候选框修正为两个框的外接矩形。

(2) 若 IoU <阈值,则两个候选框均保留。

(3) 对于无重叠的候选框,均保留。

修改后的非极大值抑制代码如下:

```
def nms(boxes, overlap):
    if len(boxes)> 0:
        sorted_boxes = sorted(boxes, key = lambda x :(x['conf']), reverse = True)
        i = 0
        nmsres = [ ]
        supress = np.zeros(len(sorted_boxes))

        for i in range(0,len(sorted_boxes),1):
            if supress[i] == 0:
                area1 = (sorted_boxes[i]['xmax'] - sorted_boxes[i]['xmin'] + 1) * (sorted_boxes[i]['ymax'] -
sorted_boxes[i]['ymin'] + 1)
                x1 = sorted_boxes[i]['xmin']
                y1 = sorted_boxes[i]['ymin']
                x2 = sorted_boxes[i]['xmax']
                y2 = sorted_boxes[i]['ymax']
                for j in range(i + 1,len(sorted_boxes),1):
                    # if sorted_boxes[i]['class'] == sorted_boxes[j]['class']:
                    area2 = (sorted_boxes[j]['xmax'] - sorted_boxes[j]['xmin'] + 1) * (sorted_boxes[j]
['ymax'] - sorted_boxes[j]['ymin'] + 1)
                    xx1 = max(x1,sorted_boxes[j]['xmin'])
                    yy1 = max(y1,sorted_boxes[j]['ymin'])
                    xx2 = min(x2,sorted_boxes[j]['xmax'])
                    yy2 = min(y2,sorted_boxes[j]['ymax'])
                    dw = xx2 - xx1 + 1;
                    dh = yy2 - yy1 + 1;
                    if dw > 0 and dh > 0:
                        o = dw * dh * 1.0/(area1 + area2 - dw * dh);
                        if o >= overlap:
                            sorted_boxes[i]['xmin'] = min(sorted_boxes[i]['xmin'], sorted_boxes[j]['xmin'])
                            sorted_boxes[i]['ymin'] = min(sorted_boxes[i]['ymin'], sorted_boxes[j]['ymin'])
                            sorted_boxes[i]['xmax'] = max(sorted_boxes[i]['xmax'], sorted_boxes[j]['xmax'])
                            sorted_boxes[i]['ymax'] = max(sorted_boxes[i]['ymax'], sorted_boxes[j]['ymax'])
                            supress[j] = 1;
                nmsres.append(sorted_boxes[i])
    return nmsres
file = open('sv_max_score_cls_60_61combine.csv')
res = file.readlines()
file.close()
result = dict()
with open('nms_sv_max_score_cls_60_61combine.csv','w') as f:
    for line in res:
        line = line.strip().split(' ')
        imagename = line[0]
```

```
        bbox = dict()
        bbox['class'] = int(line[1])
        bbox['conf'] = float(line[2])
        bbox['xmin'] = int(line[3])
        bbox['ymin'] = int(line[4])
        bbox['xmax'] = int(line[5])
        bbox['ymax'] = int(line[6])
        if imagename not in result:
            result[imagename] = []
        result[imagename].append(bbox)
    for key in result:
        reserved = nms(result[key], 0.96)
        for res in reserved:
            f.write('{} {} {} {} {} {} {}\n'.format(key,res['class'],res['conf'],res['xmin'],res['ymin'],
res['xmax'],res['ymax']))
```

非极大值抑制之后的结果如图 4-25 所示。

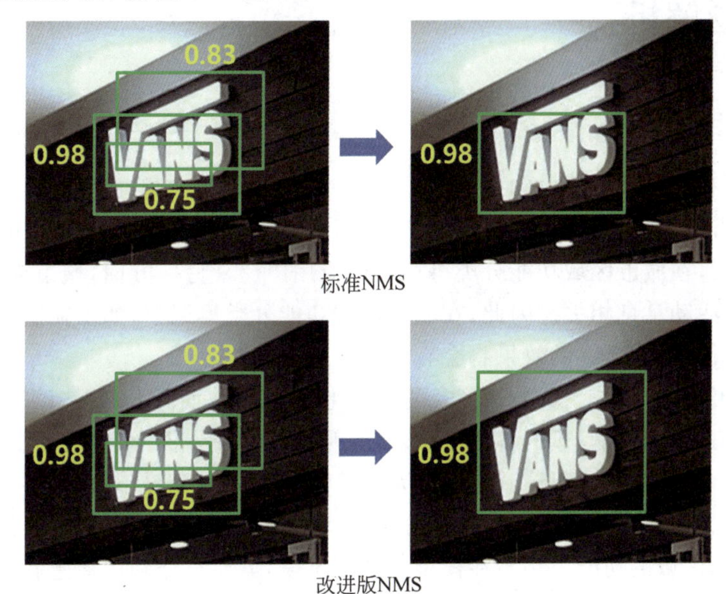

图 4-25　标准 NMS 和改进版 NMS 效果对比

第5章

2019赛题——基于卫星遥感影像和用户行为的城市区域功能分类

5.1 赛题解析

5.1.1 赛题介绍

随着中国城镇化和智慧城市建设的推进，给城市的精细化规划与管理带来了新的挑战。明确城市区域功能分类，对城市的建设和精细化管理具有十分重要的意义。高分辨率遥感影像具有空间分辨率高、信息量丰富等优点，在城市区域功能分类等场景中应用广泛。另一方面，城市终究是为人类而建，城市区域的功能与人的活动息息相关。因此，在城市区域功能分类模型中，如果能够将遥感影像和用户行为两种模态的数据进行融合，最终的效果将会有显著提升。

本次竞赛作为百度 & 西安交大大数据竞赛的国际化升级，首次面向"一带一路"倡议沿线国家高校开放，从赛题设置、实践赋能到作品呈现的各个环节，都展现出专业的水准。特别是通过"产业大数据+互联网大数据"双数据融合来进行城市区域功能分类，为当前各国建设"智慧城市"提供了很好的解题思路。

本次比赛的目标为构建一个城市区域功能分类模型，对给定的地理区域，输入该区域的遥感影像和用户的到访数据，预测区域的功能类别。在模型的训练阶段，需要充分利用遥感影像特征和用户到访特征。其中，城市区域的功能划分如表 5-1 所示。

表 5-1　区域功能类别表

CategoryID	区域功能类别
001	居住区
002	学校
003	工业园区
004	火车站
005	飞机场
006	公园
007	商业区
008	政务区
009	医院

5.1.2　数据介绍

本次比赛分为初赛和复赛两个阶段，初赛阶段的训练数据(train_data)包括两部分：

(1) 遥感影像，包含 40000 张图片，每张图片的像素为 100×100，分辨率为 1m。图像的命名格式为：AreaID_CategoryID. jpg。例如 000001_001. jpg，表示该图片为区域 000001 的遥感影像，该区域的功能类别为 001(居住区)。

(2) 用户到访，包含 40000 个文件，每个文件记录一个区域的用户到访记录。文件命名格式为：AreaID_CategoryID. txt。例如 000001_001. txt，表示该文件记录区域 000001 的用户到访行为。数据格式为：USERID \t day_a&hour_x|hour_y|…，day_b&hour_x|hour_z|…。例如，aff296a485010219 \t 20190129&21|22,20190218&19|20|21 表示用户 aff296a485010219 在 2019 年 01 月 29 日的 21 点、22 点，2019 年 02 月 18 日的 19 点、20 点和 21 点到访过该区域。

图 5-1 所示是训练数据的一个样例，该样例是 AreaID 为 001703，CategoryID 为 005 的区域的遥感图像和用户到访数据。

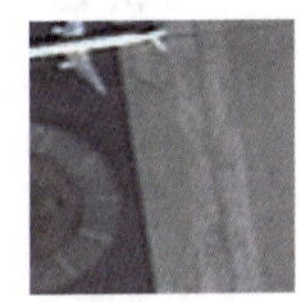

001703_005.jpg

```
1 c385aad37b0ba23e    20181004&14|15|16|17|18|19|20|21|22|23
2 d8e8004536fc9953    20181001&00|01|02|03|04|05|06|07|08|09
3 2cc7e37ea7175782    20181002&07|08|09|10|11,20181003&07|08
4 5266f76b9b0344b1    20181001&11|12|13|14|15|16|17|18|19|20
5 2ab6aab2ab180110    20181009&06|07|08|09|10|11|12|13|14|15
```

001703_005.txt

图 5-1　训练数据样例

初赛阶段的测试数据(test_data)也包括两部分：

(1) 遥感影像，包含 10000 张图片，每张图片的像素为 100×100，分辨率为 1m。图像的命名格式为：AreaID. jpg。例如 100001. jpg，表示该图片为区域 100001 的遥感影像。

(2) 用户到访，包含 10000 个文件，每个文件记录一个区域的用户到访记录。文件命名格式为：AreaID. txt。例如 100001. txt，表示该文件记录区域 100001 的用户到访行为。数据格式同训练集。

复赛阶段训练集和测试集的区域数量分别增加至 400000 和 100000，其他不变。在初赛和复赛阶段，选手均需要对测试数据(test_data)中的每个区域按照功能进行分类，提交的结果数据(result_data)的文件格式为：AreaID \t CategoryID。

5.1.3　评估指标

本赛题的预测结果以分类准确率(Accuracy)作为评判标准，即正确分类的样本数与总样本数之比。准确率的计算在 sklearn 中有现成的函数可以调用，假设数据集的真实类别标签为[0，1，2，3，4]，预测结果为[0，1，2，3，3]，则可以用下列代码计算 acc：

```
import numpy as np
from sklearn.metrics import accuracy_score

y_true = np.array([0, 1, 2, 3, 4])
y_pred = np.array([0, 1, 2, 3, 3])

print("预测准确率为:", accuracy_score(y_true, y_pred))
```

输出的结果如图 5-2 所示。

```
预测准确率为： 0.8
```

图 5-2　准确率输出结果

5.1.4 赛题分析

本赛题要求根据每个区域的遥感影像和用户到访数据按照功能进行分类，是一个典型的多分类任务。同时，这也是一个多模学习问题，其中遥感影像属于图像模态，用户行为属于时序模态。因此本赛题会涉及特征工程、分类模型以及模型融合的相关知识，我们会在接下来的章节中进行详细的介绍。

5.2 多模态分类基础介绍

5.2.1 算法架构

可以采用的算法架构如图 5-3 所示，对于不同模态的数据使用不同的算法模型进行建模，得到只使用其中一种模态的分类结果及每种类别对应的概率。例如，图像模态可以使用深度学习网络，如 VGG-16、VGG-19 等；时序模态则需要先进行数据分析，构造特征工程，然后使用机器学习算法进行分类。为了充分利用多种模态所能够提供的信息，我们可以将两部分的类别概率利用 XGBoost 等模型进行融合，得到最终的分类结果。

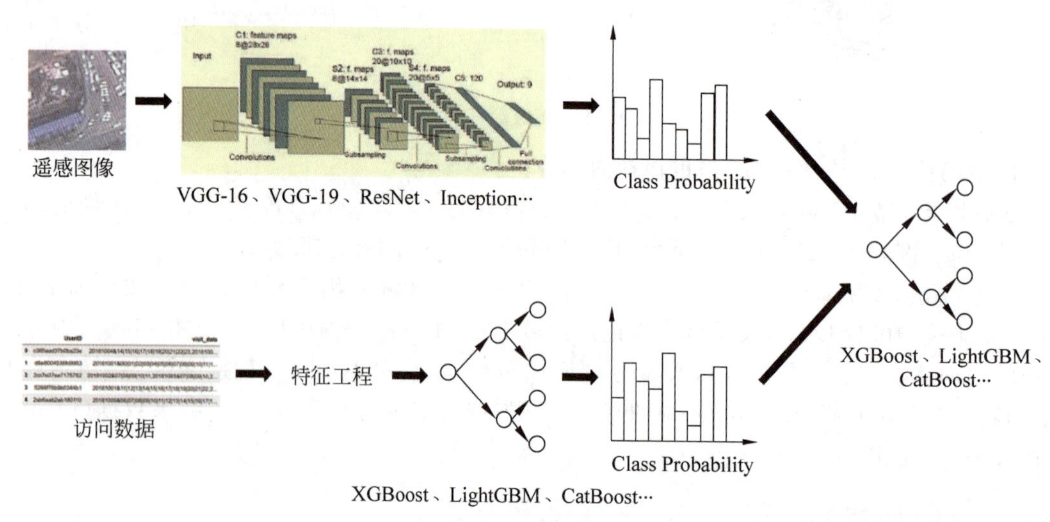

图 5-3 算法架构

5.2.2 模型融合

本赛题是一个多模态分类问题，在利用机器学习或深度学习算法分别对单一模态进行特征提取之后，如何将两部分特征进行融合，这就涉及模型融合问题。同时，在大数据竞赛中，除了通过特征工程和调参的方式来改进最终的结果，模型融合也是一种常见的用来提升模型性能的方式。

模型融合，就是对多个弱学习器基于各种策略进行组合，获得比单一学习器更优性能的方法，即我们通常所说的“三个臭皮匠，顶个诸葛亮”。接下来我们详细介绍在各种机器学习比赛中常用的几种模型融合方法。

1. Voting/Averaging

在不改变原来模型的情况下，直接对各不同的模型预测的结果进行投票或者平均，这是一种简单却行之有效的融合方式，这两种方法看似简单，实则是后面各种复杂的模型融合算法的基础。

对于分类问题,可以采用 Voting(投票机制),其原理是少数服从多数;而对于回归问题,可以采用 Averaging(取平均),将每个模型预测结果的平均值作为最终的预测值,稍稍改进的方法是进行加权平均。

2. Boosting

Boosting 是一种将多个弱分类器串联起来的集成学习方式,每个分类器的训练都依赖于前一个分类器的结果,每次训练都更加关注上一个分类器分类错误的样例,并将这些样例赋予更大的权重,其基本工作流程如下:

(1) 从初始样本集中训练出一个基学习器;

(2) 根据基学习器分类的结果对样本集的分布进行调整,使得分类错误的样本能在之后的训练过程中受到更多的关注;

(3) 用调整分布之后的样本集训练下一个基学习器;

(4) 重复上述步骤,直到满足一定条件后停止迭代,并将得到的弱分类器进行加权相加。

Boosting 的训练流程示意图如图 5-4 所示,常见的 Boosting 方法有 Adaboost、GBDT、XGBoost 等。

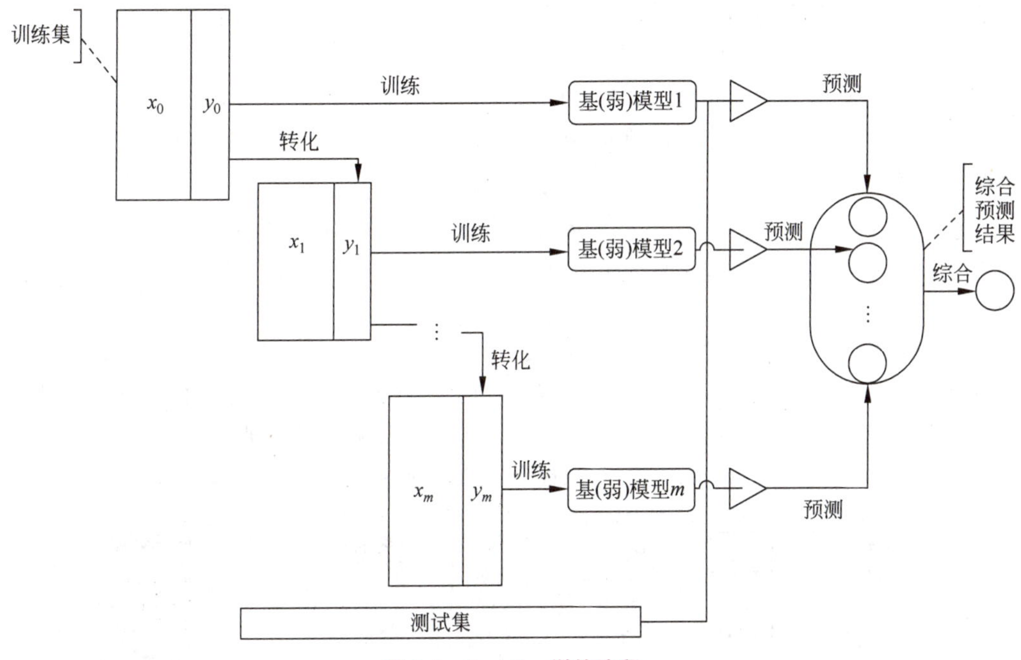

图 5-4 Boosting 训练流程

3. Bagging

Bagging 是 Bootstrap Aggregating 的缩写,这种方法采用随机有放回的方式对整个训练集进行抽样,用抽样得到的子训练集对子模型进行训练,最后进行组合。与 Boosting 方法中各分类器之间的相互依赖和串行运行不同,Bagging 方法中基学习器之间不存在强依赖关系,且采用并行运行的方式生成,其基本思路为:

(1) 在样本集中进行 k 轮随机有放回的抽样,每次抽取 n 个样本,得到 k 个训练集;

(2) 分别用 k 个训练集训练得到 k 个子模型;

(3) 对得到的 k 个子模型的预测结果用投票或平均的方式进行融合。

Bagging 的训练过程示意图如图 5-5 所示,其中随机森林是最常见的 Bagging 方法。

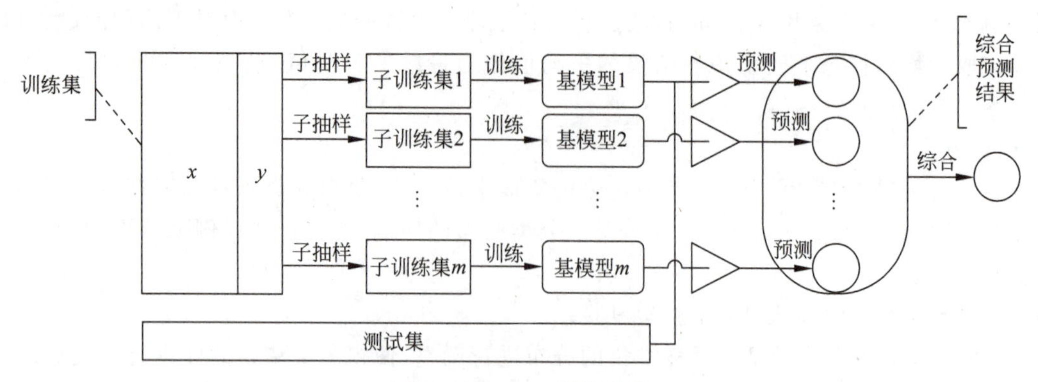

图 5-5 Bagging 训练流程

4. Stacking

Stacking 也是一种在机器学习比赛中常见的模型融合方法，但因其模型的庞大程度与效果的提升程度往往不成正比，所以一般很难应用于实际使用中。

我们首先以一种易于理解但不会实际使用的两层 Stacking 方法为例，简要说明其结构和工作原理，这种模型存在的问题我们也会在后续进行详细说明。

假设有三个基模型 M_1、M_2 和 M_3，对于基模型 M_1，利用原始的训练集 train_1 进行训练后，分别对训练集 train_1 和测试集 test_1 进行结果预测，得到的预测标签序列分别是 P_1、T_1。同理，对于 M_2 和 M_3，我们也做同样的工作，得到 P_2、T_2 和 P_3、T_3。

然后分别将 P_1、P_2、P_3 以及 T_1、T_2、T_3 进行合并，得到一个新的训练集 train_2 和测试集 test_2。

利用新的训练集 train_2 训练模型M_4，并利用训练好的模型对新的测试集 test_2 进行预测，得到最终的标签序列 T。

这种方法的问题在于，基模型M_1、M_2 和 M_3 是用整个训练集 train_1 训练出来的，后续我们又用这些模型来预测整个训练集的结果，这样的方法毫无疑问会存在非常严重的过拟合问题。因此现在的问题变成了如何在解决过拟合的前提下得到 P_1、P_2、P_3，这就可以利用我们非常熟悉的 k 折交叉验证，下面以 5 折交叉验证为例说明 Stacking 的工作原理，如图 5-6 所示。

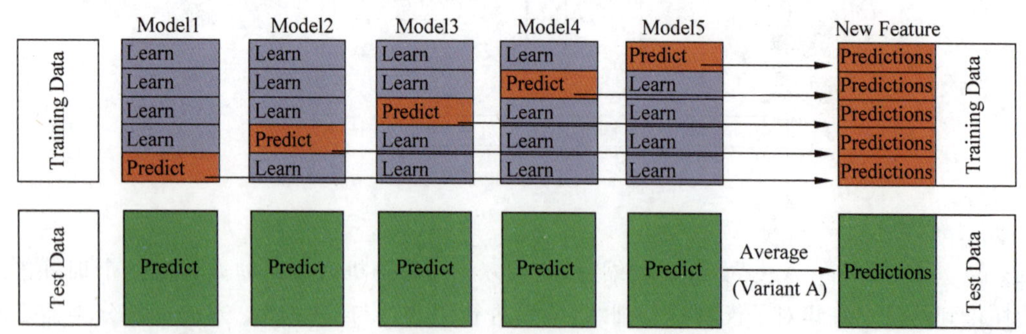

图 5-6 Stacking 工作原理

(1) 首先将训练集等分为 5 份。

(2) 对于每一个基模型M_i 来说，我们使用其中的 4 份进行训练，使用没有被用于训练的那一份训练集作为验证集，和测试集一起进行预测。然后改变用于训练的 4 份训练集和用来验证的训练集，重复此步骤，直到获得完整的训练集的预测结果。

(3) 对每一个基模型 M_i 都进行上述步骤 2 之后，将获得 5 个模型，以及 5 个模型分别通过交叉验证得到的训练集预测结果 P_1、P_2、P_3、P_4、P_5。

(4) 用 5 个模型分别对测试集进行预测，得到测试集的预测结果 T_1、T_2、T_3、T_4、T_5。

(5) 将 $P_1 \sim P_5$、$T_1 \sim T_5$ 作为下一层的训练集和测试集。

与以上所介绍的几种模型融合方式不同，Stacking 方式目前在 Python 中没有对应的实现，而其他方法可以直接通过实例化 sklearn 库中对应的类进行实现。因此对 Stacking 进行一个简单的 Python 实现，在理解了 Stacking 的原理之后，它的实现就非常顺利了，代码的主要逻辑是两层 for 循环的嵌套，外层循环控制基模型的数量，每个基模型都要进行相同的操作来得到 P_i 和 T_i。内层循环控制的是交叉验证的次数 k，对于每一个基模型，都会训练 k 次后拼接得到 P_i，取平均得到 T_i。

```
def get_oof(clf, x_train, y_train, x_test):
    oof_train = np.zeros((ntrain,))
    oof_test = np.zeros((ntest,))
    # NFOLDS 行,ntest 列的二维 array
    oof_test_skf = np.empty((NFOLDS, ntest))
    for i, (train_index, test_index) in enumerate(kf): # 循环 NFOLDS 次
        x_tr = x_train[train_index]
        y_tr = y_train[train_index]
        x_te = x_train[test_index]
        clf.fit(x_tr, y_tr)
        oof_train[test_index] = clf.predict(x_te)
        # 固定行填充,循环一次,填充一行
        oof_test_skf[i, :] = clf.predict(x_test)
    # axis = 0,按列求平均,最后保留一行
    oof_test[:] = oof_test_skf.mean(axis = 0)
    # 转置,从一行变为一列
return oof_train.reshape(-1, 1), oof_test.reshape(-1, 1)
```

这里只实现了针对一个基模型做 k 折交叉验证，因为 P_i 和 T_i 都是多行一列的结构，这里我们把它按照一行多列的格式进行存储，最后再进行转置。

5. Blending

Blending 是一种和 Stacking 很相像的模型融合方式，与 Stacking 相比它更加简单，它与 Stacking 的区别主要在于：数据划分的方式不同，Stacking 采用 k 折交叉验证的方式划分数据，Blending 通过 Hold-Out 的方式划分数据。也就是说，对于 Blending 而言，首先将整个原始的训练数据划分出一个 Hold-Out 子集作为验证数据，例如 10%的数据，那么在第一阶段，我们就利用 90%的训练数据训练多个模型，然后用训练好的模型预测划分出的 10%验证数据的标签，在第二阶段，直接利用 10%的数据在第一阶段预测的结果作为新特征进行训练即可。

5.3　多模态数据探索

5.3.1　文本和图像数据的读取

本赛题的数据包括两部分，一部分是遥感影像的.jpg 文件，另一部分是用户访问数据的.txt 文件。接下来分别对这两部分数据进行读取。

Matplotlib 是一个类似 MATLAB 的绘图工具，是 Python 中最受欢迎的数据可视化软件包之一，通常与 NumPy、Pandas 一起使用，是数据分析中不可或缺的重要工具之一。Pyplot 是 Matplotlib 的子库，我们用它来读取并显示图片。具体代码如下：

```
import matplotlib.pyplot as plt   # plt 用于读取并显示图片
img = plt.imread("./train/005/001703_005.jpg")
```

对于.txt 文件的读取，我们可以使用 pandas 中读取表格的通用函数 read_table，它可以从文件、URL、文件型对象中加载带分隔符的数据到 DataFrame 中，其中分隔符默认为“\t”。read_table 函数中的部分参数包括：path，表示文件系统位置、URL、文件型对象的字符串；sep 或 delimiter，用于对行中各字段进行拆分的字符序列或正则表达式；header，用作列名的行号，默认为 0(第一行)，如果没有 header 行，则应该设置为 None；names，用于结果的列名列表，结合 header＝None。具体读取的代码如下：

```
import pandas as pd
visit = pd.read_table("./train/001703_005.txt", header = None, names = ["UserID",
  "visit_data"])
```

将图像数据和文本数据分别读取到 img 和 visit 中之后，使用 plt.imshow 函数显示图像，使用 pandas.head 函数查看访问记录的前几行数据，结果分别如图 5-7 和图 5-8 所示。

```
plt.imshow(img)
visit.head()
```

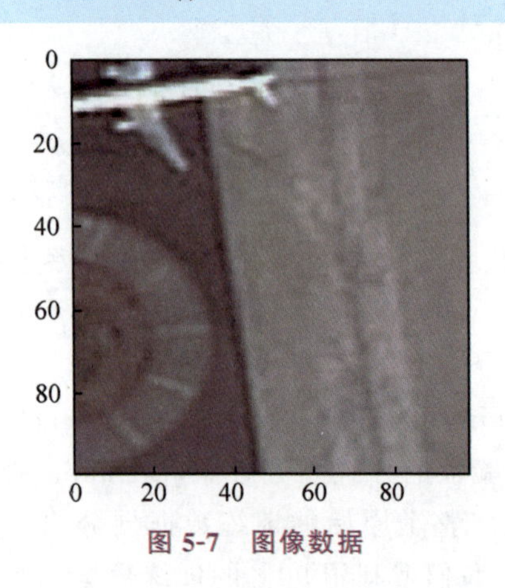

图 5-7　图像数据

<table>
<tr><th></th><th>UserID</th><th>visit_data</th></tr>
<tr><td>0</td><td>c385aad37b0ba23e</td><td>20181004&14|15|16|17|18|19|20|21|22|23,2018100...</td></tr>
<tr><td>1</td><td>d8e8004536fc9953</td><td>20181001&00|01|02|03|04|05|06|07|08|09|10|11|1...</td></tr>
<tr><td>2</td><td>2cc7e37ea7175782</td><td>20181002&07|08|09|10|11,20181003&07|08|09|10,2...</td></tr>
<tr><td>3</td><td>5266f76b9b0344b1</td><td>20181001&11|12|13|14|15|16|17|18|19|20|21|22,2...</td></tr>
<tr><td>4</td><td>2ab6aab2ab180110</td><td>20181009&06|07|08|09|10|11|12|13|14|15|16|17|1...</td></tr>
</table>

图 5-8　用户访问数据

5.3.2　数据分析

在完成了数据的读取和查看之后，我们需要对数据集中的数据进行数据分析，这是在特征提取和模型开发之前至关重要的一步，一个问题能不能快速找到有效的解决方案，在很大程度上依赖于数据分析。

1. 时间边界分析

由于赛题提供的是某一个时间段内的用户访问数据，因此有必要查看数据集的时间范围，这不仅可以帮助我们更好地理解数据，更重要的是在进行用户行为的特征提取时，时间跨度是非常重要的一个因素。

首先将所有的用户访问数据读取到一个 DataFrame 中，读取结果如图 5-9 所示。

```
file_list = os.listdir("./train/")
tmp = []
c = 0
for file in file_list:
    if len(file) > 3:
        data = pd.read_table(os.path.join("./train/", file), names = ["UserID",        "visit_data"])
        data["label"] = file.replace(".txt", "").split("_")[-1]
        tmp.append(data)
        c += 1
        if(c > 500):
            break
all_ori_data = pd.concat(tmp)
print(all_ori_data)
```

	UserID	visit_data	label
0	8107b613816f0686	20181221&09|10|11|12|13|14|15,20190108&16|17|1...	008
1	bed27bd61b3bcf46	20181026&14,20181211&14,20190213&08|09,2019021...	008
2	2e56a2aa7d6e365c	20181030&14|15|16|17|18|19,20181115&10,2018112...	008
3	c705d7515efc5185	20190107&14,20190312&12|13	008
4	82efd299807c74a9	20181009&08,20181011&08,20181024&15,20181030&1...	008
5	1ca3156b6445bf05	20190306&08|09,20190312&13,20190314&11|12|13,2...	008
6	3482c455ef3e612d	20181018&12,20181023&08,20181113&13,20181114&1...	008
7	cd94bfc45402a2da	20181010&08|09|10|11|12|13|14|15,20181019&14,2...	008
8	1388ca2f8e499c5a	20181018&12,20181103&09,20181119&09,20181206&1...	008
9	2fe3dca851368dae	20181030&13|14,20181107&13,20181214&10,2019011...	008
10	5331fe461d95f333	20190107&11|12,20190118&15|16,20190122&12|13|1...	008

图 5-9 用户访问数据（DataFrame 格式）

对于每一条访问数据，我们以逗号进行切割，得到的每一个字符串的前 8 个字符就是用户到访的日期，将所有的日期按照时间进行排序，然后根据首次和末次访问记录的日期即可得到访问记录的总天数，结果如图 5-10 所示。

```
首次访问日期:  20181001
末次访问日期:  20190331
访问记录共 182 天
```

图 5-10 用户访问记录日期统计

```
import time
import datetime

# 时间边界分析
date_map = {}
times = all_ori_data['visit_data']
for t in times:
    for item in t.split(','):
        date = item[:8]
        if date not in date_map.keys():
            date_map[date] = date
ordered_date = sorted(date_map.keys())

begin_date = ordered_date[0]
print("首次访问日期:", begin_date)
end_date = ordered_date[len(ordered_date) - 1]
print("末次访问日期:", end_date)
```

```
bengin = time.mktime(time.strptime(begin_date,'%Y%m%d'))
end = time.mktime(time.strptime(end_date,'%Y%m%d'))
interval = int((end - bengin)/(24 * 60 * 60))
print("访问记录共", interval + 1, "天")
```

2. 区域类别数量分析

本赛题是一个多分类问题，因此我们也需要统计训练数据中各类别的数量，一方面可以让我们了解数据集的类别分布，另一方面也可以查看是否存在类别不均衡的情况，统计结果如图 5-11 所示。

```
# 区域类别数量分析
category = ['Residential area', 'School', 'Industrial park', 'Railway station', 'Airport', 'Park', 'Shopping area', 'Administrative district', 'Hospital']
count = [0 for i in range(9)]
file_list = os.listdir("./train/")
for file in file_list:
    if len(file) == 3:
        label = int(file) - 1
        count[label] = len(os.listdir(os.path.join("./train/", file)))

num_map = {'category':category, 'count':count}
pd.DataFrame(num_map)
```

	category	count
0	Residential area	9542
1	School	7538
2	Industrial park	3590
3	Railway station	1358
4	Airport	3464
5	Park	5507
6	Shopping area	3517
7	Administrative district	2617
8	Hospital	2867

图 5-11　区域类别统计

通过对每个类别的样本数量进行统计，我们发现了一个有趣的现象：每种类型的区域的数量都远远大于实际数量，以其中的“Airport”为例，2019 年年底我国国内机场约有 220 个，而数据集中的机场数量高达 3464 个，因此可以推测每个真实的功能区域被分割成了若干部分，也就是说，数据集中不同 AreaID 的区域可能对应的是现实生活中的同一个区域，存在着“多对一”的关系。

3. 用户到访行为分析

用户到访数据作为数据集中重要的一部分，我们也需要对其进行分析，主要是查看数据集中同一用户的行为特征。我们首先通过 pandas 的 groupby 函数将 UserID 相同的行聚合在一起，该函数返回的是一个 DataFrameGroupBy 对象，然后选择需要进行分析的列，这样就得到了一个 SeriesGroupby 对象，它代表每个组都有一个 Series。最后对 SeriesGroupby 对象进行相应的操作，例如 mean，相当于对每个组的 Series 求均值。

从 pandas 0.20.1 开始，引入了 agg 函数。groupby 函数可以看作基于行的聚合操作，而 agg 函数提供基于列的聚合操作。在实现上，groupby 函数返回的是一个 DataFrameGroupBy 对象，这个对象必

须调用聚合函数(如 sum 函数)才会得到结构为 Series 的数据。而 agg 函数是 DataFrame 的直接方法，返回的也是一个 DataFrame。当然，很多功能用 sum、mean 等函数也可以实现，但是 agg 函数更加简洁。

```
# 用户行为分析
uid_count = pd.DataFrame(all_ori_data.groupby(["UserID"])['label'].count())
uid_count.columns = ['sum']

uid_visit_count = pd.merge(all_ori_data, uid_count, on = 'UserID', how = 'left')
uid_visit_count_ordered = uid_visit_count.sort_values(by = ['sum', 'UserID'], ascending = False)
print(uid_visit_count_ordered)
```

统计结果如图 5-12(a)和图 5-12(b)所示。经过分析，我们发现用户访问数据存在以下两个非常有趣的现象：

(1) 大量的同一用户访问过不同的区域；

(2) 大量的同一用户在同一时间出现在不同的区域。

	uid	date_hour	area
1757	0000017beff7d0b8	20190302&09|10,20190323&08|09|10	235170_007.txt
1967	0000018e00a41894	20190227&11|15,20190301&07|10|19|20|22,2019030...	095460_009.txt
4110	000003bd593c28a0	20181116&18|19,20190124&15	212740_001.txt
12048	000003bd593c28a0	20181023&15,20181027&16|17|18,20190119&18	211610_007.txt
1136	000003bd593c28a0	20181002&11|12|13|14|15|16|17,20181003&15|16|1...	150080_002.txt
6918	000003bd593c28a0	20181018&14|15,20181111&15|16	090640_007.txt
14532	000003bd593c28a0	20181006&15|16|17|18,20181008&14,20181010&13,2...	099720_007.txt
8328	000003bd593c28a0	20181023&15,20181111&13	355170_007.txt
7174	000003d11478be5a	20181120&10,20181225&09,20190315&16|17|18|19|2...	009370_009.txt
5032	0000060e0974b6ba	20181105&20|21|22|23,20181106&19|20	119770_002.txt
680	000006dfde217aff	20181006&13,20181030&11|12,20190221&10,2019031...	359550_001.txt
3765	000007d8541424b8	20181113&15,20181208&07,20181215&12,20190227&1...	369390_009.txt
49	000007f411595f3f	20181007&20,20181021&21|22,20181122&19|20,2018...	203810_001.txt
2495	0000082d4e999720	20190106&18|19,20190110&15|16,20190111&19	329800_002.txt
2263	0000082d4e999720	20190101&18|19,20190102&07|08|09|10|11,2019010...	382040_002.txt
2495	0000082d4e999720	20190106&18|19,20190110&15|16,20190111&19	016630_002.txt
101	000008467891dca8	20181207&21,20181208&00,20181209&02,20190310&1...	215830_002.txt
9398	00000976f20994a5	20181223&21,20190225&03|04|05	389470_004.txt
866	00000976f20994a5	20190313&08,20190324&09	379680_003.txt
4877	00000a2aceb0967f	20181222&09,20190112&09,20190119&13,20190222&1...	240870_007.txt
9877	00000b3a4e445ce8	20181219&21|22,20181226&21|22,20181227&18|19|2...	250830_006.txt
912	00000b734b5870bf	20190320&12|13,20190327&12	369670_007.txt
144	00000b780c86adb0	20190301&11,20190306&11,20190307&14,20190313&1...	013540_008.txt
8295	00000bbb77072742	20181113&14|15,20181217&10|11	218030_009.txt
792	00000bbb77072742	20181001&08,20181021&08,20181025&18,20181102&2...	222510_001.txt
1773	00000bbb77072742	20190116&09,20190223&20|23,20190224&00|01|02|0...	365850_001.txt
181	00000c1d3717c89c	20181003&14,20181004&13|14,20181005&13,2018100...	336630_001.txt

(a)

图 5-12　用户访问数据分析结果

	uid	date_hour	area
157	000e4164778f4783	20190308&18,20190320&19	196160_002.txt
2600	000e4164778f4783	20190308&18,20190320&19	000000_002.txt
5043	000e4164778f4783	20190308&18,20190320&19	000010_002.txt
7486	000e4164778f4783	20190308&18,20190320&19	000020_008.txt
9929	000e4164778f4783	20190308&18,20190320&19	000030_001.txt
12372	000e4164778f4783	20190308&18,20190320&19	000040_006.txt
14815	000e4164778f4783	20190308&18,20190320&19	000050_001.txt
17258	000e4164778f4783	20190308&18,20190320&19	000060_006.txt
19701	000e4164778f4783	20190308&18,20190320&19	000070_002.txt
22144	000e4164778f4783	20190308&18,20190320&19	000080_005.txt
24587	000e4164778f4783	20190308&18,20190320&19	000090_006.txt
27030	000e4164778f4783	20190308&18,20190320&19	000100_003.txt
29473	000e4164778f4783	20190308&18,20190320&19	000110_001.txt
31916	000e4164778f4783	20190308&18,20190320&19	000120_008.txt
34359	000e4164778f4783	20190308&18,20190320&19	000130_003.txt
36802	000e4164778f4783	20190308&18,20190320&19	000140_001.txt
39245	000e4164778f4783	20190308&18,20190320&19	000150_003.txt
41688	000e4164778f4783	20190308&18,20190320&19	000160_008.txt
44131	000e4164778f4783	20190308&18,20190320&19	000170_009.txt
46574	000e4164778f4783	20190308&18,20190320&19	000180_002.txt
49017	000e4164778f4783	20190308&18,20190320&19	000190_006.txt
51460	000e4164778f4783	20190308&18,20190320&19	000200_006.txt
53903	000e4164778f4783	20190308&18,20190320&19	000210_002.txt

(b)

图 5-12 （续）

第二个现象也证实了我们在 5.2 节中的猜想，实际中的功能区被划分成了若干部分，对应着不同的 AreaID，而这些不同的区域之间存在重合的现象，同一用户在相同时间出现在不同的地点，这些地点就是区域之间重合的地点，这一发现对于后续效果的提升非常重要。

5.3.3 特征工程

对于图像数据，我们可以使用 100×100 像素图片的每一行每一列的灰度值的 mean，max，min，std 作为特征，也可以使用神经网络，如 VGG-16、VGG-19、ResNet 系列、Inception 系列等提取特征。但是，在遥感图像的数据集中有很多噪声，部分图像是全黑或者全白的，这些噪声会对模型的训练产生影响，因此需要将这些噪声图片全部过滤掉。我们通过以下代码将数据集中黑块或者白块的面积超过 25% 的图片筛选出来并进行过滤。

```
def find_bad_sample(mode):
    file_paths = None
    bad_sample_list = []
    with open(os.path.join('/home/2019BaiduXJTU/data', 'train', mode + '.txt')) as f:
        reader = f.readlines()
        file_paths = [row[:-1] for row in reader]
    final_list = cp.deepcopy(file_paths)
    for i in file_paths:
        ratio = judge_bad_sample(i)
```

```
        if ratio > 0.25 :
            bad_sample_list.append(i)
            os.system('cp /home/2019BaiduXJTU/data/train/' + i + '.    /home/2019BaiduXJTU/data/bad_sample')
            final_list.remove(i)
    print(len(final_list))
    return final_list

def judge_bad_sample(img_name):
    Img = cv2.imread(os.path.join('/home/2019BaiduXJTU/data', 'train', img_name))
    Gray = tr.Compose([
                        tr.ToPILImage(),
                        tr.Grayscale(),
                        tr.ToTensor()
                        ])
    Img_Gray = Gray(Img)
    ratio = float(torch.eq(Img_Gray, 0.0).sum())/10000.0
    return ratio
```

本赛题的主要难点是用户访问数据的特征构建。我们可以从用户和时间两个角度进行特征的提取，如图 5-13 所示，其中时间角度又分为日期和时刻两个维度，接下来我们详细介绍特征构造的思路。

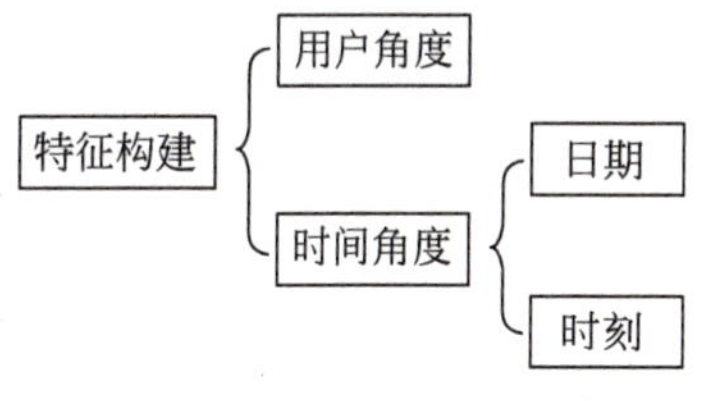

图 5-13 访问数据特征构建

1. 用户角度

城市区域的功能决定了用户的访问特点，用户的访问特点在一定程度上能够体现城市区域的功能，两者之间的关系是密不可分的。因此，我们首先从用户的角度对区域进行特征的构建，如图 5-14 所示。

用户角度

- 总访问人数
- 总访问次数
- 人均访问次数
- 访问次数大于或等于nums次的人数占总人数的比例
- 同一个访问者访问的最多天数
- 访问时长超过nums小时的人数
- 一天内多次访问的人数
- 一天内多次访问的人数占总人数的比例

图 5-14 从用户角度构建特征

2. 时间角度(日期)

在 5.3.2 节中，我们对用户访问数据的时间边界进行了统计，用户的访问数据从 2018 年 10 月 1 日开始到 2019 年 3 月 31 日为止，共计 182 天，26 周的数据。在这个时间跨度里，有一些比较重要的时间节点，例如国庆、元旦等节假日，还有学生开学(2 月中下旬)、春运(春节期间)等社会活动，这些都会对不同功能区的人流量产生影响。因此，我们从日期维度对访问数据进行特征构建，如图 5-15 所示。

3. 时间角度(时刻)

除了从日期的维度构造特征，我们还可以从时间角度的另一个维度——时刻，即单日内的时间变化造成的访问数据的不同进行特征的提取。一天共 24 小时，区域内每小时的访问人数是如何变化的？上班和下班时间的访问人数有什么不同？这些都可以作为数据的特征帮助我们判断某个区域的功能类别，如图 5-16 所示。

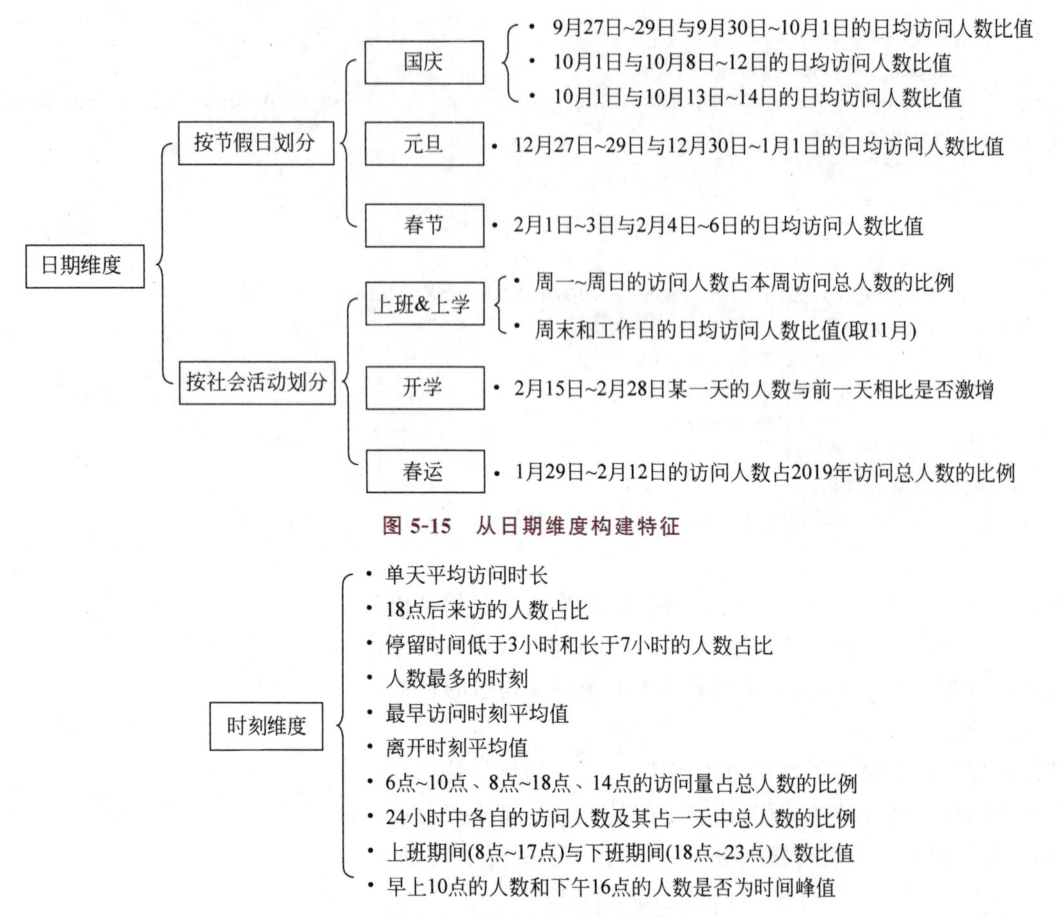

图 5-15 从日期维度构建特征

图 5-16 从时刻维度构建特征

接下来,我们按照上述特征工程构建的思路来进行特征工程的代码实现。由于篇幅有限,我们仅展示其中比较有代表性的特征构造方式,其他特征读者可以参考我们提供的代码自己动手实现。

```
#最早访问时刻均值,离开时刻均值,人数最多的时刻
def time_num(line_date_list):
    global hour
    global hour_sum
    global early_hour_sum
    global leave_hour_sum
    for time_find in line_date_list:
        all_data = time_find.split("&")
        hour_data = all_data[1].split("|")
        early_hour_sum += int(hour_data[0])
        leave_hour_sum += int(hour_data[len(hour_data) - 1])
        for hour_find in hour_data:
            hour_sum += 1
            hour[int(hour_find)] += 1

#春运期间访问人数
def spring_trip(line_date_list):
```

```
    global visit_sum_2019
    global spring_trip_P_num
    for time_find in line_date_list:
        if int(time_find[:4]) == 2019:
            visit_sum_2019 += 1
        if int(time_find[4:6]) == 2 and int(time_find[6:8]) <= 12:
            spring_trip_P_num += 1
        if int(time_find[4:6]) == 1 and int(time_find[6:8]) >= 29:
            spring_trip_P_num += 1

#人数暴增检测
def February_num(line_date_list):
    global February_people
    same_P_January = 0
    for time_find in line_date_list:
        if int(time_find[4:6]) == 2 and int(time_find[6:8]) >= 15:
            February_people[int(time_find[6:8]) - 15] += 1
```

5.4　城市区域功能分类

5.4.1　遥感影像分类

在前面的章节中，我们学习了如何使用PaddlePaddle搭建VGG-16网络模型来进行图像的分类，而飞桨始终致力于让深度学习技术的创新与应用更加简单，因此在PaddlePaddle2.0版本中内置了许多经典的神经网络模型，对于很多新手来说，完全可以省去以往复杂的组网代码，仅使用一行代码便可以完成组网。本节就使用PaddlePaddle2.0的高层API完成基于VGG-16的遥感影像分类任务。

首先运行如下代码来查看飞桨框架中有哪些内置模型，运行结果如图5-17所示。

```
import paddle
print('飞桨框架内置模型:', paddle.vision.models.__all__)
```

```
飞桨框架内置模型： ['ResNet', 'resnet18', 'resnet34', 'resnet50',
'resnet101', 'resnet152', 'VGG', 'vgg11', 'vgg13', 'vgg16', 'vg
g19', 'MobileNetV1', 'mobilenet_v1', 'MobileNetV2', 'mobilenet_
v2', 'LeNet']
```

图5-17　飞桨框架内置模型

接下来就可以仅仅通过如下的一行代码加载VGG-16网络，查看VGG-16的网络结构及参数如图5-18所示。

```
# 加载 VGG - 16 网络
vgg16 = paddle.vision.models.vgg16()
# 查看网络结构及参数
paddle.summary(vgg16, (64, 3, 32, 32))
```

除了之前使用的基于基础API的常规训练方式，飞桨框架还提供了另一种训练和预测的方法：使用paddle.Model对模型进行封装，通过高层API如Model.fit、Model.evaluate、Model.predict等完成模型的训练、评估与预测。

Layer (type)	Input Shape	Output Shape	Param #
Conv2D-14	[[64, 3, 32, 32]]	[64, 64, 32, 32]	1,792
ReLU-16	[[64, 64, 32, 32]]	[64, 64, 32, 32]	0
Conv2D-15	[[64, 64, 32, 32]]	[64, 64, 32, 32]	36,928
ReLU-17	[[64, 64, 32, 32]]	[64, 64, 32, 32]	0
MaxPool2D-6	[[64, 64, 32, 32]]	[64, 64, 16, 16]	0
Conv2D-16	[[64, 64, 16, 16]]	[64, 128, 16, 16]	73,856
ReLU-18	[[64, 128, 16, 16]]	[64, 128, 16, 16]	0
Conv2D-17	[[64, 128, 16, 16]]	[64, 128, 16, 16]	147,584
ReLU-19	[[64, 128, 16, 16]]	[64, 128, 16, 16]	0
MaxPool2D-7	[[64, 128, 16, 16]]	[64, 128, 8, 8]	0
Conv2D-18	[[64, 128, 8, 8]]	[64, 256, 8, 8]	295,168
ReLU-20	[[64, 256, 8, 8]]	[64, 256, 8, 8]	0
Conv2D-19	[[64, 256, 8, 8]]	[64, 256, 8, 8]	590,080
ReLU-21	[[64, 256, 8, 8]]	[64, 256, 8, 8]	0
Conv2D-20	[[64, 256, 8, 8]]	[64, 256, 8, 8]	590,080

图 5-18 VGG-16 网络结构及参数(部分)

```
import paddle
from paddle.vision.transforms import ToTensor
from paddle.vision.models import vgg16

# build model
model = vgg16()

# build vgg16 model with batch_norm
model = vgg16(batch_norm = True)
# 使用高层 API——paddle.Model 对模型进行封装
model = paddle.Model(model)

# 为模型训练做准备,设置优化器,损失函数和精度计算方式
model.prepare(optimizer = paddle.optimizer.Adam(parameters = model.parameters()),
              loss = paddle.nn.CrossEntropyLoss(),
              metrics = paddle.metric.Accuracy())

# 启动模型训练
# train_data 可以是通过飞桨内置的数据集进行加载的 Dataset 数据
# 也可以是我们自己的数据集通过 Dataloader 加载的数据
model.fit(train_data,              # 训练数据集
          epochs = 10,             # 训练轮次
          batch_size = 256,        # 批次大小
          save_dir = "vgg16/",     # 模型保存路径
          save_freq = 10,          # 每训练 10 轮进行一次模型保存
          verbose = 1)             # 日志格式
```

对训练好的模型进行评估,可以使用 evaluate 接口来实现。事先定义好用于评估使用的数据集后,通过调用 evaluate 接口即可完成模型的评估操作,评估完成后可以根据 prepare 中定义的 loss 和 metric 计算并返回相关结果。

```
# 用 evaluate 在验证集上对模型进行验证
eval_result = model.evaluate(val_data, verbose = 1)
```

高层 API 中还提供了 predict 接口来方便用户使用训练好的模型进行预测，只需要基于训练好的模型，将需要进行测试的数据作为参数，传递给接口进行计算即可，接口会将经过模型计算得到的预测结果进行返回。

```
# 用 predict 在测试集上对模型进行测试
test_result = model.predict(test_data)
```

通过使用飞桨框架，可以非常高效地实现经典神经网络模型的调用，完成对遥感影像的分类，得到只使用图像模态进行分类的结果及每种类别对应的概率。

5.4.2　用户到访数据分类

对于用户到访数据，当我们完成 5.3.3 节的特征工程的构建之后，就可以开始进行模型的训练了，可以尝试使用多个不同的分类算法，如 XGBoost、LightGBM 和 CatBoost 等。其中，XGBoost 被誉为"大数据竞赛利器"，其全称为 Extreme Gradient Boosting，是一种基于树的集成算法，而 LightGBM 和 CatBoost 在 XGBoost 的基础上做了进一步的优化，在精度和速度上都有各自的优点。下面以 LightGBM 为例进行代码的实现。

```
train_matrix = clf.Dataset(tr_x, label = tr_y)
test_matrix = clf.Dataset(te_x, label = te_y)

params = {
    'boosting_type': 'gbdt',
    'objective': 'multiclass',
    # 'metric': 'None',
    'metric': 'multi_logloss',
    'min_child_weight': 1.5,
    'num_leaves': 2 ** 5,
    'lambda_l2': 10,
    'feature_fraction': 0.8,
    'bagging_fraction': 0.8,
    'bagging_freq': 4,
    'learning_rate': 0.05,
    'seed': 2019,
    'nthread': 28,
    'num_class': class_num,
    'silent': True,
    'verbose': -1,
}

num_round = 4000
early_stopping_rounds = 100
if test_matrix:
   model = clf.train(params, train_matrix, num_round, valid_sets = test_matrix, verbose_eval = 50, early_
stopping_rounds = early_stopping_rounds)
    print("\n".join(("%s: %.2f" % x) for x in
                   list(sorted(zip(predictors, model.feature_importance("gain")), key = lambda x:
x[1], reverse = True))[:200]))
    pre = model.predict(te_x, num_iteration = model.best_iteration)
    pred = model.predict(test_x, num_iteration = model.best_iteration)
    train[test_index] = pre
```

```
            test_pre[i, :] = pred
            cv_scores.append(log_loss(te_y, pre))
            acc_scores.append(accuracy_score(te_y, np.argmax(pre, axis = 1)))
            cv_rounds.append(model.best_iteration)
        test_pre_all[i, :] = np.argmax(pred, axis = 1)
```

在得到了基于单一模态的分类结果后，将提取的单一模态的特征进行拼接，然后利用基于Booosting思想的XGBoost模型进行模型的融合，得到最终的预测结果。

```
dataset_x = pd.concat([dataset_x_image,dataset_x_visit], axis = 1)
dataset_val_x = pd.concat([dataset_val_x_image,dataset_val_x_visit], axis = 1)
dataset_y = dataset_xgb.label
dataset_val_y = dataset_val_xgb.label
dataset_x = pd.concat([dataset_x,dataset_val_x])
dataset_y = pd.concat([dataset_y,dataset_val_y])

dataset = xgb.DMatrix(dataset_x,label = dataset_y)
dataset_val = xgb.DMatrix(dataset_val_x,label = dataset_val_y)
dataset_val1 = xgb.DMatrix(dataset_val_x)
params = {'learning_rate': 0.02,
          'max_depth': 7,
          'objective': 'multi:softprob',
          'tree_method': 'gpu_hist',
          'gpu_id': 0,
          'num_class':9,
          'min_child_weight':1,
          'gamma':0,
          'subsample':0.8,
          'colsample_bytree':0.8,
          'seed':27
         }

watchlist = [(dataset, 'train'),(dataset_val, 'eval')]
model = xgb.train(params,dataset, num_boost_round = 3500,evals = watchlist)
```

5.5 城市区域功能分类特征优化

在特征工程部分，在对用户的访问数据进行特征提取时，所提取的特征都是从时序的角度考虑的，数据变换只有一种形式：根据用户的访问数据，从时序的角度提取特征，进行区域特征的表示(用户→区域)。这种方式的特征表示形式比较单一，忽略了用户行为所能反映的信息，而我们在5.3.3节进行数据分析时，发现了用户行为数据中非常重要的两个隐藏结论：

(1) 存在大量的同一用户出现在不同区域的现象；

(2) 存在大量的同一用户在同一时间出现在不同区域的现象。

因此，我们尝试利用在数据分析过程中得到的这两条结论，从不同的角度对区域进行特征表示。

5.5.1 区域→用户→区域的特征构建

以图5-19为例，假设图中的笑脸均表示同一个用户，该用户在多个区域中均有访问记录，其中不同区域中笑脸的个数表示该用户在该区域内的访问时长。

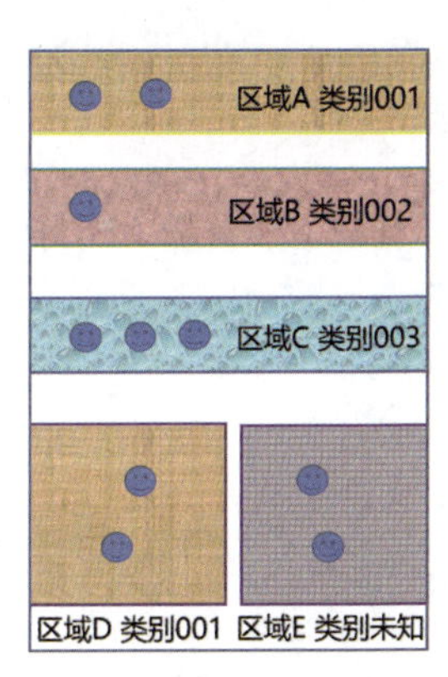

图 5-19　同一用户访问不同区域示意图

因此，对于每一个用户来说，我们可以统计出该用户在不同种类的区域出现的次数，以及在某种类型的区域内出现的总小时数除以出现的次数，这样就可以首先得到从区域的角度对用户进行表示的特征(区域→用户)，如表 5-2 和表 5-3 所示。

表 5-2　不同类别区域访问次数统计

类别	001	002	003	004	005	006	007	008	009
访问次数	2	1	1	0	0	0	0	0	0

表 5-3　不同类别区域访问总小时数除以访问总次数统计

类别	001	002	003	004	005	006	007	008	009
小时数/次数	2	1	3	0	0	0	0	0	0

然而我们的分类模型接收的是区域特征，因此统计得到的用户特征没有办法直接输入模型用于训练，仍然需要进行一些相应的转换。我们可以对某一区域内出现的所有用户的用户特征进行聚合统计(mean、sum、max、min、std 等)，如图 5-20 所示，将用户特征转换为区域特征(用户→区域)，用于模型的训练。

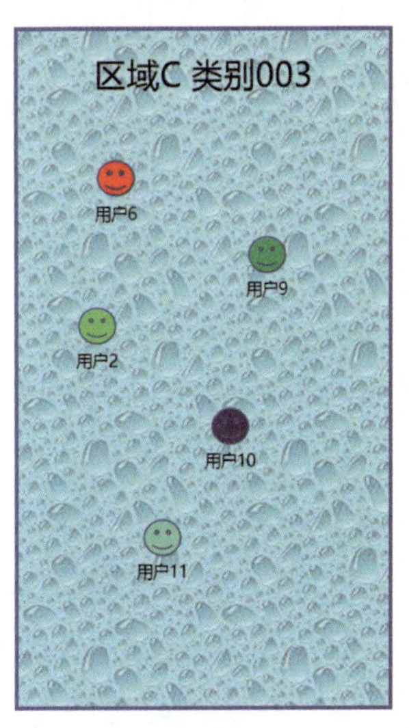

图 5-20　统计不同区域内所有用户的聚合特征

关于代码的实现部分，我们通过遍历原始的用户访问数据，统计用户到访不同类型的区域的次数。

```
d = []
file_list = os.listdir("../data/train/")
for f in file_list:
    data = pd.read_table("../data/train/%s" % f, header = None,
names = ["uid","content"])[["uid"]].copy()
    data["label"] = f
    d.append(data)
train_cv = pd.concat(d).reset_index()
train_cv["l"] = train_cv["label"].apply(lambda x:x.replace(".txt","").split("_")[-1])
train_cv["id"] = train_cv["label"].apply(lambda x:x[:6])

tsd = pd.DataFrame(train_cv.groupby(["uid","l"]).id.count()).reset_index()
tsd.columns = ["uid","l","count"]
tsdu = pd.DataFrame(train_cv.groupby(["uid"]).id.count()).reset_index()
tsdu.columns = ["uid","uid_count"]

tsd = tsd.merge(tsdu, on = "uid", how = "left")
tsd.to_csv("../data_2/uid_feature/uid_l_ori.csv", index = None)
```

然后计算每个区域里所有用户访问次数的聚合统计值，就得到了区域→用户→区域特征表示的第一部分。

```
for fo in range(1, 10):
    tr = pd.read_csv("./data/uid_feature/train_%s.csv" % fo)
    tr["id"] = tr["label"].apply(lambda x: x[:6])
    del tr["label"]
    gc.collect()
    uid_l = pd.read_csv("./data/uid_feature/uid_l_ori.csv")
    uid_l = pd.DataFrame(uid_l.groupby(["uid", "l"]).agg({"count": "sum",
"uid_count": "sum"})).reset_index()
    result = tr[["uid", "id"]].merge(uid_l, on = ["uid"], how = "left").dropna()
    # result.to_csv("./data/uid_feature/train_result_ori_%s.csv" % fo, index = None)
    name = "train_result_ori_%s" % fo
    if not os.path.exists("./data/uid_feature/%s/" % name):
                          os.makedirs("./data/uid_feature/%s/" % name)
    # 总和
    rule = pd.DataFrame(result.groupby(["id", "l"])["count"].sum()).reset_index()
    rule.columns = ["id", "l", "count_sum"]
    rule["l"] = rule["l"].apply(lambda x: int(x) - 1)
    r = rule.pivot(values = "count_sum", index = "id",
columns = "l").reset_index().fillna(0)
    r.columns = ["sid"] + [i for i in range(9)]
    r.to_csv("./data/uid_feature/%s/" % name + "train_rule_sum_cv.csv",
index = None)
    # 均值
    rule = pd.DataFrame(result.groupby(["id", "l"])["count"].mean()).reset_index()
    rule.columns = ["id", "l", "count_sum"]
    rule["l"] = rule["l"].apply(lambda x: int(x) - 1)
    r = rule.pivot(values = "count_sum", index = "id",
```

```
columns = "l").reset_index().fillna(0)
    r.columns = ["sid"] + [i for i in range(9)]
    r.to_csv("./data/uid_feature/%s/" % name + "train_rule_mean_cv.csv",
index = None)
    # 方差
    rule = pd.DataFrame(result.groupby(["id", "l"])["count"].std()).reset_index()
    rule.columns = ["id", "l", "count_sum"]
    rule["l"] = rule["l"].apply(lambda x: int(x) - 1)
    r = rule.pivot(values = "count_sum", index = "id",
columns = "l").reset_index().fillna(0)
    r.columns = ["sid"] + [i for i in range(9)]
    r.to_csv("./data/uid_feature/%s/" % name + "train_rule_std_cv.csv",
index = None)
    # 最大值
    rule = pd.DataFrame(result.groupby(["id", "l"])["count"].max()).reset_index()
    rule.columns = ["id", "l", "count_sum"]
    rule["l"] = rule["l"].apply(lambda x: int(x) - 1)
    r = rule.pivot(values = "count_sum", index = "id",
columns = "l").reset_index().fillna(0)
    r.columns = ["sid"] + [i for i in range(9)]
    r.to_csv("./data/uid_feature/%s/" % name + "train_rule_max_cv.csv",
index = None)
    # 最小值
    rule = pd.DataFrame(result.groupby(["id", "l"])["count"].min()).reset_index()
    rule.columns = ["id", "l", "count_sum"]
    rule["l"] = rule["l"].apply(lambda x: int(x) - 1)
    r = rule.pivot(values = "count_sum", index = "id",
columns = "l").reset_index().fillna(0)
    r.columns = ["sid"] + [i for i in range(9)]
    r.to_csv("./data/uid_feature/%s/" % name + "train_rule_min_cv.csv",
index = None)

    del tr, result
    gc.collect()
```

接下来开始进行第二部分，也就是每个区域里所有用户访问不同类型区域的总小时数除以总次数的聚合统计值。首先我们分别统计在每个类型的区域中，每条用户记录中的访问次数和小时数。

```
for fo in range(1, 10):
    d = []
    file_list = os.listdir("./data/train_part/%s/" % fo)
    for f in file_list:
data = pd.read_table("./data/train_part/%s/%s" % (fo,f), header = None, names = ["uid",
"content"]).copy()
        data["date"] = data["content"].apply(lambda x:x.count("&"))
        data["hour"] = data["content"].apply(lambda x:x.count("|") + 1)
        del data["content"]
        gc.collect()
        data["label"] = f
```

```
    d.append(data)
pd.concat(d).to_csv("./data/uid_feature/train_all_%s.csv" % fo, index = None)
```

对于每个类型区域下得到的统计数据，将其按照 UserID 进行聚合操作，并对聚合后每个分组的次数和小时数进行求和，得到同一用户访问同一类型区域的总次数和总小时数。

```
for fo in range(1, 10):
    train_cv = pd.read_csv("./data/uid_feature/train_all_%s.csv" % fo)
    train_cv["l"] = train_cv["label"].apply(lambda x:x.replace(".txt","").split("_")[-1])
    train_cv["id"] = train_cv["label"].apply(lambda x:x[:6])

    tsd = pd.DataFrame(train_cv.groupby(["uid","l"])["date"].sum()).reset_index()
    tsd.columns = ["uid","l","date"]
    tsdu = pd.DataFrame(train_cv.groupby(["uid","l"])["hour"].sum()).reset_index()
    tsdu.columns = ["uid","l","hour"]

    tsd = tsd.merge(tsdu,on = ["uid","l"],how = "left")
    tsd.to_csv("./data/uid_feature/uid_l_all_%s.csv" % fo, index = None)
```

最后，对所有类型的区域进行遍历，得到同一用户访问不同类型区域的总次数和总小时数。

```
for fo in range(1, 10):
    tr = pd.read_csv("./data/uid_feature/train_%s.csv" % fo)
    tr["id"] = tr["label"].apply(lambda x:x[:6])
    del tr["label"]
    gc.collect()
    uid_l = None
    for i in range(1, 10):
        if i == fo:
            continue
        uid = pd.read_csv("./data/uid_feature/uid_l_all_%s.csv" % i)
        uid_l = pd.concat([uid_l,uid]) #.reset_index(drop = True)
        del uid
        gc.collect()
    uid_l = pd.DataFrame(uid_l.groupby(["uid","l"]).agg({"date":"sum",
"hour":"sum"})).reset_index()
    result = tr[["uid","id"]].merge(uid_l,on = ["uid"],how = "left").dropna()
    result.to_csv("./data/uid_feature/train_result_date_hour_%s.csv" % fo, index = None)
    del tr,result
gc.collect()
```

在得到同一用户访问不同类型区域的总次数和总小时数以后，计算每个区域的所有用户的聚合统计值的代码，和第一部分类似，在此不再赘述。

5.5.2 区域→区域的特征构建

由于用户在同一时间段出现在不同的区域，那么说明用户同时出现的这些区域之间是相邻的。假设现在有 A、B、C、D 4 个区域，这 4 个区域中有一部分是重合的部分，如图 5-21 所示，在重合的区域中共有 4 个用户。

我们将这 4 个区域用以下点和边构成的无向图来表示，其中点 A、B、C、D 表示不同的区域，边的值表示在重合区域中的人数，如图 5-22 所示。

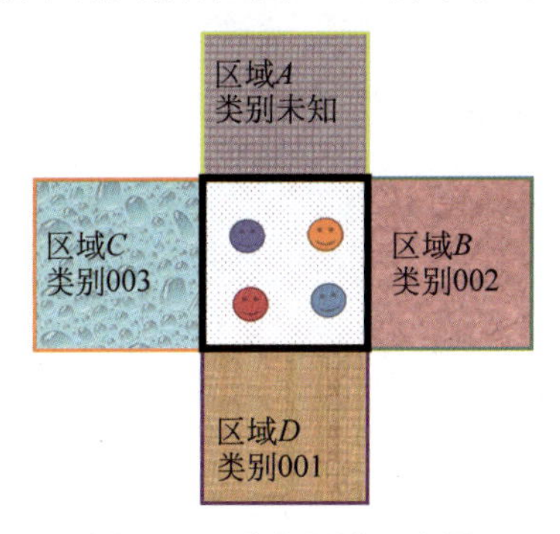

图 5-21 重合区域示意图

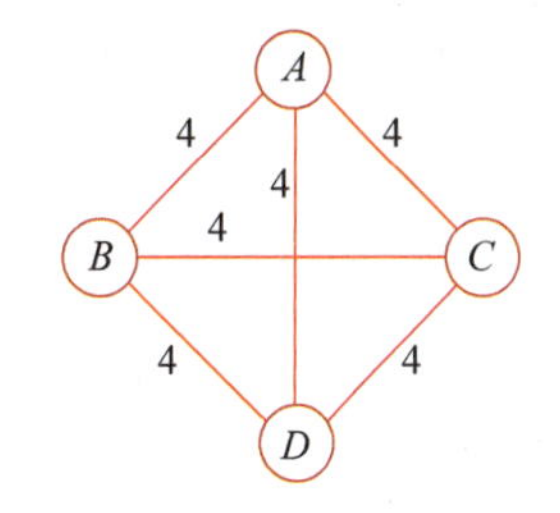

图 5-22 重合区域无向图表示

假设在这 4 个区域中，A 区域类别未知，B、C、D 区域的类别分别为 002、003 和 001，那么可以分别对 A、B、C、D 这 4 个区域进行特征表示，每一列表示与该区域相邻的区域的总人数，如表 5-4 所示。

表 5-4 连通区域表示

区域	001	002	003	004	005	006	007	008	009
A	4	4	4	0	0	0	0	0	0
B	4	0	4	0	0	0	0	0	0
C	4	4	0	0	0	0	0	0	0
D	0	4	4	0	0	0	0	0	0

对于同一时间段出现在不同区域的用户的统计，按照以下步骤进行：首先对每一个类型下所有用户的访问数据进行读取，得到一个访问数据列表，列表中的某个元素表示该类型的区域中所有用户的访问数据。

```
kk_list = []
for fo in range(1, 10):
    d = []
    file_list = os.listdir("./data/train_part/%s/" % fo)
    for f in file_list:
        data = pd.read_table("./data/train_part/%s/%s" % (fo,f),header = None,names = ["uid","content"])
        data["sid"] = f
        d.append(data)
    d = pd.concat(d)
    kk_list.append(d)
```

然后将列表中的元素两两之间按照 UserID 和访问数据的内容进行拼接，保留 AreaID 不同的记录，结果保存在以“content_same_i_j.csv”命名的文件中，文件中记录的是类型 i 和类型 j 之间重合的区域 ID。

```
for i in range(len(kk_list) - 1):
    for j in range(i + 1, len(kk_list)):
        a = kk_list[i]
        a.columns = ["uid", "content", "sid_1"]
        b = kk_list[j]
```

```
        b.columns = ["uid", "content", "sid_2"]
        s = a.merge(b, on = ["uid", "content"])
        s[["sid_1", "sid_2"]].to_csv("./data/sid_sid/content_same_%s_%s.csv" % (i
+ 1, j + 1), index = None)
for i in range(len(kk_list)):
    j = i
    a = kk_list[i].copy()
    a.columns = ["uid", "content", "sid_1"]
    b = kk_list[j].copy()
    b.columns = ["uid", "content", "sid_2"]
    s = a.merge(b, on = ["uid", "content"])
    s = s[s["sid_1"] != s["sid_2"]]
s[["sid_1", "sid_2"]].to_csv("./data/sid_sid/content_same_%s_%s.csv" % (i + 1, j +
1), index = None)
```

接下来就可以进行数据读取和区域→区域特征构建的操作了，实现的代码如下。

```
sid_sid_list = []
for i in range(12):
    for j in range(i,12):
sid_sid = pd.read_csv("./data/sid_sid/content_same_%s_%s.csv" % (i,j))
        sid_sid_list.append(sid_sid)
        if i!= j:
            sid_sid_2 = sid_sid.copy()
            sid_sid_2.columns = ["sid_2","sid_1"]
sid_sid_list.append(sid_sid_2[["sid_1","sid_2"]].copy())
sid_sid_list = pd.concat(sid_sid_list).reset_index(drop = True)

# 相邻区域的连接总数和不同种数
sid_count = pd.DataFrame(sid_sid_list.groupby("sid_1").sid_2.count()).reset_index()
sid_count.columns = ["sid","sid_count"]
sid_nunique = pd.DataFrame(sid_sid_list.groupby("sid_1").sid_2.nunique()).reset_index()
sid_nunique.columns = ["sid","sid_nunique"]
sid_feature_1 = sid_count.merge(sid_nunique,on = "sid",how = "left")
sid_feature_1.to_csv("../data_2/sid_feature_1.csv",index = None)

# 相邻区域连接数的最大值、最小值和方差
sid_sid_list["c"] = 1
result = pd.DataFrame(sid_sid_list.groupby(["sid_1","sid_2"]).c.count()).reset_index()
r = result.groupby("sid_1").agg({"c":["max","min","std"]}).reset_index()
r.columns = ["sid","max","mean","std"]
r.to_csv("../data_2/sid_feature_2.csv",index = None)

# 相邻区域的 label 统计
result = pd.DataFrame(sid_sid_list.groupby(["sid_1","sid_2"]).c.count()).reset_index()
result["pred_label"] = result["sid_2"].apply(get_pred)
p = pd.DataFrame(result.dropna().groupby(["sid_1","pred_label"])["c"].sum()).reset_index()
p = p.pivot(values = "c", index = "sid_1", columns = "pred_label").reset_index().fillna(0)
p.columns = ["sid"] + ["label_%s" % i for i in range(9)]
p.to_csv("../data_2/sid_feature_4.csv",index = None)
```

需要注意的是，上述两种特征构造方式，无论是区域→用户→区域，还是区域→区域，都需要在对某个区域进行预测时已知周围大多数区域的类别。如果是预测一个全新的城市，所有的区域类别都未知的情况下，只能使用用户→区域这种特征构造方法。

5.6　模型提升与改进

在5.5节中我们从改进特征工程的角度，提高了最终的预测准确率，除此之外，还可以从模型结构的角度寻找更多的突破口，可以采取的策略包括但不限于以下方面。

(1) 针对多分类样本类别不均衡的问题，进行重采样。重采样的主要目标要么是增加少数类别出现的频率，要么是降低多数类别出现的频率，最终使得不同类别的样本数量大致相同。常用的重采样技术主要有：对多数类别进行的随机欠采样，对少数类别进行的随机过采样，以及基于聚类的过采样等。

(2) 选择合适的集成和归一化策略。由于涉及使用不同的模型对多种模态的数据进行特征提取，因此多个模型之间的集成也是一项十分重要的工作。除此之外，多个模型的输出结果也不在同一个量级，为了集成的公平性，还需要探索合理的归一化方法，例如，Min-Max归一化、Z-score归一化、Softmax及其组合。

除此之外，无论是从特征的角度还是从模型的角度，读者都可以尝试其他的方法，在实践过程中不断加深对不同算法、策略和技巧的理解。

第6章

2020赛题——高致病性传染病的传播趋势预测

6.1 赛题解析

6.1.1 赛题介绍

传染病(Contagious Diseases)的有效防治是全人类面临的共同挑战。通过大数据，特别是数据的时空关联特性，来精准预测传染病的传播趋势和速度，将极大有助于人类社会控制传染病，保障社会公共卫生安全。为了能够更好地运用先进的大数据技术，助力传染病的传播预测和控制，增强人类社会合作抗风险的意识和能力，本次大赛提出高致病性传染病的传播趋势建模，通过技术手段，模拟传染病的传播趋势，并且探究传染病传播的重要因素。

本次大赛提供了若干虚拟城市，用于构造传染病群体传播预测模型。根据该地区传染病的历史每日新增感染人数、城市间迁徙指数、网格人流量指数、网格联系强度和天气等数据，预测群体未来一段时间每日新增感染人数。

本次竞赛包含初赛和复赛。以复赛为例，竞赛要求针对包含初赛城市在内的11个城市，利用每个城市各区域前60天的样本数据进行训练，预测每个城市各区域后30天每天的新增感染人数。

6.1.2 数据介绍

如图6-1所示，本赛题总计提供11个虚拟城市(城市A～城市K)90天的高致病性传染病的感染数据，每个城市有若干重点区域，也就是前文提到的网格区域，共包含3.47亿条数据。

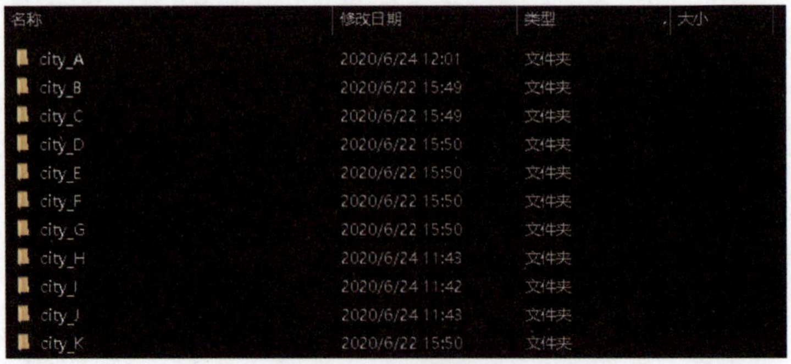

名称	修改日期	类型	大小
city_A	2020/6/24 12:01	文件夹	
city_B	2020/6/22 15:49	文件夹	
city_C	2020/6/22 15:49	文件夹	
city_D	2020/6/22 15:50	文件夹	
city_E	2020/6/22 15:50	文件夹	
city_F	2020/6/22 15:50	文件夹	
city_G	2020/6/22 15:50	文件夹	
city_H	2020/6/24 11:43	文件夹	
city_I	2020/6/24 11:42	文件夹	
city_J	2020/6/24 11:43	文件夹	
city_K	2020/6/22 15:50	文件夹	

图6-1　赛题数据

如图 6-2 所示，每个虚拟城市文件夹下包含 density. csv、grid_attr. csv、infection. csv、migration. csv、transfer. csv 以及 weather. csv 6 个文件。

每个文件中描述的信息如下。

(1) 感染数据信息：infection. csv，该文件存储城市中每个区域每天新增感染人数，初赛提供前 45 天中每天的感染数据，文件中每个样本提供的信息包括城市 ID、区域 ID、日期、新增感染人数、样本，如表 6-1 所示。

图 6-2 城市文件夹内容

表 6-1 每日感染数据信息

字段名称	含义	示例
city_id	城市 ID	A
region_id	区域 ID	1
date	日期	21200501
index	新增感染人数	20

(2) 城市间迁徙信息：migration. csv，该文件提供 45 天中每天的人群迁徙数据，文件中每行格式为：迁徙日期、迁徙出发城市、迁徙到达城市、迁徙指数。城市间迁徙指数反映了城市之间的流入或流出人口规模，表 6-2 提供了该文件中的样本信息。

表 6-2 城市间迁徙信息

字段名称	含义	示例
date	迁徙日期	21200501
departure_city	迁徙出发城市	A
arrival_city	迁徙到达城市	B
index	迁徙指数	0.0125388

(3) 人流量指数：density. csv，该文件提供 45 天内每周两天的抽样数据，该文件中样本的格式为：日期、小时、网格中心点经度、网格中心点纬度、人流量指数。人流量指数反映了网格内每小时的人流量规模，表 6-3 为人流量指数文件的相关信息。

表 6-3 人流量指数信息

字段名称	含义	示例
date	日期	21200501
hour	小时	10
grid_x	网格中心点经度	166.306128
grid_y	网格中心点纬度	20.331142
index	人流量指数	3.1

(4) 迁移强度：transfer. csv，该文件存储每小时城市与城市之间的人口迁移数据。文件中样本格式为：小时、出发网格中心点经度、出发网格中心点纬度、到达网格中心点经度、到达网格中心点纬度、迁移强度。迁移强度反映了网格内每小时的人流量规模，表 6-4 反映了迁移强度文件中的样本信息。

表 6-4 迁移强度信息

字段名称	含义	示例
hour	小时	10
start_grid_x	出发网格中心点经度	166.306128
start_grid _y	出发网格中心点纬度	20.331142
end_grid_x	到达网格中心点经度	171.678139
end_grid_y	到达网格中心点纬度	17.812359
index	迁移强度	0.2

(5) 网格数据：grid_attr.csv，该文件存储了城市区域坐标数据。文件中样本格式为：网格中心点经度、网格中心点纬度、归属区域 ID。本赛题提供的城市区域为该城市重点区域覆盖的区域坐标，顺序排列与重点程度无关，且坐标不是区域的外围坐标点集合，而是属于区域中的点，表 6-5 提供了该数据的相关信息。

表 6-5 网格数据信息

字段名称	含义	示例
grid_x	网格中心点经度	166.306128
grid_y	网格中心点纬度	20.331142
region_id	归属区域 ID	1

(6) 天气数据：weather.csv，该文件描述了不同日期的天气数据，每条样本格式为：日期、时钟、温度、湿度、风向、风速、风力、天气。表 6-6 给出了某一天的天气信息。

表 6-6 天气数据信息

字段名称	含义	示例
date	日期	20210101
hour	时钟	10
temperature	温度(摄氏度)	12
humidity	湿度	67%
wind_direction	风向	Southeast
wind_speed	风速	16～24km/h
wind_force	风力	＜3
weather	天气	Sunny

不同类别的数据表示对预测结果的反映程度不同，甚至两个类型的数据需要经过共同作用才能产生实际的影响。另外，每个类型的数据都包含多个属性，例如，“天气”特征包含时钟、温度、湿度、风力、风向、风速、天气种类等多个特征，并且每个属性的取值范围均不同，包含区间取值(如风速、风力)、实数值(如温度、湿度)、离散值(如风向、天气)等，对于不同的数据属性，需要有不同的处理。因此，如何构造样本的特征输入格式，是本赛题最重要的处理环节。下面我们将详细介绍数据的预处理，即本赛题数据的特征工程。

本节对两个城市的 60 天的感染人数变化趋势进行了采样，如图 6-3 所示，对两个城市 A 和 B 的每日感染情况进行可视化展示，实现代码如下。

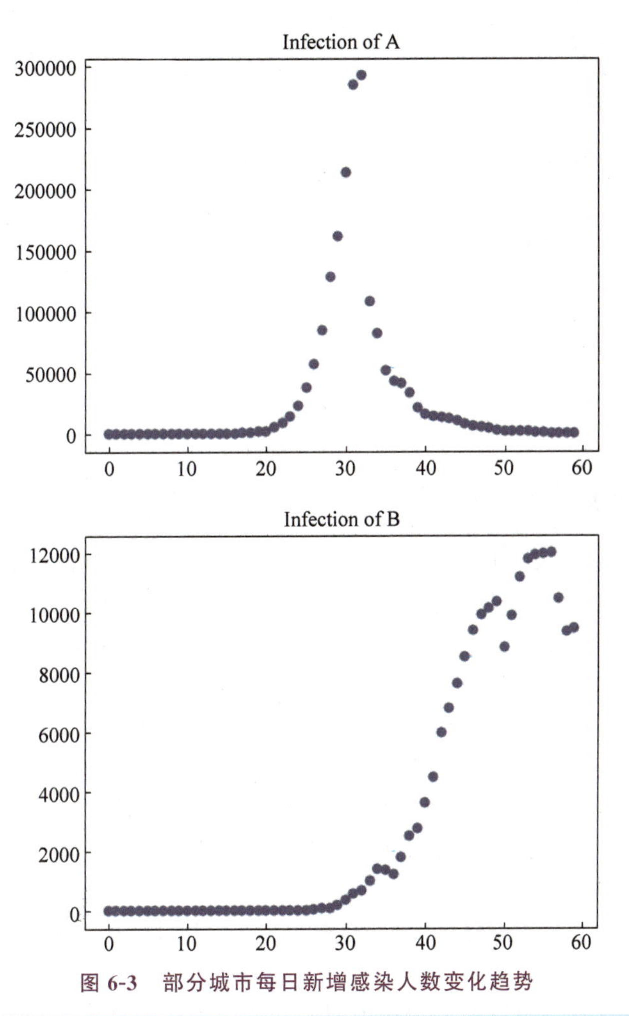

图 6-3 部分城市每日新增感染人数变化趋势

```
# 导入画图模块和数据读取模块
# import matplotlib.pyplot as plt

# 定义可视化函数
def draw_infect(inf_num, title):
    x = [i for i in range(len(inf_num))]
    plt.scatter(x, inf_num, color = "#1f77b4")
    plt.title(title)
plt.show()

# 统计每天城市 A 的新增感染人数
inf_num = A_infection.groupby('date').sum().infected_index.tolist()
# 调用画图函数
draw_infect(inf_num, "infection of A")
```

通过观察图 6-3 可知，对于城市 A，疾病传播情况已经得到了有效的控制，因此在未来 30 天内，传染病在该城市传播恶化的可能性较小，因此未来日期每日新增人数应该在一个较小的范围内波动或者趋于 0，然而对于城市 B，传染病传播仍然处于峰值状态，未来每日新增感染人数有可能持续上涨，因此不同的城市甚至同一城市的不同区域，新增感染人数的发展趋势都是有很大区别的，这种极细粒度的建

模场景也是本赛题的一个挑战。

6.1.3 评估指标

前文中，我们将本次大赛抽象为一个多变量时序回归问题，回归问题最常见的评估指标为均方误差损失。

均方误差损失能够有效判断预测值 p 和真实值 y 的接近程度，均方差值越小，表示预测结果和真实结果越接近。

均方差损失的函数为：

$$J=\frac{1}{n}\sum_{i=1}^{n}(p_i-y_i)^2$$

其中，n 表示测试数据的数量。

6.1.4 赛题分析

传染病的传染机制与时间及空间有关，本赛题提供不同城市与不同区块的数据进行分析，正是从时间与空间两个层面来建模。本书总体思路是为不同城市进行单独建模，因此，问题最终落在时间层面的建模，后文将该赛题处理为**时序建模问题**。什么是时序？时序即时间序列，事件以时间为主线进行发展。在本赛题中，要求我们利用前 60 天的样本数据，预测后 30 天的新增感染人数，前面 60 天的数据对后面 30 天的数据会有很大影响，并且后面第 30 天的数据也与后面前 29 天的数据有很大关系，所以时序事件一个最大的特征是：当前时段的事件发展状况与其前面时段的时间发展都有关系，只不过，相关性大小随时间有一定的差异。除了时间延续的因素，传染病的传播机制与许多其他因素有关，如本赛题给出的人员迁徙、人流量指数、天气等，如何评估这些影响因素对传染病的影响程度，以及如何组合这些影响因素，对传染病传播趋势建模至关重要。

从前面的分析中，我们知道，本赛题的目的是根据前 60 天的每日新增感染人数，预测后 30 天的新增感染人数。建模的最终结果是预测后面 30 天每天的新增人数，新增人数为一个整数类型的取值，且没有取值范围限制，因此本赛题可以抽象为一个回归问题。本赛题具有另一个特性，即预测的结果与时间有关，也就是前面介绍的时序问题，所以，本质上，本赛题是一个时间序列的回归问题，因此我们在建模高致病性传染病的传播趋势时，选择的回归模型框架应当建立在时序的基础上，而非传统的回归模型。同时，传染病的传播涉及很多因素，比如本赛题给出的城市间迁徙指数（即人群在城市间的流动指数）、网格人流量指数（即某个城市中心点的人流量指数）、网格关联强度（即城市内各中心点之间的关联强度）、天气（即温度、湿度、风速、风力等），这些因素在传染病传播中会有诸多复杂的影响，或者独立影响，或者相互作用后影响，因此，该时序回归问题的因变量具有多个，所以该问题又可以进一步抽象为**多变量的时序回归问题**。

至此，我们已经将本赛题的问题进行了完整的抽象，下面就对本赛题进行详细的解析与方法探讨。由于本赛题的重中之重在于数据的处理，因此 6.2 节将单独对数据进行详细介绍。

6.2 时间序列建模基础方法介绍

6.2.1 时间序列模型简介

在许多重要的领域，需要基于时间序列进行预测，例如，预测销售量、股市行为、传染病感染人数发展趋势等，利用历史数据建模预测将来可能的数据行为的模型称为时间序列模型。本节将介绍几种常用的时间序列建模模型，包括传统的模型时间序列模型，以及专门针对传染病的感染过程的 SEIR 模型。

时间序列模型主要包括朴素法、简单平均法、移动平均法、简单指数平滑法、霍尔特线性趋势法、霍尔特-温特斯法等。

1. 朴素法

有时候整个时段的时间序列值是稳定的，如果想预测未来 1 天的值，我们只需要用 1 天前的数据作为预估值，这种预估方法的核心假设是未来的数据和最新观测的数据是一样的，比较适用于已经发展到平稳阶段的时间序列数据中。

2. 简单平均法

简单平均法的基本假设是可以用历史所有观测值的平均值来预测未来值，即计算所有历史数据的平均值，作为未来值的预估，这种方法适用于与历史数据强相关的时间序列数据预测中。

3. 移动平均法

移动平均使用最近的 k 个观测值预测未来的时间序列，可以使用 k 个历史数据值的平均值、最大值等，作为下一个时间节点的预估值。该方法是朴素法与简单平均法的综合版本，很久之前的数据可能对之后的数据没有影响，取最相关的一段时间的数据是对近期数据取值比较合理的估计。一种比移动平均法更好的方法是加权移动平均。在移动平均法中，我们赋予最近的 k 个观测值同等权重，但加权移动平均会区别对待各观测值。加权移动平均需要指定权重，一般是最近的观测值权重更大，不需要设置时间窗口，一般给定一个权重数组，数组的和为 1，例如，[0.40，0.25，0.20，0.15] 意味着给最近的 4 个观测值分别 40%、25%、20%、15%的权重。

4. 简单指数平滑法

有时需要考虑完整的历史数据对未来数据取值的影响，但不同时间段的影响程度不同，此时需要既能够考虑所有数据，同时也能对不同的点加权，一种很明智的做法是对最近的观测点赋更高的权重，对远的观测点赋予更低的权重，单指数移动平均法就是基于这样的思路：该方法通过加权移动平均进行预测，其中权重根据历史数据时间点的远近呈指数下降趋势，最远的时间点数据的权重最小，最近时间点的数据的权重最大，下一时刻的预测值是所有之前的数据的加权平均值。

5. 霍尔特线性趋势法

前面几种简单的方法对波动很大的时间序列都没有很好的预测效果，因为忽略了事件发展本身的趋势作用，例如本章中的传染病问题，传染疾病会在达到某个高峰后得到控制，如果只用历史数据进行预测，得到的结果将会很不可靠。事件随时间发展的趋势是时间序列很基础的特征，霍尔特线性趋势预测即可很好地解决这个问题：每个时间序列可以分解为趋势项和周期项，任何存在趋势的时间序列都可以用霍尔特线性趋势方法预测。如下公式所示，霍尔特线性法主要包含 3 个过程，均值预测、趋势预测及综合预测：均值预测用来预测下一时刻的数据水平，趋势预测用来预测下一时刻与前面时间段相比的变化趋势，最后，通过基础数据预测与趋势变化量求和，获得最终的数据预测。

趋势预测：$l_t = \alpha y_t + (1-\alpha)(l_{t-1} + b_{t-1})$

基础数据预测：$b_t = \beta(l_t - l_{t-1}) + (1-\beta) b_{t-1}$

综合预测：$y_{t+h|t} = l_t + h b_t$

其中，b_t 表示 t 时刻的基础数据取值，l_t 表示均值变化的趋势，综合考虑了当前时刻的取值以及上一时刻的趋势及基础数据，并且使用超参数 α 综合上一时刻的趋势与真实取值 y_t，h 表示距离当前时刻 t 的

时间长度，特别地，表示下一时刻时，$h=1$，最终的预测结果为趋势与基础数据的和。霍尔特拓展了单指数平滑法，允许数据拥有趋势，其实也就是在均值水平和趋势上都使用指数平滑。

6. 霍尔特-温特斯法

上面提到的模型都没有考虑周期性因素，因此我们需要一种方法综合考虑趋势和周期性，其中一种算法就是三次指数平滑法，即霍尔特-温特斯方法，该方法背后的思想就是除了基础数据和趋势预测之外，再对周期性使用一次指数平滑，当数据具有周期性时，相比其他方法，使用三指数平滑法将是最好的选择。三指数平滑法由预测方程和三个平滑方程组成，三个平滑方程分别拟合 Level（基础数据）、Trend（趋势）、Seasonal（周期性，或者季节性），最后综合三者，得到最终的 Forecast（最终预测结果），该方法与霍尔特线性法相比，仅增加了周期性预测，此处不再赘述。

$$\text{level } L_t=\alpha(y_t-S_{t-s})+(1-\alpha)(L_{t-1}+b_{t-1})$$

$$\text{trend } b_t=\beta(L_t-L_{t-1})+(1-\beta)b_{t-1}$$

$$\text{seasonal } S_t=\gamma(y_t-L_t)+(1-\gamma)S_{t-s}$$

$$\text{forecast } F_{t+k}=L_t+kb_t+S_{t+k-s}$$

针对传染病建模，有专门的传染病模型，即 SEIR。传染病模型是传染病的基本数学模型，研究传染病的传播速度、空间范围、传播途径、动力学机理等问题，以指导对传染病有效地预防和控制。SEIR 模型是一种典型的传染病数学模型。在此模型中，将人群分为易感者（S）、潜伏者（E）、感染者（I）和康复者（R）4 类。图 6-4 展示了个人如何在某个状态中移动，即易感-暴露-传染性-恢复（在此模型中，认为个人一旦恢复便不会再次感染）。在图 6-4 中，4 种状态之间以一定的转移概率连接，其中：

（1）传染率：β 控制着传播的速度，代表了在易感人群和传染性人群之间传播疾病的可能性；

（2）潜伏率：σ 是潜伏性个体被传染的比率（平均潜伏期为 $1/\sigma$）；

（3）恢复速率：$\gamma=1/D$，取决于感染的平均持续时间 D。

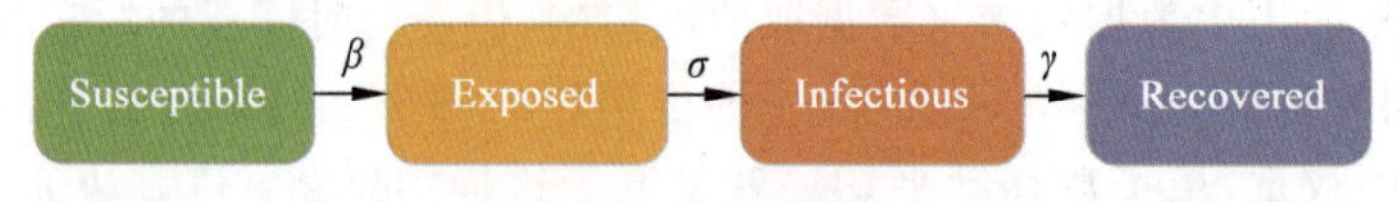

图 6-4 SEIR 模型

SEIR 模型认为，当前的状态仅与上一状态有关，例如，假设当前处于 I 状态，这个 I 状态可能是由 I 状态演变来的，也有可能是由 E 状态演变来的，如下公式所示。

$$\frac{\mathrm{d}S}{\mathrm{d}t}=-\frac{\beta SI}{N}$$

$$\frac{\mathrm{d}E}{\mathrm{d}t}=\frac{\beta SI}{N}-\sigma E$$

$$\frac{\mathrm{d}I}{\mathrm{d}t}=\sigma E-\gamma I$$

$$\frac{\mathrm{d}R}{\mathrm{d}t}=\gamma I$$

显然，这种假设过强，因此在后面小节中，我们将使用改进的 SEIR 方法：如下的公式展示了各类人群数量变化的迭代公式，其中，下面的公式指易感者 S 随时间 t 的变化，与上一时刻的易感状态及上一时刻的感染状态均有关。

$$S_n=S_{n-1}-\beta I_{n-1}S_{n-1}$$

下面的公式推演了潜伏者随时间的状态变化，与上一时刻的易感状态、潜伏状态、感染状态均有关。

$$E_n = E_{n-1} + \beta I_{n-1} S_{n-1} - \alpha E_{n-1}$$

下面的公式推演了感染状态随时间的状态变化，与上一时刻的潜伏状态、感染状态均有关。

$$I_n = I_{n-1} + \alpha E_{n-1} - \gamma I_{n-1}$$

下面的公式推演了恢复状态随时间的状态变化，与上一时刻的恢复状态及感染状态均有关。

$$R_n = R_{n-1} + \gamma I_{n-1}$$

6.2.2 GBDT 简介

GBDT (Gradient Boosting Decision Tree) 是机器学习中一个长盛不衰的模型，其主要思想是利用弱分类器(决策树)迭代训练以得到最优模型，该模型具有训练效果好、不易过拟合等优点。GBDT 不仅在工业界应用广泛，通常被用于多分类、点击率预测、搜索排序等任务；在各种数据挖掘竞赛中也是致命武器，据统计，Kaggle 上的比赛有一半以上的冠军方案都是基于 GBDT。

GBDT 的总体思想是：利用均方误差来作为损失函数，每棵回归树学习的是之前所有树的结论和残差，即当前的回归树学习的是前面所有树的结果与真实结果之间的误差，或者残差，其中残差等于真实值减去预测值，最终的预测结果是整个迭代过程生成的多个回归树的预测结果的累加。下面详细介绍 GBDT 算法的相关原理。

首先，Boosting 方法是一种可将弱学习器提升为强学习器的算法，属于集成学习(Ensemble Learning)的范畴。其基于这样一种思想：对于一个复杂任务来说，将多个专家的判断进行适当的综合所得出的判断，比其中任何一个专家单独的判断要好，通俗地说，就是“三个臭皮匠，顶个诸葛亮”的道理。而基于梯度提升算法的学习器称为 GBM(Gradient Boosting Machine)，理论上，GBM 可以选择各种不同的学习算法作为基学习器，GBDT 本质上是 GBM 的一种情况。那么，为什么梯度提升方法倾向于选择决策树作为基学习器呢？决策树可以认为是 if-else 规则的集合，易于理解，可解释性强，预测速度快。同时，决策树算法相比于其他的算法需要更少的特征工程，比如可以不用作特征标准化，可以很好地处理字段缺失的数据，也可以不用关心特征间是否相互依赖等。并且，决策树能够自动组合多个特征，单独使用决策树算法时，有可能过拟合缺点，若通过各种方法，抑制决策树的复杂性，降低单棵决策树的拟合能力，再通过梯度提升的方法集成多棵决策树，最终能够很好地解决过拟合的问题。因此，梯度提升方法和决策树学习算法可以互相取长补短，是一对完美的搭档。至于抑制单棵决策树复杂度的方法有很多，比如限制树的最大深度、限制叶子节点的最少样本数量、限制节点分裂时的最少样本数量、在学习单棵决策树时只使用一部分训练样本、只采样一部分特征、在目标函数中添加正则项惩罚复杂的树结构等，这些方法都可以有效缓解决策树的过拟合问题。

那么决策树的执行过程是怎样的呢？GBDT 算法可以看作由 k 棵树组成的加法模型，即最终的预测结果是所有基模型的预测结果之和。如何学习加法模型呢？过程如下：

(1) 以一个初始的结果开始迭代，初始结果值可以初始化为 0 或者训练集数据的平均值，下面的公式中，初始化的弱分类器的取值为使损失函数值最小的 c 的取值，c 可以为任意一个训练样本的真实结果取值，或者 0，或者平均值。

$$f_0(x) = \arg\min_c \sum_{i=1}^{N} L(y_i, c)$$

(2) 对于 $m=1,2,\cdots,M$(M 为基分类器的个数)，计算各个样本对每个样本 $i=1,2,\cdots,N$ 的负梯度，即残差。

$$r_{im} = -\left[\frac{\partial L(y_i, f(x_i))}{\partial f(x_i)}\right]_{f(x)=f_{m-1}(x)}$$

将上述得到的残差作为样本新的真实值，并将数据(x_i, r_{im})，$i=1,2,\cdots,N$ 作为下一棵树的训练数据，得到一棵新的回归树 $f_m(x)$，其对应的叶子节点区域为 R_{jm}，$j=1,2,\cdots,J$，其中 J 为回归树 t 的叶子节点的个数，然后对叶子区域 $j=1,2,\cdots,J$ 计算最佳拟合值。

$$\Upsilon_{jm} = \underbrace{\arg\min}_{\Upsilon} \sum_{x_i \in R_{jm}} L(y_i, f_{m-1}(x_i) + \Upsilon)$$

然后更新强学习器，更新 M 次，得到 M 个基分类器。

$$f_m(x) = f_{m-1}(x) + \sum_{j=1}^{J} \Upsilon_{jm} I \quad (x \in R_{jm})$$

一般地，M 的选择可以事先指定，或者事先不指定，在训练过程中误差达到可以容忍的最大值的时候，停止训练即可。

（3）最终的学习器：

$$f(x) = f_M(x) = f_0(x) + \sum_{m=1}^{M} \sum_{j=1}^{J} \Upsilon_{jm} I \quad (x \in R_{jm})$$

GBDT 的非线性变换比较多，表达能力强，而且不需要做复杂的特征工程和特征变换。但是其缺点也很明显，首先，Boosting 是一个串行过程，不易并行化，而且计算复杂度高，同时不太适合高维稀疏特征；其次，传统 GBDT 在优化时只用到一阶导数信息，没有充分利用高阶信息。而 LightGBM（Light Gradient Boosting Machine）是一个实现 GBDT 算法的框架，支持高效率的并行训练，并且具有更快的训练速度、更低的内存消耗、更好的准确率、支持分布式可以快速处理海量数据等优点，因此，本书后面的处理将会使用 LightGBM。

6.3 数据及特征工程

特征工程把原始数据转化为模型的训练数据的过程，一方面是应机器学习、深度学习模型的输入要求；另一方面是为了获取更好的训练特征，有利于更大程度地利用数据，得到更加高性能的模型结果。训练数据的特征决定了机器学习模型的性能上限，因此，在机器学习中，特征工程具有非常重要的作用。

特征工程一般包括**特征选择**、**特征构建**、**特征提取**三部分，在前面章节的赛题中也有提及，因此本节对三个特征工程不做过多的理论介绍，而是紧扣本次比赛题目，进行特征处理。

6.3.1 特征选择

特征选择是一种对特征数量降维的手段，其并没有对原始数据进行改变，即选择一些重要的特征参与模型的最终决策，其余特征废弃。接下来的特征处理过程中，我们以城市区域新增感染人数和城市区域坐标信息两个主要特征进行特征工程，其余特征的应用，将在本章最后一节介绍。

6.3.2 特征构建

在选择城市历史感染情况作为特征后，使用特征构建手段，构建用于训练模型的具体数据特征。回归问题本质，本赛题处理的时间序列数据，因此，模型输入应该输入多长时间的数据才合适，才能使模型的性能达到最优？这是我们需要重点探索的问题。

此处，我们先给一个定义——**时间窗口**，时间窗口是指时间的跨度，比如 12 点至 16 点这段时间代

表一个长度为 4 的时间窗口，单位是小时，本赛题以天为时间单位，比如 12 日至 18 日，代表长度为 6 的时间窗口。那么多大的时间窗口是合适的？时间窗口越大，说明预测下一日期的感染人数所用的历史数据越多，然后很早的数据很有可能不能代表最近的发展趋势；时间窗口越小，说明预测下一日期的感染人数所需要的历史数据越少，短暂的时间窗口数据可能无法反映传染病传播的发展规律。若使用一个固定的时间窗口作为输入，难免会制约模型的性能优化，因此，本书采用可变长的时间窗口（长度不同的 n 个窗口）进行输入特征的构建（如图 6-5 所示），这样可以捕捉多种粒度窗口的数据规律。

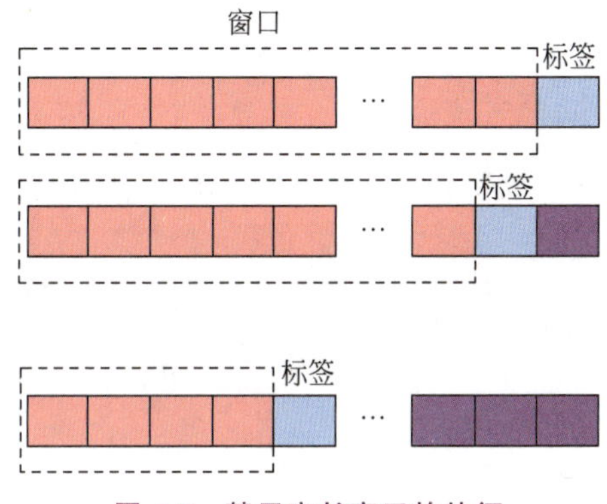

图 6-5 基于变长窗口的特征

在变长窗口内，如何构建输入数据？本节主要提取以下 4 方面的数据的特征。

（1）一阶统计特征：一阶统计特征是指直接在原始数据上进行统计而得到的特征，此处，对于一阶特征，计算每个时间窗口内每天感染人数的均值、方差、极值、偏度、峰度。偏度衡量数据的对称性，0 说明窗口内的感染人数分数呈现对称性，比如，正态分布的偏度就是 0；偏度为正，表明平均值大于中位数；偏度为负，表明平均值小于中位数。峰度衡量数据分布的平坦度，尾部大的数据分布，其峰度值较大，比如正态分布的峰度值为 3。一阶统计特征是对整体数据的一个估计。

（2）二阶统计特征：二阶统计特征是对一阶统计特征的进一步统计分析。如果说一阶统计特征反映的是最直观的数据特征，那么二阶统计特征反映的是相对深层次的变化规律，例如我们在高等数学里面学习到的，一阶导数反映变化大小，二阶导数反映变化趋势。本赛题中使用的二阶统计特征包含窗口内感染人数差分的均值、方差、最大值等。差分，一般在大数据里用在以时间为统计维度的分析中，其实就是下一个数值减去上一个数值，比如，10 日的感染人数为 1000，11 日的感染人数为 1200，那么这两日的差分为 1200－1000＝200，当间距相等时，用下一个数值，减去上一个数值 ，就称为“一阶差分”。

（3）时间快照特征：指距离待预测日期前 n 天的感染人数、感染人数增长数，例如，我们要预测 5 月 20 日的感染人数，$n=10$，那么，前 n 天的感染人数为这 10 天的感染人数求和，增长数为 5 月 19 日的感染数减去 5 月 10 日的感染人数。

（4）区域坐标信息：即所预测区域的经纬度信息，直接读取之前保存的 gttr. csv 文件，可以获得区域坐标特征。前面我们介绍过，不同城市或者同一城市不同区域都有很大的差异，因此对城市、区域编码需要进行更细腻地处理。本书中，对城市与区域进行组合编码，即将城市字段和区域数据拼接，然后进行编码（转化为 ID 形式），然后利用 Word2Vec 进行训练的到编码向量，同时，每个区域的经纬度的均值、方差都可以作为区域的特征。

下面的代码描述了如何计算上面提到的前三种统计特征。

一阶统计特征：均值

```
# 均值:历史窗口大小为n
def window_mean(arr):
    s = np.array(arr)
    return np.mean(s[len(s) - n:])
```

一阶统计特征：方差，对于大小为 m（取值范围为[2,13]）的窗口内感染人数方差特征构建，我们定义以下函数计算方差。

```
def window_var(arr):
    s = np.array(arr)
    return np.var(s[len(s) - n:])
```

二阶统计特征：对于历史感染人数差分的均值、方差、最大值等特征的构建，我们定义以下函数。

```
# 平均差分
def get_diff_mean(arr):
    s = np.array(arr)
    return np.diff(s).mean()

# 差分的方差
def get_diff_var(arr):
    s = np.array(arr)
    return np.diff(s).var()

# 最大差分
def get_diff_max(arr):
    s = np.array(arr)
    return np.diff(s).max()

# 二次差分
def get_diff_diff_max(arr):
s = np.array(arr)
    return np.diff(np.diff(s)).max()
```

对于可变窗口内感染人数差分的均值、方差、最大值等特征的构建，我们定义以下函数。

```
# 平均差分,窗口大小为5
def get_diff_mean_w(arr):
    s = np.array(arr)
    return np.diff(s[len(s) - 5:]).mean()

# 差分的方差,窗口大小为5
def get_diff_var_w(arr):
    s = np.array(arr)
return np.diff(s[len(s) - 5:]).var()

# 最大差分,窗口大小为5
def get_diff_max_w(arr):
    s = np.array(arr)
    return np.diff(s[len(s) - 5:]).max()
```

```
# 二次差分,窗口大小为 2
def get_diff_final_day(arr):
    s = np.array(arr)
    return s[len(s) - 1] - s[len(s) - 2]

def get_diff_mean_w2(arr):
    s = np.array(arr)
    return np.diff(s[len(s) - 3:]).mean()

def get_diff_var_w2(arr):
    s = np.array(arr)
    return np.diff(s[len(s) - 3:]).var()

def get_diff_var_w3(arr):
    s = np.array(arr)
    return np.diff(s[len(s) - 4:]).var()

def get_diff_mean_w3(arr):
    s = np.array(arr)
    return np.diff(s[len(s) - 4:]).mean()

def get_diff_max_w2(arr):
    s = np.array(arr)
return np.diff(s[len(s) - 3:]).max()
```

对于窗口内偏度、峰度等特征的构建,我们定义以下函数。

```
# 偏度
def get_skew(arr):
    s = pd.Series(arr)
    return s.skew()

# 峰度
def get_kurt(arr):
    s = pd.Series(arr)
return s.kurt()
```

将所有的特征构建函数保存到相同的字典数据结构中,作为后续模型的输入数据。

```
aggs = {
    'infected_index': ['mean', 'var', 'max', 'min', np.ptp, window5_mean, window4_mean, window3_mean,
window2_mean, window5_var, window4_var, window3_var, window2_var, get_final_v, get_diff_mean, get_diff_
var, get_diff_mean_w, get_diff_var_w, get_diff_max, get_diff_max_w, get_diff_final_day, get_diff_mean_
w3, get_diff_max_w3, get_diff_var_w3, get_skew, get_kurt, window7_var, window8_var, window9_var, window7_
mean, window8_mean, window9_mean, window10_mean, window11_mean, window10_var, window11_var],
}
```

保存训练集最后 15 天日期点,用于后续测试数据的输入特征的构建(预测下一日期的新增感染人数时,需要输入之前一定时间窗口内的统计特征)。

6.3.3 回归值预处理

观察可知，模型要预测的结果是一个较大的数值。回归值偏大时，模型训练过程受异常点影响较大，且损失函数值波动也十分大，导致模型难以收敛，因此需要回归值做进一步处理，将回归值的取值范围约束在一个较小的范围内，本书将回归值约束在 0～1。

对于直接预测人数的方式，模型容易受到数据集中噪声信息的影响。因此，首先对城市中每个区域的感染人数进行预处理，计算区域感染人数比值作为该区域特征标签，将感染人数映射到[0, 1]区间内，归一化方式如下：

$$\text{当前区域感染比例} = \frac{\text{当前区域新增感染人数}}{\text{区域所在城市新增感染人数}}$$

将感染人数转化为感染人数占比，不仅有利于模型的训练，也可以比较直观地表示该区域的风险系数（可以通过当前区域感染比例与区域所在城市的新增感染人数反推该区域的新增感染人数）。下面的代码定义 transefer_label 函数实现上述功能。

```
def transefer_label(df, date_l):
infect_regsum = df[['date', 'infected_index']].groupby('date', as_index = \
                                                        False).agg('sum')
a = pd.DataFrame()
for i in range(60):
A_date = df[df['date'] == date_l[i]]
# 计算区域感染人数比值
A_date['infected_index'] = A_date['infected_index'] / (infect_regsum\
                                                      ['infected_index'][i] + 0.1)
a = pd.concat([a, A_date], axis = 0)
return a
```

拼接 6.3.2 节中构建的各个特征值，构建新格式的样本，进一步地，拼接城市名称和区域编号作为每条训练数据的唯一编号：

```
train_infection = pd.concat([A_infection, B_infection, C_infection,
D_infection, E_infection, F_infection,
                          G_infection, H_infection, I_infection,
J_infection, K_infection], axis = 0, ignore_index = True)
train_infection['city_region_id'] = train_infection[ 'region_id'].map(lambda x:str(x)):
```

至此，完成了训练数据的构建。接下来探索时序问题的建模问题。首先建模去预测城市每日新增感染人数，然后建模去预测城市内每个区域每日新增人数占城市每日总的新增感染人数的比例。下面，分别介绍这两个子任务。

6.4 城市每日新增感染人数预测算法

传染病传播趋势会受到天气、人口迁移、人口密度等多方面因素的影响，同时，影响城市细粒度区域感染人数的因素更加不可控。对此，本书考虑使用 LightGBM 模型，对每个区域新增感染人数进行回归预测。然而，如果直接回归每个区域的具体新增感染人数，模型的预测区间大，容易受到异常数据点的影响，不利于模型的参数学习。因此，我们将预测目标转换为预测当日内，每个区域新增感染人数占该城市新增感染人数的比值。

从前文分析可知，为了获得每个区域具体的新增感染人数，我们还需要推测每个城市的新增感染人数。由于城市新增感染人数具有较强的规律性，主要体现在：①部分城市传染病的传播趋势已经得到有效控制，后续新增感染人数较少；②部分城市具有明显的传染病传播规律；③部分城市感染情况符合明显的时间序列趋势。

针对上述三种情况，分别使用以下三种模型对城市每日新增感染人数进行建模：①特定数值填充；②时间序列模型；③改进的传染病传播趋势预测模型 SEIR。

然后聚合三种模型的结果作为最终的结果。最终预测的区域感染人数表达为：

$$区域感染人数=区域新增感染人数占比\times城市新增感染人数$$

其中，区域新增感染人数占比、城市新增感染人数是两个需要建模预测的值，也就是说，最终构建了两个回归任务，一个任务用来预测区域新增人数占比（或风险系数），另一个任务用来预测城市新增人数。

下面分别介绍方法的基本原理及使用。

6.4.1 特定数值填充

我们对大赛提供的虚拟城市每日新增感染人数进行了离线分析，分析发现，部分城市的感染人数已经趋于稳定，如图 6-6 所示，城市 A 每日新增感染人数变化趋势说明该区域（或城市）的疾病传播已经得到控制，未来 30 天内，该城市每天的感染人数都将处于非常低的水平，对于这种情况，直接使用训练集中城市 A 最后一天的新增感染人数作为未来 30 天每天感染人数的预测值即可：

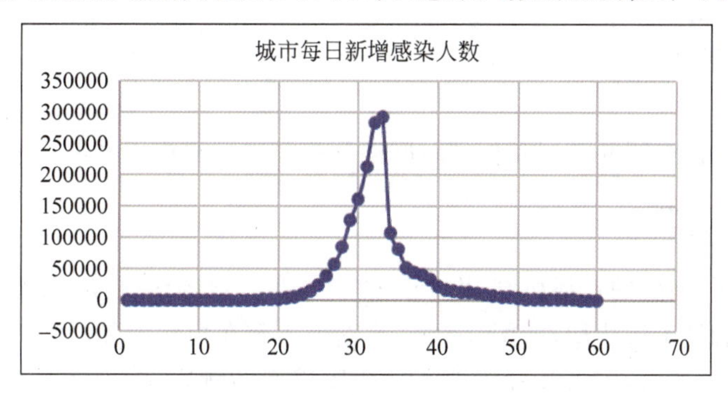

图 6-6 城市 A 每日新增感染人数变化趋势

```
# 城市 A 在训练样本中最后一天感染人数为 464 人
l = [464] * 30
np.save('l.npy', l)
```

6.4.2 时间序列模型

对于每日新增感染人数发展趋势不稳定（无法直观判断）的城市（例如城市 E，如图 6-7 所示），我们使用时间序列模型拟合城市疾病新增传染人数。

本书演示了霍尔特线性趋势法，该方法综合考虑了感染曲线的水平趋势和倾斜趋势，能够较好地预测城市感染人数的情况，符合应用要求。

变化趋势不明显的城市主要有 3 个：D、E、G，本节直接使用 statsmodels 程序包提供的霍尔顿时间序列模型（Holt）预测感染情况。statsmodels 是一个 Python 模块，它提供了用于估计许多不同统计模

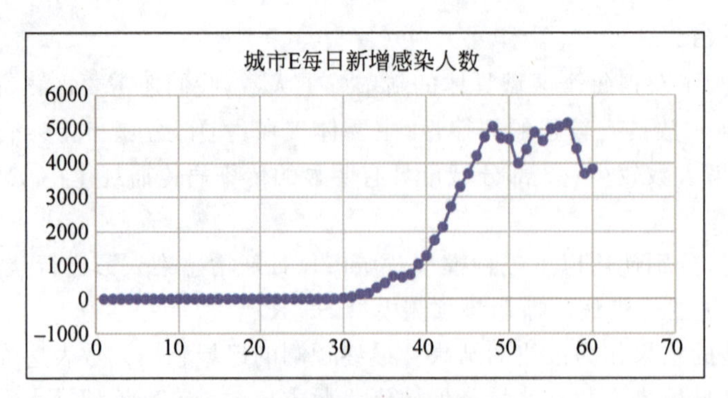

图 6-7 城市 E 每日新增感染人数

型以及进行统计测试和统计数据探索的类和函数。根据赛题要求，将前 60 天的数据作为训练数据，预测后 30 天的城市新增感染人数，以城市 G 为例，使用 Holt 进行预测的过程如下：

```
# 导入模块,利用 statsmodels 模块的 Holt 模型
from statsmodels.tsa.api import Holt
a = G_infection['infected_index']
a = a.tolist()
# 设置平滑参数,获得霍尔特对象实例
fit = Holt(np.asarray(a)).fit(smoothing_level = 0.8, smoothing_slope = 0.2)
# 获得预测结果
b = fit.forecast(30)
b = b.tolist()
# 保存预测结果,供后续使用
np.save('17.npy', b)
```

当然，读者也可以自行查阅并尝试其他的时间序列模型进行建模以及结果对比。

6.4.3 SEIR 模型

还有一类数据符合传染病的传播机制，由于传染病存在一定的潜伏期，因此，每日新增感染人数虽然在减少，但是很有可能处于潜伏期，如图 6-8 所示，新增人数在短暂地降低之后会大幅反弹。

对于剩余的 7 个虚拟城市，本节使用改进的 SEIR 模型预测未来 30 天内的城市每日新增感染人数。改进的 SEIR 模型的迭代过程实现如下(以城市 B 为例)。

```
# 定义 SEIR 模型相关参数
N = 120000
r = 0.78                    # 每日每人接触到的人数
a = 1.1                     # 潜伏者转换为感染者的概率
B = 0.7                     # 易感者被感染者感染的概率
y = 0.143
k = 0.005373
S = []
E = []
I = []
R = []
D = []
```

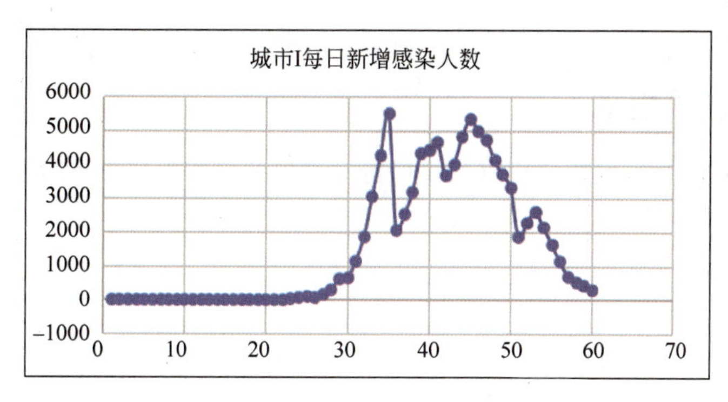

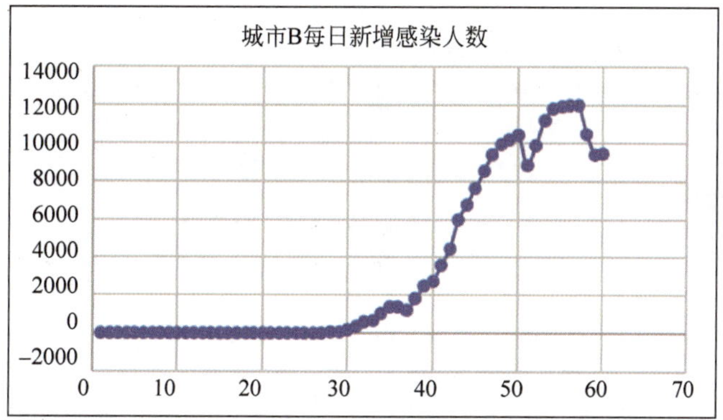

图 6-8　城市 I(上)、B(下)每日新增感染人数

```
I_ADD = []
S.append(120000 - 1)  # 10
E.append(0)
I.append(10)
R.append(0)
D.append(0)
I_ADD.append(1)
# 预测城市 B 每天感染人数,多轮迭代过程,对应前文公式
for idx in range(68): # 已有数据天数 + 预测数据天数
    S.append(S[idx] - r * B * I[idx] * S[idx] / N)
    E.append(E[idx] + r * B * S[idx] * I[idx] / N - a * E[idx])
    I.append(I[idx] + a * E[idx] - (y + k) * I[idx])
    R.append(R[idx] + y * I[idx])
    D.append(D[idx] + k * I[idx])
    I_ADD.append(a * E[idx])
    if (idx > 40):
        r = r - 0.001 * r
    l2 = I_ADD[39:]  # 感染者人数,最后 30 天
# 保存数据,供后续使用
np.save('l2.npy', l2)
```

6.5　区域每日新增感染人数占比预测算法

通过前述的三种方法,对不同的城市分别进行每日新增感染人数的预测,回归本赛题初衷,还需要对各细粒度的区域进行预测,即区域每日新增感染人数占比预测,这是一个典型的回归问题,本书使用

回归模型进行预测。

6.5.1 回归数据生成

回顾前文的特征构建知识，本节使用可变长的滑动窗口的形式生成训练数据，窗口大小可以自由设置，例如 3～15，代码实现如下。

```
# 一天一天滑窗推移扩充训练集
train_data = pd.DataFrame()
# 使用 16～60 天对应的特征生成训练数据
for i in tqdm.tqdm(range(30)):
    label_date = l.pop()
    # 获取当天每个城市 + 区域,以及对应的感染标签
    labels = train_infection.loc[train_infection['date'] == label_date]
[['city_region_id', 'infected_index']]
    train_window = train_infection.loc[train_infection['date'] < label_date] \
    # 第 15 天以后的特征
    train_window = train_window.loc[train_window['date'] > 21200515]
    agg_df = train_window.groupby('city_region_id', as_index = False).agg(aggs)
# 重命名列名
    agg_df.columns = [col[-1].strip() for col in agg_df.columns.values]
    agg_df.rename(columns = {'': 'city_region_id'}, inplace = True)
    agg_df = agg_df.merge(labels, on = 'city_region_id', how = 'left')
    # 留下剩余的数据
    train_infection = train_infection.loc[train_infection['date'] != label_date]
    train_data = pd.concat([train_data, agg_df], axis = 0, ignore_index = True)

dict_city_region = dict(zip(train_data['city_region_id'].tolist(),range(train_data\
['city_region_id'].nunique())))
train_data['city_region_id'] = train_data['city_region_id'].map(dict_city_region)
gttr_f['city_region_id'] = gttr_f['city_region_id'].map(dict_city_region)
# 拼接区域坐标信息生成最终的训练数据
train_data = train_data.merge(gttr_f, on = 'city_region_id', how = 'left')
```

6.5.2 区域新增感染人数占比预测

准备好训练数据之后，需要创建线性回归模型，进行模型的训练。线性回归模型作为最经典的机器学习方法，此处不赘述原理。本节并不是训练单个模型，而是在同一个数据集上训练多个模型，即GBDT 方法，在基分类器迭代训练多个线性分类模型，然后将各个基分类器模型的结果进行相加，获得最终的回归值。在训练回归模型时，首先定义一些训练超参数，此处我们选用的基分类器为线性回归模型，多个基分类器结果聚合的方式为 GBDT，每个基分类器提取的特征比率(feature_fraction)为 0.9，也就是随机抽选 90%的特征作为线性回归模型的输入，有效缓解过拟合。bagging_fraction 类似于 feature_fraction，但是它将在不进行重采样的情况下随机选择一些数据，同样可用来缓解过拟合，并且加速训练。

```
params = {
    'objective': 'regression',              # 定义的目标函数
    'max_depth': -1,
```

```
    'learning_rate': 0.01,              # 学习率
    "min_sum_hessian_in_leaf": 6,
    "boosting": "gbdt",
    "feature_fraction": 0.9,            # 提取的特征比率
    "bagging_freq": 1,
    "bagging_fraction": 0.8,
    "bagging_seed": 11,
    "nthread": -1,                      # 线程数量，-1 表示全部线程，线程越多，运行速度越快
    'metric':'mse'                      # 评价函数选择
}
```

为了避免模型过拟合，并且充分利用所有训练数据，本节使用 k 折交叉验证方法进行回归模型训练。k 折交叉验证(k-Fold Cross Validation)指的是把训练数据分为 k 份，用其中的($k-1$)份训练模型，把剩余的 1 份数据用于评估模型的质量。将这个过程在 k 份数据上依次循环，并对得到的 k 个评估结果进行合并，如求平均或投票。k 的取值不宜过大或过小：k 越小，说明大部分数据都被用于训练，模型很容易出现过拟合，因此可能是低偏差、高方差的情形；随着 k 值的不断升高，单一模型评估时的方差逐渐加大而偏差减小，但从总体模型角度来看，反而是偏差升高了而方差降低了，对模型的最终性能也是无益的，本节取 $k=5$。

```
# 获取训练数据和训练标签
X_train = train_data.drop(columns = ['infected_index']).values
y_train = train_data['infected_index'].values     # [infected_index]
# 五折交叉验证对象
folds = KFold(n_splits = 5, shuffle = True, random_state = 2020)
p_date = sub['date'].unique().tolist()            # submission 对应的目标日期
l = test_window['date'].unique().tolist()         # 训练集中分出的测试日期
# 确定测试集窗口，最后 15 天作为测试
test_window = train_infection[train_infection['date'] >= 21200615]   # 525 0601 0610
del test_window['region_id']
del test_window['city']
l = test_window['date'].unique().tolist()         # 训练集中分出的测试日期
for fold_, (trn_idx, val_idx) in enumerate(folds.split(X_train, y_train)):
    print("fold n°{}".format(fold_ + 1))
    # 生成五折交叉验证的训练集和校验集

    trn_data_lgb = lgb.Dataset(X_train[trn_idx],y_train[trn_idx],feature_name =
feature_names)
    val_data_lgb = lgb.Dataset(X_train[val_idx],y_train[val_idx], feature_name =
feature_names)
    # 定义本次训练迭代最多 15000 次
    num_round = 15000
    train_results = {}
    clf_lgb = lgb.train(params, trn_data_lgb, num_round, valid_sets = [trn_data_lgb,   val_data_lgb],
early_stopping_rounds = 50, evals_result = train_results)
```

对于测试数据，首先以同样的时间窗口形式构建测试数据的输入，然后分别在 5 个模型上预测结果，并且取 5 个模型结果的平均值作为最终的预测结果，然后

```
add_data = pd.DataFrame()
# 开始测试
```

```
for i in range(30):
    test_window_pre = pd.concat([test_window.loc[test_window['date'].isin(l[i:])],
add_data], axis = 0, ignore_index = True)
    # 测试特征生成
    agg_df = test_window_pre.groupby('city_region_id', as_index = False).agg(aggs)
    agg_df.columns = [col[-1].strip() for col in agg_df.columns.values]        # 感染人数总和
    agg_df.rename(columns = {'': 'city_region_id'}, inplace = True)
    ids = agg_df['city_region_id'].values
    agg_df['city_region_id'] = agg_df['city_region_id'].map(dict_city_region)
    agg_df = agg_df.merge(gttr_f, on = 'city_region_id', how = 'left')
    # 预测
    predict_lgb = clf_lgb.predict(agg_df, num_iteration = clf_lgb.best_iteration)  # [930]
    new_pre = pd.DataFrame()
    new_pre['infected_index'] = predict_lgb
    new_pre['city_region_id'] = ids
    new_pre['date'] = p_date[i]
    new_pre = new_pre[['date', 'infected_index', 'city_region_id']]
    new_pre['city'] = new_pre['city_region_id'].map(lambda x: x[0])          # 单独取出城市
    sum_infect = new_pre[['city', 'infected_index']].groupby('city',as_index = False).agg('sum')
                                                                              # 感染人数总和
    sum_infect.rename(columns = {'infected_index': 'sum_infected'}, inplace = True)
new_pre = new_pre.merge(sum_infect, on = 'city', how = 'left')
# 数据归一化
new_pre['infected_index'] = new_pre['infected_index'] / new_pre['sum_infected']
    del new_pre['city'], new_pre['sum_infected']
    add_data = pd.concat([add_data, new_pre], axis = 0, ignore_index = True)
    if (pre_date == 21200630):
        pre_date = 21200701
    else:
        pre_date += 1
    add_data['city'] = add_data['city_region_id'].map(lambda x: x[0])
    add_data['region_id'] = add_data['city_region_id'].map(lambda x: int(x[1:]))
    add_data.rename(columns = {'infected_index': 'infected_index' + str(fold_)}, inplace = True)
    del add_data['city_region_id']

sub = sub.merge(add_data, on = ['city', 'region_id', 'date'], how = 'left')
# 求解平均预测结果
sub['infected_index'] = (sub['infected_index0'] + sub['infected_index1'] + sub['infected_index2'] + sub
['infected_index3'] + sub['infected_index4']) / 5
```

6.5.3 实验结果分析

图 6-9 展示了在模型训练过程中损失函数值随迭代次数变化的趋势，可以看到，均方误差值下降非常快，并且曲线很平滑，说明模型稳定收敛，进一步证明了 LightGBM 的强大性能。

由于模型的预测结果中包含了所有城市每个区域的结果，为了便于得到后续每个区域的具体感染人数，我们需要对当前预测结果进行解析，将预测结果中的城市分开。以城市 A 为例，我们将解析结果单独保存到“A_reg”列表中。

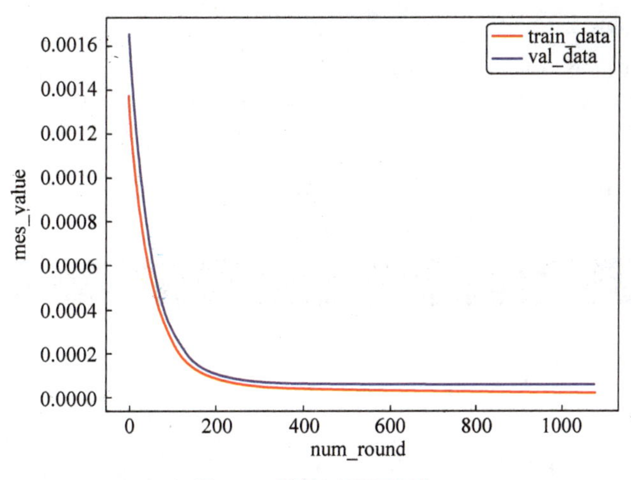

图 6-9 训练过程可视化

```
# 取出城市 A 中的预测结果,根据日期,将
A = sub[sub['city'] == 'A']
A = A[['date', 'infected_index']].groupby('date', as_index = False).agg('sum')
A_reg = sub[sub['city'] == 'A']
A_reg = A_reg[['date', 'city', 'region_id', 'infected_index']]
```

经过处理后,A_reg 中保存的数据如表 6-7 所示。

表 6-7 A_reg 中保存的数据

date	city	region_id	infected_idx
21200630	A	0	0.00391
21200701	A	0	0.00396
21200702	A	0	0.00394
21200703	A	0	0.00391

其中,date 表示具体的测试日期,region_id 表示城市 A 中细粒度的区域编号,infected_idx 表示我们预测的区域感染人数/城市 A 感染人数比值。进一步地,加载之前用改进的 SEIR 模型、时间序列模型、均值(特定数值)填充等方法对应的城市总感染人数文件(以"l1.npy" 为例)。

```
l = np.load('l.npy')
```

通过上述处理,我们用预测的区域感染人数比值×对应城市感染总人数,得到最终细粒度的具体感染人数:

```
A_change_result = pd.DataFrame()
# 循环拼接预测结果
for i in range(30):
A_time = A_reg[A_reg['date'] == A['date'][i]]
A_time['infected_index'] = A_time['infected_index'].map(lambda x: x / A['infected_index'][i]
    * l[i])
A_change_result = pd.concat([A_change_result, A_time], axis = 0, ignore_index = True)
A_change_result = A_change_result[['city', 'region_id', 'date', 'infected_index']]
```

最后,聚合所有城市的预测结果。

```
sub = pd.concat(
[A_change_result, B_change_result, C_change_result, D_change_result, E_change_result, F_change_result,
G_change_result, H_change_result, I_change_result, J_change_result, K_change_result], axis = 0,  ignore_
index = True)
```

得到如表 6-8 所示的结果,sub 对象中保存预测结果,其中 infected_idx 是细粒度的区域感染人数(小数)。

表 6-8 sub 对象内容

date	city	region_id	infected_idx
21200709	B	1	43.17103
21200709	B	2	14.39659
21200709	B	3	27.14462
21200709	B	4	43.35661

在 LightGBM 中,每个特征对应的分裂次数体现了该特征的重要性。若该特征上,决策树的分类次数越多,则对应的特征越重要。为了能够对使用的特征重要性进行观察,我们定义柱状图绘制函数,展示最重要的前 10 个特征上决策树的分裂次数。

```
def draw_features(model, feature_names):
    features = pd.DataFrame({'column': feature_names, 'importance':   model.feature_importance(), }).sort_
values(by = 'importance').values[ - 20:]
    f_n = features[:, 0]
    f_v = features[:, 1]
    # 将刻度线方向设置向内
    plt.rcParams['xtick.direction'] = 'in'
    plt.rcParams['ytick.direction'] = 'in'

    plt.figure(figsize = (13, 7), dpi = 80)
    x = np.array([i + 1.0  for i in range(len(f_v))])
    # 在每个柱状图顶上标注特征名字
    for i, y in zip(x, f_v):
        plt.text(y, i - 0.18, str(y), size = 19)
    plt.bar(x = 0, bottom = x, height = 0.5, width = f_v, orientation = "horizontal")
   # 清空坐标轴信息
    plt.xticks([])
    tick_params(length = 0)
    plt.yticks(x, f_n, fontproperties = {"size":20}, ha = "right")
    plt.title("Importance of Feature", y = 1.07, size = 35, color  =  'r')
    ax  =  gca()
    # 设置 x 和 y 轴刻度范围
    ax.set_xlim(0, max(f_v)  +  200)
    ax.set_ylim(0, len(f_v)  +  1)
    plt.subplots_adjust(left = 0.23, top = 0.8)
    plt.show()
# 获取特征名字
feature_names  =  train_data.drop(columns = ['infected_index']).columns.values.tolist()
# 调用画图函数,clf_lgb 为 lightgbm 模型
draw_features(clf_lgb, feature_names)
```

特征分裂次数(以当前特征作为决策树的决策节点进行分裂)柱状图如图 6-10 所示。由该图可知,最重要的特征是“window1_mean”,即当天的感染人数与前 1 天的感染人数有着密切的联系,显然,这符合疾病的传播规律。次重要的特征是“window2_mean”,该特征表示过去的 2 天内,平均感染人数与对疾病传播的影响。

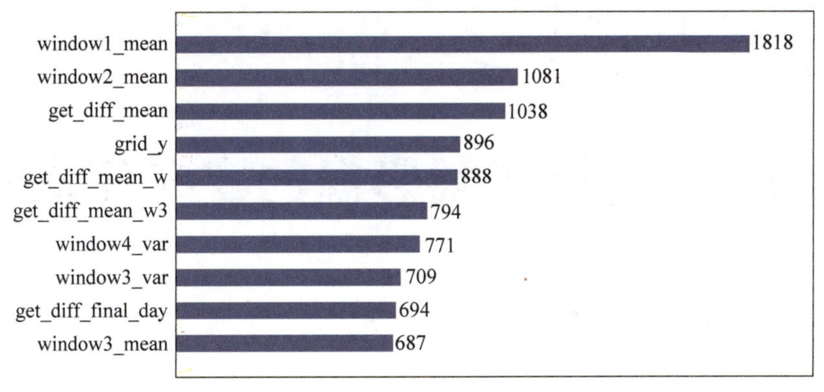

图 6-10 重要特征可视化

尽管城市新增感染人数预测值误差较大，但是由于 lightGBM 模型的回归预测结果数值小，使得由公式：

区域新增感染人数＝区域感染比例×区域所在城市新增感染人数

计算得到的区域每日新增感染人数，对城市新增感染人数预测误差并不十分敏感。

6.6 模型提升与改进

本节方法用 LightGBM 模型对细粒度区域感染人数占比值进行预测，进而使用 SEIR 模型、时间序列、特定数值填充等方法对城市新增感染人数进行预测，最后用区域感染人数占比值×城市新增感染人数，得到最终的预测结果。由于 LightGBM 的准确预测，极大程度地降低了城市新增感染人数预测不准确问题。

本节方法在本次大赛中最终夺冠，但是，是不是证明该方法没有提升空间了呢？答案是否定的。还有较多剩余特征未被使用到，例如，大赛还提供了人口信息，通常，人口流动、人群密度都会增加传染病的感染风险，此外，天气原因也可能导致病毒的活跃程度受到影响。那么，如何利用这些信息呢？

（1）迁徙指数/人流量/迁移强度的使用：以城市 A 为例，统计城市 A 最近时间窗口内迁徙目的地为 A 的平均迁徙指数/人流量/迁移指数（或者其他一阶、二阶统计特性），作为样本的输入特征；

（2）天气信息：将离散值连续化，实数属性归一化之后，都可以作为输入特征。

但是，引入更多的特征会导致更加复杂的模型，为什么？存在特征穿越问题，即你需要用到未来的特征。预测未来的新增感染人数时，如果训练时模型使用了迁徙指数/人流量/迁移强度/天气等特征，但是预测阶段时这些特征是不可得的，所以需要增加别的模型输出，在输出未来某天的新增感染人数时，同时要输出该天的迁徙指数/人流量/迁移强度/天气等预测值，作为下一天的输入。这样会大大增加建模的难度，因为存在过多的误差累积，这种特征穿越预测问题，也是很多时序问题建模难度大的原因之一。所以本文只选择少量提供的特征来训练模型，不从数据上找更多的应用价值，而是从模型结构上找更多的突破口。

当然，若读者有更加巧妙的特征处理，可以尽情尝试，并且注意分析添加不同的特征会带来哪些性能上的损失，若得不偿失，可以从模型结构上做更多的优化。

2020 年竞赛详情，欢迎扫码了解：

第7章

2021赛题——基于车载影像的实时环境感知

7.1 赛题解析

7.1.1 赛题介绍

本次比赛数据由百度地图提供，参赛选手需要基于组委会提供的样本数据集，完成对车载影像中重点目标的快速识别。要求在统一的计算资源下，快速识别道路关键可移动目标、交通标识和车道线。赛方希望借助此次竞赛，充分发挥全球选手的聪明才智，共同推进智能驾驶技术的发展。

7.1.2 数据介绍

本次大赛提供10类共计40000张图像数据，其中1～7类采用矩形检测框标注方法，8～10类采用分割连通域标注方法，具体分类标准见表7-1。

表7-1 分类标准

类　别	名　称	示意图	标注类型
1	机动车		检测框
2	非机动车		检测框
3	行人		检测框

续表

类　别	名　称	示 意 图	标 注 类 型
4	交通信号灯-红灯		检测框
5	交通信号灯-黄灯		检测框
6	交通信号灯-绿灯		检测框
7	交通信号灯-未亮灯		检测框
8	实车道线		分割连通域
9	虚车道线		分割连通域
10	斑马线		分割连通域

图片对应的标注文件为JSON格式，其中包含了检测框和分割连通域两种标注形式。检测框各字段说明见如下JSON文件内容示例：

```
{
    //这是一个检测框标签
   "type": 1,             # 类别范围编号;整型;取值范围 1～10
   "x": 615,              # 检测框左上角横坐标;整型
   "y": 619,              # 检测框左上角纵坐标;整型
   "width": 31,           # 检测框宽度;整型
   "height": 22,          # 检测框高度;整型
   "segmentation": []
}
# 分割连通域各字段说明见如下 JSON 文件内容示例;
{
   # 这是一个分割连通域标签
   "type": 9,
   "x": -1,
   "y": -1,
   "width": -1,
   "height": -1,
# 分割连通域,仅类别 8～10 有值,连续两个数字表示一个坐标点
   "segmentation": [
```

```
        [
          169.987,
          751.742,
          137.665,
          758.135,
          138.195,
          758.533,
        ]
      ]
    }
```


7.1.3 评估指标

本次比赛算法评估规则主要有3条：

(1) 本次比赛要求模型预测速度不得低于门限值20FPS，低于门限评分为零；

(2) 本次比赛要求模型权重(在不压缩的前提下)不能超过门限值200MB，超过门限评分为零；

(3) 在满足(1)和(2)的前提的基础上，本次比赛通过计算平均F1值(准确率和召回率的调和均值)来评估目标检测与分割的效果。

比赛规则中的第(2)条有效避免选手通过堆砌模型来提高成绩而忽视实际应用场景中硬件的性能。而比赛的第(1)和第(3)条要求算法模型既保证算法的实时性还要达到尽可能高的F1得分，充分地考验了参赛团队将研究与工程实践落地结合的能力。

$$P=\frac{\mathrm{TP}}{\mathrm{TP}+\mathrm{FP}}$$

$$R=\frac{\mathrm{TP}}{\mathrm{TP}+\mathrm{FN}}$$

$$\mathrm{F1}=\frac{2\mathrm{PR}}{P+R}$$

F1值是分类问题中常用的评价指标，其定义为精确率(P)和召回率(R)的调和平均数(见上式)，其中，TP为给出的预测正确的数量，FP为给出的预测错误的数量(即误检数)，FN为漏给出的预测的数量(即漏检数)；比赛预测正确判别要求是预测检测框与真值的IoU＞0.5，分割连通域与真值IoU＞0.5，且与目标类型值一致。F1值的核心思想在于，在尽可能提高精确率和召回率的同时，也希望两者之间的差异尽可能小，而不是单纯针对某一项去调整。另外还需要注意的一点是，本次比赛包含交通目标检测与交通划线分割两部分，对于F1值而言，不仅交通划线分割的F1值要高，交通目标检测的时，也不能盲目追求多检出而忽略了F1指标。

7.1.4 赛题分析

无人驾驶机动车的迅速发展得益于人工智能算法对周围环境的实时自动感知，其中车载影像的目标检测和分割是不可或缺的重要组成部分，如图7-1所示，本次比赛要求选手们结合目标检测和分割的技术，对车载影像中的7类目标(机动车、非机动车、行人、交通信号灯-红灯、交通信号灯-黄灯、交通信号灯-绿灯、交通信号灯-未亮灯)进行检测，另3类目标(实车道线、虚车道线、斑马线)进行分割(类别详情参考表7-1)。

图 7-1　车载环境下的各种目标

7.2　目标检测与图像分割基础介绍

7.2.1　目标检测概述

目标检测是计算机视觉和数字图像处理的一个热门方向，广泛应用于机器人导航、智能视频监控、工业检测、航空航天等诸多领域。通过目标检测，人力成本得以减少，具有重要的现实意义。因此，目标检测也就成为了近年来理论和应用的研究热点，智能监控系统的核心部分。同时，目标检测也是泛身份识别领域的一个基础性的算法，对后续的车辆检测、人脸识别、步态识别、人群计数、实例分割等任务起着至关重要的作用。

目标检测任务可分为两个关键的子任务：目标分类和目标定位。目标分类任务负责判断输入图像或所选择图像区域(Proposals)中是否有感兴趣类别的物体出现，输出一系列带分数的标签，表明感兴趣类别的物体出现在输入图像或所选择图像区域中的可能性。目标定位任务负责确定输入图像或所选择图像区域中感兴趣类别的物体的位置和范围，输出物体的包围框、物体中心或物体的闭合边界等。通常，目标检测任务使用包围框，即 Bounding Box 来表示物体的位置信息。

目前主流的目标检测算法主要是基于深度学习模型，且大概可以分成两大类：

(1) One-Stage 目标检测算法，这类检测算法不需要候选框区域生成(Region Proposal)阶段，可以通过单个计算阶段(Stage)直接产生物体的类别概率和位置坐标值，比较典型的算法有 YOLO、SSD 和 CornerNet；

(2) Two-Stage 目标检测算法，这类检测算法将检测问题划分为两个阶段，第一个阶段首先产生候选区域(Region Proposals)，包含目标大概的位置信息，第二个阶段对候选区域进行分类和位置精修，这类算法的典型代表有 R-CNN、Fast R-CNN、Faster R-CNN 等。

目标检测模型的主要性能指标是检测准确度和速度，其中准确度主要考虑物体的定位以及分类准确度。一般情况下，Two-Stage 算法在准确度上有优势，而 One-Stage 算法在速度上有优势。不过，随着研究的深入，两类算法都在两方面做出改进，均能在准确度以及速度上取得较好的结果。本章目标检测算法部分将重点讲述 One-Stage 目标检测算法——Yolov3。

一阶段常用目标检测算法 Yolov3 如图 7-2 所示。

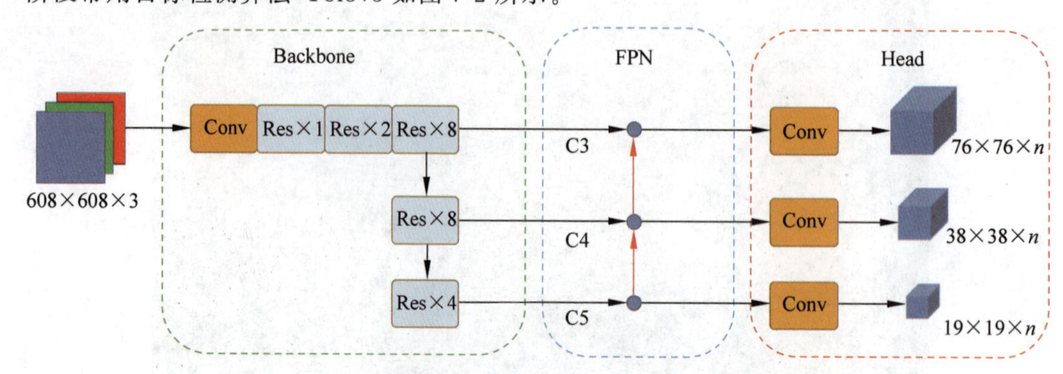

图 7-2 Yolov3 结构示意图

Yolov3 是整个 Yolo 系列中的重要工作。正如其论文名(An Incremental Improvement),Yolov3 的检测性能相较于前一代有大幅提升,其中的诸多结构与思想(如特征融合、目标分治、检测头)一直沿用到了 Yolov4 和 Yolov5,属于承上启下的经典模型。

Yolov3 的骨干网络 Darknet53 首先对输入图像进行特征提取,输出 3 组不同尺寸的特征图。Darknet53 由若干 ResBlock 残差块构成,而残差块是有两组卷积操作外加残差连接,构造代码定义如下:

```
class BasicBlock(nn.Module):
    def __init__(self, inplanes, planes):
        super(BasicBlock, self).__init__()
        self.conv1 = nn.Conv2d(inplanes, planes[0], kernel_size = 1,
                     stride = 1, padding = 0, bias = False)
        self.bn1 = nn.BatchNorm2d(planes[0])
        self.relu1 = nn.LeakyReLU(0.1)

        self.conv2 = nn.Conv2d(planes[0], planes[1], kernel_size = 3,
                             stride = 1, padding = 1, bias = False)
        self.bn2 = nn.BatchNorm2d(planes[1])
        self.relu2 = nn.LeakyReLU(0.1)

    def forward(self, x):
        residual = x

        out = self.conv1(x)
        out = self.bn1(out)
        out = self.relu1(out)

        out = self.conv2(out)
        out = self.bn2(out)
        out = self.relu2(out)

        out += residual
        return out
# Darknet53 的构造代码如下:
```

```
class DarkNet(nn.Module):
    def __init__(self, layers):
        super(DarkNet, self).__init__()
        self.inplanes = 32
        self.conv1 = nn.Conv2d(3, self.inplanes, kernel_size=3, stride=1, padding=1, bias=False)
        self.bn1 = nn.BatchNorm2d(self.inplanes)
        self.relu1 = nn.LeakyReLU(0.1)

        self.layer1 = self._make_layer([32, 64], layers[0])
        self.layer2 = self._make_layer([64, 128], layers[1])
        self.layer3 = self._make_layer([128, 256], layers[2])
        self.layer4 = self._make_layer([256, 512], layers[3])
        self.layer5 = self._make_layer([512, 1024], layers[4])
        # 进行权值初始化
        for m in self.modules():
            if isinstance(m, nn.Conv2d):
                n = m.kernel_size[0] * m.kernel_size[1] *\ m.out_channels
                m.weight.data.normal_(0, math.sqrt(2. / n))
            elif isinstance(m, nn.BatchNorm2d):
                m.weight.data.fill_(1)
                m.bias.data.zero_()
    def _make_layer(self, planes, blocks):
        layers = []
        # 下采样,步长为2,卷积核大小为3
        layers.append(("ds_conv", nn.Conv2d(self.inplanes, planes[1], kernel_size=3,
                                stride=2, padding=1, bias=False)))
        layers.append(("ds_bn", nn.BatchNorm2d(planes[1])))
        layers.append(("ds_relu", nn.LeakyReLU(0.1)))
        # 加入 darknet 模块
        self.inplanes = planes[1]
        for i in range(0, blocks):
            layers.append(("residual_{}".format(i), BasicBlock(self.inplanes, planes)))
        return nn.Sequential(OrderedDict(layers))
    def forward(self, x):
        x = self.conv1(x)
        x = self.bn1(x)
        x = self.relu1(x)

        x = self.layer1(x)
        x = self.layer2(x)
        out3 = self.layer3(x)
        out4 = self.layer4(out3)
        out5 = self.layer5(out4)
    return out3, out4, out5
```

Backbone 输出的 3 组不同尺度特征经过特征金字塔 FPN 模块做进一步特征融合。Yolov3 的 FPN 使用了最朴素的方式,即深层语义特征 C5 向浅层语义特征 C3 融合,这种方式使深层特征的语义特征信息与感受野信息向浅层特征传播。最终 FPN 的输出特征经过检测头 Head 转换为预测特征。预测特征包含了图像中目标的位置、大小和类别信息,通过后处理,预测特征最终可以被转换为目标检

测结果。FPN 与 Head 的代码如下：

```
def conv2d(filter_in, filter_out, kernel_size):
    pad = (kernel_size - 1) // 2 if kernel_size else 0
    return nn.Sequential(OrderedDict([
        ("conv", nn.Conv2d(filter_in, filter_out, kernel_size = kernel_size, stride = 1, padding =
pad, bias = False)),
        ("bn", nn.BatchNorm2d(filter_out)),
        ("relu", nn.LeakyReLU(0.1)),
    ]))

def make_last_layers(filters_list, in_filters, out_filter):
    m = nn.ModuleList([
        conv2d(in_filters, filters_list[0], 1),
        conv2d(filters_list[0], filters_list[1], 3),
        conv2d(filters_list[1], filters_list[0], 1),
        conv2d(filters_list[0], filters_list[1], 3),
        conv2d(filters_list[1], filters_list[0], 1),
        conv2d(filters_list[0], filters_list[1], 3),
        nn.Conv2d(filters_list[1], out_filter, kernel_size = 1,
                  stride = 1, padding = 0, bias = True)])
    return m

class YoloBody(nn.Module):
    def __init__(self, config):
        super(YoloBody, self).__init__()
        self.config = config
        #   backbone
        self.backbone = darknet53(None)

        out_filters = self.backbone.layers_out_filters
        #   last_layer0
        final_out_filter0 = len(config["yolo"]["anchors"][0]) * (5 + config["yolo"]["classes"])
        self.last_layer0 = make_last_layers([512, 1024], out_filters[ - 1], final_out_filter0)
        final_out_filter1 = len(config["yolo"]["anchors"][1]) * (5 + config["yolo"]["classes"])
        self.last_layer1_conv = conv2d(512, 256, 1)
       self.last_layer1_upsample = nn.Upsample(scale_factor = 2, mode = 'nearest')
       self.last_layer1 = make_last_layers([256, 512], out_filters[ - 2] + 256, final_out_filter1)
        final_out_filter2 = len(config["yolo"]["anchors"][2]) * (5 + config["yolo"]["classes"])
        self.last_layer2_conv = conv2d(256, 128, 1)
        self.last_layer2_upsample = nn.Upsample(scale_factor = 2, mode = 'nearest')
        self.last_layer2 = make_last_layers([128, 256], out_filters[ - 3] + 128, final_out_filter2)

    def forward(self, x):
        def _branch(last_layer, layer_in):
            for i, e in enumerate(last_layer):
                layer_in = e(layer_in)
                if i == 4:
                    out_branch = layer_in
```

```
            return layer_in, out_branch
        #   backbone
        x2, x1, x0 = self.backbone(x)
        #   yolo branch 0
        out0, out0_branch = _branch(self.last_layer0, x0)

        #   yolo branch 1
        x1_in = self.last_layer1_conv(out0_branch)
        x1_in = self.last_layer1_upsample(x1_in)
        x1_in = torch.cat([x1_in, x1], 1)
        out1, out1_branch = _branch(self.last_layer1, x1_in)

        #   yolo branch 2
        x2_in = self.last_layer2_conv(out1_branch)
        x2_in = self.last_layer2_upsample(x2_in)
        x2_in = torch.cat([x2_in, x2], 1)
        out2, _ = _branch(self.last_layer2, x2_in)
        return out0, out1, out2
```

7.2.2 图像分割概述

图像分割(Image Segmentation)技术是计算机视觉领域的一个重要的研究方向，是图像语义理解的重要一环。图像分割是指将图像分成若干具有相似性质的区域的过程，从数学角度来看，图像分割是将图像划分成互不相交的区域的过程。近些年来随着深度学习技术的逐步深入，图像分割技术有了突飞猛进的发展，该技术相关的场景物体分割、人体前背景分割、人脸人体 Parsing、三维重建等技术已经在无人驾驶、增强现实、安防监控等行业都得到广泛的应用。本章语义分割算法部分将重点讲述基于深度学习的图像分割算法——U-Net 和 DeepLabV3。

7.2.3 常用语义分割算法 U-Net 与 DeepLabV3

U-Net 由菲兹保大学的 Olaf Ronneberger 等在 2015 年提出，相较于 FCN 多尺度信息更加丰富，其创新点在于利用了一个对称的编码-解码结构，如图 7-3 所示，这个结构更方便进行相同分辨率的特征融合，融合的信息包含了高层语义和底层边缘信息。U-Net 的编码结构主要通过大步长的卷积和池化实现了图像特征的压缩。U-Net 的解码结构通过双线性插值、反卷积、上采样匹配编码器的各层特征并融合实现图像特征的还原。特别地，U-Net 利用跳跃连接(图 7-3 中的灰色箭头)将编码器和解码器中同级特征融合，丰富了解码器的语义信息，提高了语义分割精度。

DeepLabV3 模型有两个创新点，第一个是空洞卷积增大感受野，第二个是多尺度的网络增大对不同尺度的对象的感知。空洞卷积(Atrous Convolution)是 DeepLab 模型的关键之一，它可以在不改变特征图大小的同时控制感受野，这有利于提取多尺度信息，如图 7-4 中 DCNN 所示，空洞卷积的空洞率 Rate 控制着感受野的大小，空洞率越大感受野越大。空间金字塔池化模块由不同空洞率卷积模块构成，如图 7-4 中 Encoder 所示，输入图像分别通过空洞率为 0、6、12、18 的空洞卷积以及全局平均池化处理后，将输出特征拼接，再利用 1×1 卷积融合。

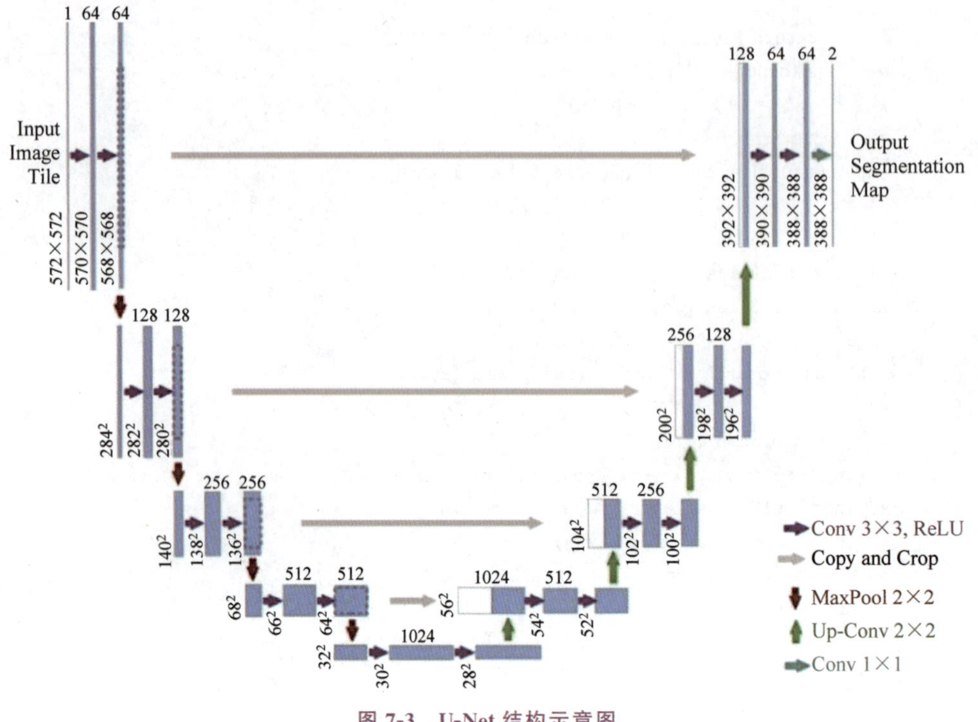

图 7-3 U-Net 结构示意图

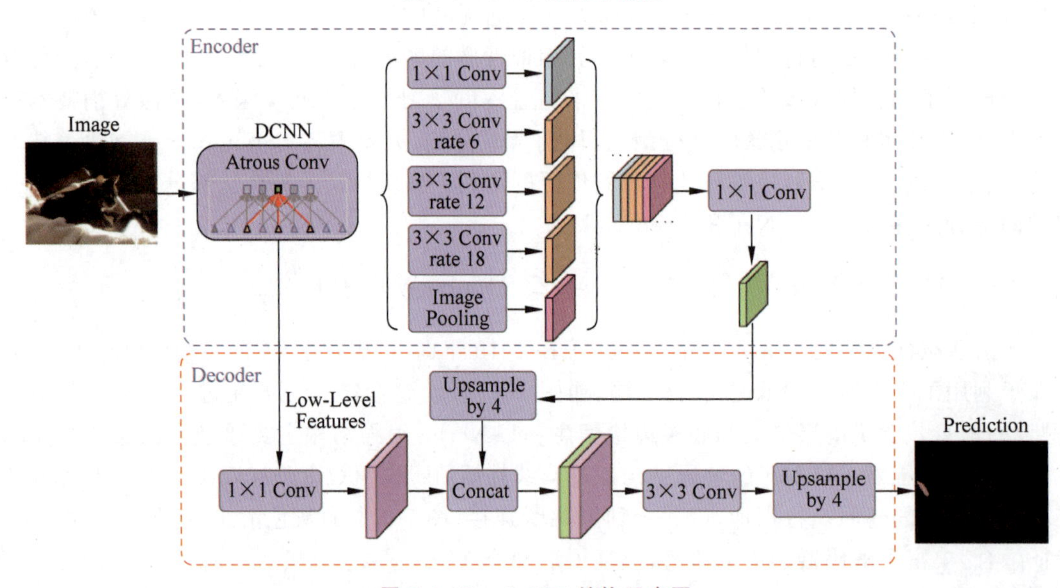

图 7-4 DeepLabV3 结构示意图

7.2.4 U-Net 代码实践解析

U-Net 在同一特征尺下提取特征的模块称为 Block。Block 由两组卷积操作构成，代码如下：

```
class Block(nn.Module):
    def __init__(self, in_channels, features):
        super(Block, self).__init__()
```

```
        self.features = features
        self.conv1 = nn.Conv2d(
                                in_channels = in_channels,
                                out_channels = features,
                                kernel_size = 3,
                                padding = 'same',
                            )
        self.conv2 = nn.Conv2d(
                                in_channels = features,
                                out_channels = features,
                                kernel_size = 3,
                                padding = 'same',
                            )
    def forward(self, input):
        x = self.conv1(input)
        x = nn.BatchNorm2d(num_features = self.features)(x)
        x = nn.ReLU(inplace = True)(x)
        x = self.conv2(x)
        x = nn.BatchNorm2d(num_features = self.features)(x)
        x = nn.ReLU(inplace = True)(x)
        return x
```

在 Block 的基础上可以进一步定义 U-Net，其中 U-Net 使用最大池化(MaxPool2D)进行编码器下采样，使用转置卷积(ConvTranspose2d)进行解码器上采样，代码如下：

```
import torch
import torch.nn as nn

class UNet(nn.Module):

    def __init__(self, in_channels = 3, out_channels = 1, init_features = 32):
        super(UNet, self).__init__()
        features = init_features
        self.conv_encoder_1 = Block(in_channels, features)
        self.conv_encoder_2 = Block(features, features * 2)
        self.conv_encoder_3 = Block(features * 2, features * 4)
        self.conv_encoder_4 = Block(features * 4, features * 8)
        self.bottleneck = Block(features * 8, features * 16)
        self.upconv4 = nn.ConvTranspose2d(
            features * 16, features * 8, kernel_size = 2, stride = 2
        )
        self.conv_decoder_4 = Block((features * 8) * 2, features * 8)
        self.upconv3 = nn.ConvTranspose2d(
            features * 8, features * 4, kernel_size = 2, stride = 2
        )
        self.conv_decoder_3 = Block((features * 4) * 2, features * 4)
        self.upconv2 = nn.ConvTranspose2d(
            features * 4, features * 2, kernel_size = 2, stride = 2
        )
        self.conv_decoder_2 = Block((features * 2) * 2, features * 2)
```

```
        self.upconv1 = nn.ConvTranspose2d(
            features * 2, features, kernel_size=2, stride=2
        )
        self.decoder1 = Block(features * 2, features)

        self.conv = nn.Conv2d(
            in_channels=features, out_channels=out_channels, kernel_size=1)
    def forward(self, x):
        conv_encoder_1_1 = self.conv_encoder_1(x)
        conv_encoder_1_2 = nn.MaxPool2d(kernel_size=2, stride=2)(conv_encoder_1_1)
        conv_encoder_2_1 = self.conv_encoder_2(conv_encoder_1_2)
        conv_encoder_2_2 = nn.MaxPool2d(kernel_size=2, stride=2)(conv_encoder_2_1)
        conv_encoder_3_1 = self.conv_encoder_3(conv_encoder_2_2)
        conv_encoder_3_2 = nn.MaxPool2d(kernel_size=2, stride=2)(conv_encoder_3_1)
        conv_encoder_4_1 = self.conv_encoder_4(conv_encoder_3_2)
        conv_encoder_4_2 = nn.MaxPool2d(kernel_size=2, stride=2)(conv_encoder_4_1)
        bottleneck = self.bottleneck(conv_encoder_4_2)
        conv_decoder_4_1 = self.upconv4(bottleneck)
        conv_decoder_4_2 = torch.cat((conv_decoder_4_1, conv_encoder_4_1), dim=1)
        conv_decoder_4_3 = self.conv_decoder_4(conv_decoder_4_2)

        conv_decoder_3_1 = self.upconv3(conv_decoder_4_3)
        conv_decoder_3_2 = torch.cat((conv_decoder_3_1, conv_encoder_3_1), dim=1)
        conv_decoder_3_3 = self.conv_decoder_3(conv_decoder_3_2)
        conv_decoder_2_1 = self.upconv2(conv_decoder_3_3)
        conv_decoder_2_2 = torch.cat((conv_decoder_2_1, conv_encoder_2_1), dim=1)
        conv_decoder_2_3 = self.conv_decoder_2(conv_decoder_2_2)
        conv_decoder_1_1 = self.upconv1(conv_decoder_2_3)
        conv_decoder_1_2 = torch.cat((conv_decoder_1_1, conv_encoder_1_1), dim=1)
        conv_decoder_1_3 = self.decoder1(conv_decoder_1_2)
        return torch.sigmoid(self.conv(conv_decoder_1_3))
```

7.3 交通目标检测任务

7.3.1 目标检测任务解析与数据探索

本次比赛的目标检测任务主要是针对车载场景下的移动目标与交通信号灯进行定位与分类，类别包括机动车、非机动车、行人、红灯、黄灯、绿灯、未亮灯 7 类，如图 7-5 所示。

图 7-5 目标检测样本数据

对于目标检测部分数据的探索，我们主要着眼于数据分布和标注质量两方面。

对于数据分布，首先遍历数据集中所有目标检测框，统计各类别目标数，统计结果见图 7-6。统计结果表明，机动车目标占比最多，行人与非机动车次之，而交通信号灯占比最少，且黄灯占比极小。由于是在实际行车环境下采集数据，这种分布其实符合情理（马路上遇到最多的必然是车；其次是穿过斑马线的众多行人与非机动车；最少的是每个路口设立的交通信号灯；至于黄灯，由于只有短暂的几秒，更是可遇不可求，毕竟不会为了采集数据专门去堵塞交通等黄灯）。然而，实际训练时，这种类别的严重不平衡将导致交通信号灯这部分数据得不到有效的训练与评估（设想一种极端情况：数据集包含 999 个机动车样本，1 个信号灯样本，那么即使模型不做训练，也有 99.9%的分类准确率）。

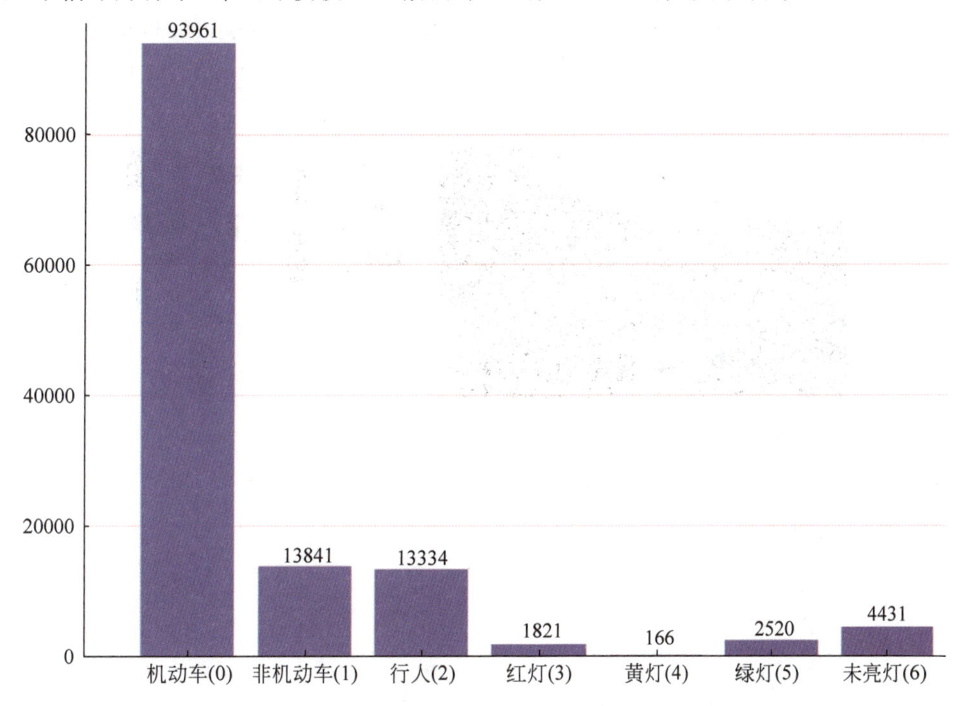

图 7-6　各类目标的数量统计

在检查数据集中标注框的质量时，我们发现两类标注不准确的情况，图 7-7 给出了具有典型代表代表的示例。图 7-7(a)的标注框偏离物体中心且标注框尺寸与物体尺寸也不匹配，这种情况往往是由标注人员粗心大意造成的。图 7-7(b)的标注不准确主要是由于模糊造成的，车载环境下采集的数据出现模糊主要有两种情况：首先，有可能是目标物体本身快速移动造成的运动模糊；其次，问题可能出现在摄像头本身，比如摄像头偶然的失焦、抖动等。模糊情况下，物体的边界本身不清晰，这会在一定程度上造成模型目标定位的困难。

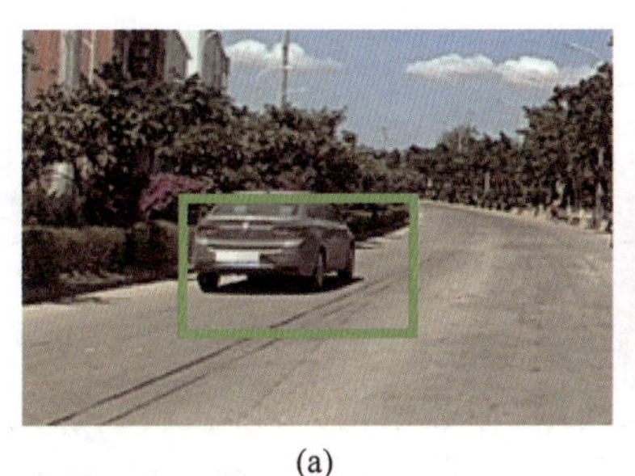

(a)

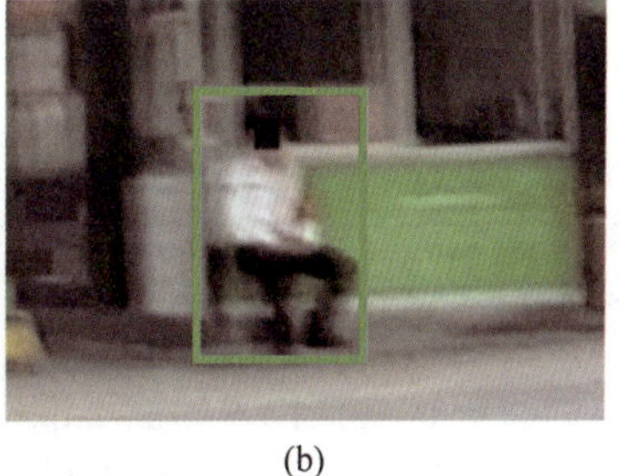

(b)

图 7-7　标注不准确的检测框示例

7.3.2 数据预处理

根据前面分析，我们获知数据中交通信号灯数量较少，类别严重不平衡。为了解决这一问题，我们采取了 copy-paste 的增广手段。图 7-8 展示了 copy-paste 的过程，首先将数据集中的交通信号灯裁剪下来，如图 7-8(a)所示，然后按照一定比例，对裁剪下来的信号灯进行随机位置的粘贴，如图 7-8(b)所示。使用 copy-paste 时需要注意的一点是，粘贴的目标不能太过突兀。对于交通信号灯而言，大多数情况下信号灯能占满整个目标检测框，即目标检测框中背景内容很少，检测框可以近似等价于信号灯的轮廓，检测框区域可以近似等价于目标掩码区域，在本场景下使用 copy-paste 是合适的。增广后的各类别目标数统计见图 7-9。

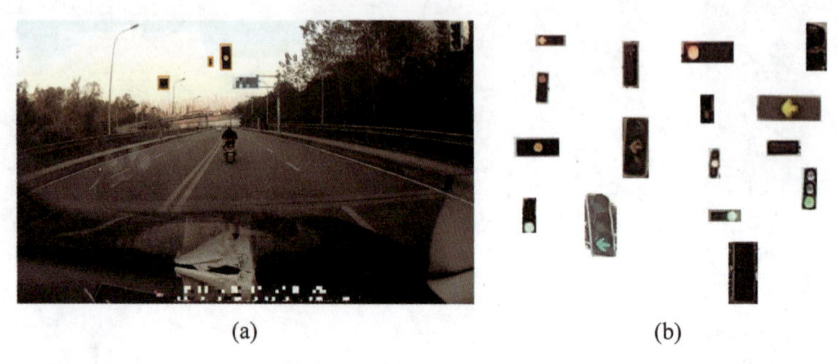

图 7-8 copy-paste 示意图

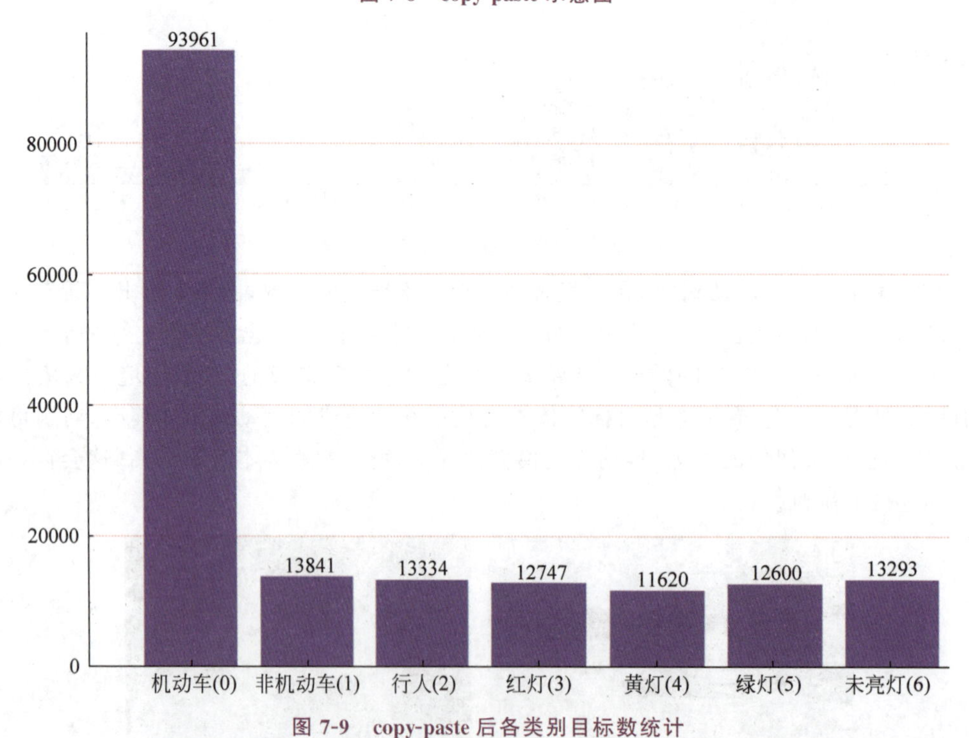

图 7-9 copy-paste 后各类别目标数统计

针对前面所提出的目标检测框位置标注不准确问题，在数据预处理时，我们加入了 box-jitter 增广，其过程如图 7-10 所示，对原始标注框的 4 个坐标进行随机的抖动，以调整不准确的检测框标注。

box-jitter 增广的代码如下所示：

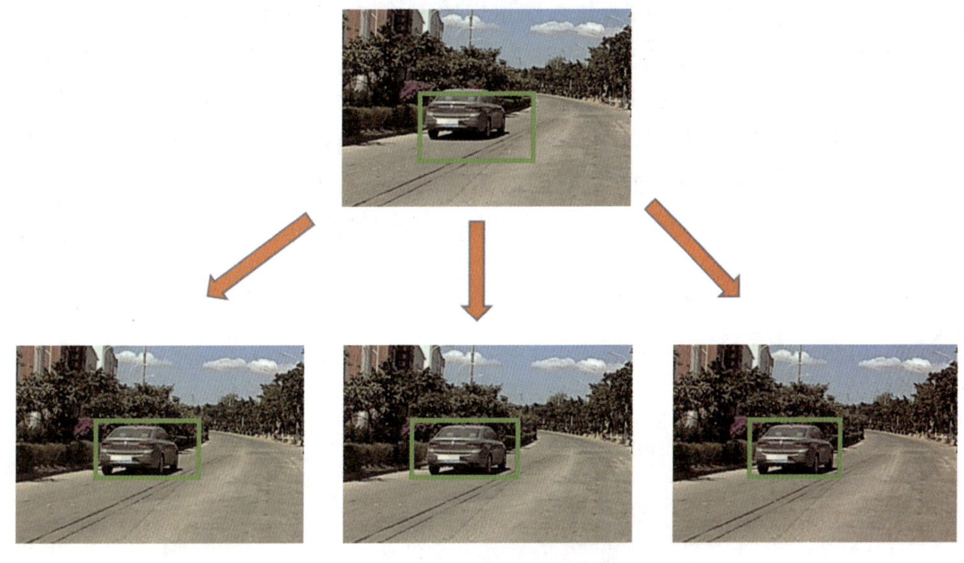

图 7-10　box-jitter 示意图

```
def random_box_jitter(x,img_w,img_h,ratio=0.05):
    """
    实现标注坐标框的随机抖动
    Args:
        x: (n,4),图像中所有标注框的坐标,格式为 xmin,ymin,xmax,ymax
        img_w: 图像宽度
        img_h: 图像高度
        ratio: 最大抖动比例
    """
    y = x.clone().numpy() if isinstance(x, torch.Tensor) \
else np.copy(x)
    bbox_w = x[:,2] - x[:,0]
    bbox_h = x[:,3] - x[:,1]
    y[:,0] = x[:,0] + np.random.uniform(-ratio,ratio) * bbox_w
    y[:,2] = x[:,2] + np.random.uniform(-ratio,ratio) * bbox_w

    y[:, 1] = x[:, 1] + np.random.uniform(-ratio, ratio) * bbox_h
    y[:, 3] = x[:, 3] + np.random.uniform(-ratio, ratio) * bbox_h

    y[:, 0] = np.clip(y[:,0],0,img_w)
    y[:, 2] = np.clip(y[:, 2], 0, img_w)
    y[:, 1] = np.clip(y[:, 1], 0, img_h)
    y[:, 3] = np.clip(y[:, 3], 0, img_h)

    if isinstance(x, torch.Tensor):
        y = torch.from_numpy(y)
    return y
```

7.3.3　目标检测基准模型：Yolov5

我们选择的基准目标检测网络模型是 Yolov5。Yolo 系列目标检测网络的核心思想在于将整张图

作为网络输入，利用一个端到端的网络，直接在输出层输出目标物体的检测框位置以及检测框所属的类别。其他多阶段目标检测，往往需要先对生成候选框对目标进行定位，再对候选框里的内容进行分类，故而在推理阶段，速度往往劣于 Yolo，这也是 Yolo 能够广泛部署应用的原因之一。Yolov5 是 Yolo 系列最新的一个版本，其整体结构如图 7-11 所示。以一张 608×608 像素大小的图像输入为例，模型首先通过 Backbone（图 7-11 中的绿色虚线框）将对图像的特征进行提取。Backbone 第一部分为 Fcos，其原理是将图像分块分组编号，同编号组像素整合，再将各编号组特征再通道维度上拼接，如图 7-12 所示。

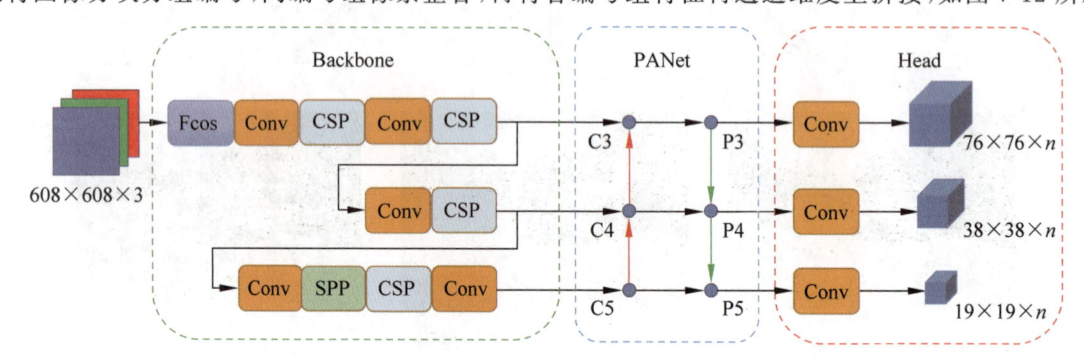

图 7-11 Yolov5 结构示意图

Fcos 的主要作用对特征进行下采样，相比于池化的方式下采样，Fcos 的特点是下采样前后信息无损。Fcos 的输出将经过 Conv 卷积模块和 CSP 残差块交替提取特征，最终输出 3 组不同尺寸的特征图（C3，C4，C5）。特别地，对于 C5 特征图，Backbone 额外使用了 SPP 结构以进一步扩大其感受野，如图 7-13 所示，SPP 对输入特征分别进行 1×1，5×5，9×9，13×13 的最大池化，再将池化后的特征拼接。

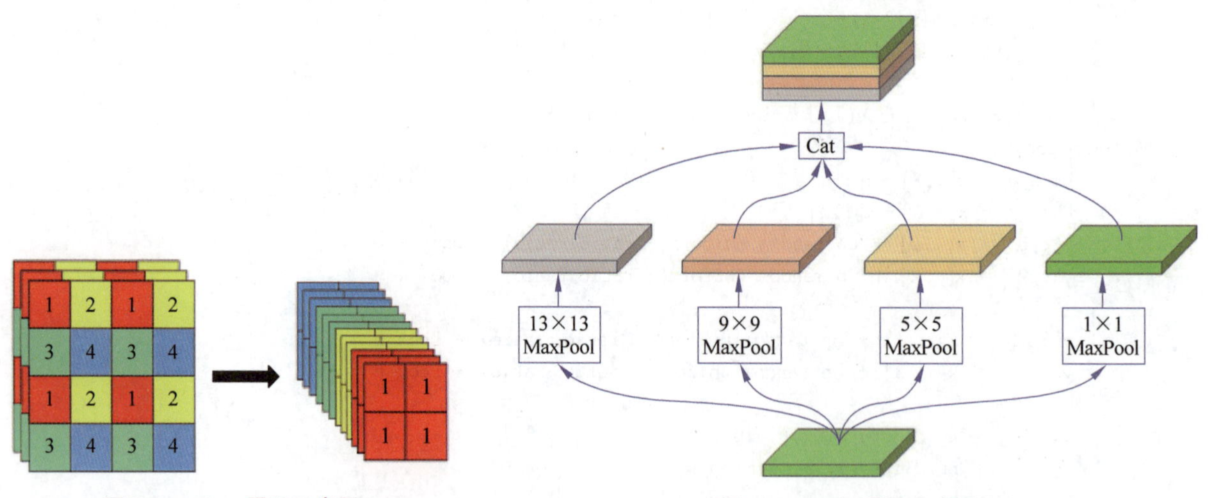

图 7-12 Fcos 原理示意图

图 7-13 SPP 原理示意图

Backbone 的 yaml 配置信息如下：

```
Backbone:
                # [from, number, module, args]
                [[-1, 1, Conv, [64, 6, 2, 2]],      # 0-P1/2
                 [-1, 1, Conv, [128, 3, 2]],        # 1-P2/4
                 [-1, 3, C3, [128]],
                 [-1, 1, Conv, [256, 3, 2]],        # 3-P3/8
```

```
    [-1, 6, C3, [256]],
    [-1, 1, Conv, [512, 3, 2]],   # 5-P4/16
    [-1, 9, C3, [512]],
    [-1, 1, Conv, [1024, 3, 2]],  # 7-P5/32
    [-1, 3, C3, [1024]],
    [-1, 1, SPPF, [1024, 5]],     # 9
  ]
```

特征金字塔 PANet 针对 Backbone 输出的不同尺寸特征图进行融合互补，如图 7-11 蓝色虚线框内所示，PANet 包含了双向路径融合：首先，深层小分辨率的特征图信息逐步向浅层大分辨率特征图融合，这一步有利于将深层特征的感受野和语义结构信息传播至浅层；然后，浅层小分辨率特征图信息逐步向深层大分辨率特征图融合，这一步有利于将浅层特征图的局部细节信息传播至深层；最后，Yolo head 将 PANet 的输出特征 P3、P4、P5 解码为预测特征，其尺寸分别为 76×76、38×38、19×19，再通过后处理输出目标检测的结果。PANet 部分 yaml 配置信息如下：

```
head:
  [[-1, 1, Conv, [512, 1, 1]],
   [-1, 1, nn.Upsample, [None, 2, 'nearest']],
   [[-1, 6], 1, Concat, [1]],               # cat Backbone P4
   [-1, 3, C3, [512, False]],               # 13


   [-1, 1, Conv, [256, 1, 1]],
   [-1, 1, nn.Upsample, [None, 2, 'nearest']],
   [[-1, 4], 1, Concat, [1]],               # cat Backbone P3
   [-1, 3, C3, [256, False]],               # 17 (P3/8-small)

   [-1, 1, Conv, [256, 3, 2]],
   [[-1, 14], 1, Concat, [1]],              # cat head P4
   [-1, 3, C3, [512, False]],               # 20 (P4/16-medium)

   [-1, 1, Conv, [512, 3, 2]],
   [[-1, 10], 1, Concat, [1]],              # cat head P5
   [-1, 3, C3, [1024, False]],              # 23 (P5/32-large)

   [[17, 20, 23], 1, Detect, [nc, anchors]], # Detect(P3, P4, P5)
  ]
```

更多 Yolov5 实现细节请参考官方网站：https://github.com/ultralytics/ Yolov5。

7.3.4 算法模型与改进

图 7-14 展示了本次比赛基于 Yolov5 改进的目标检测模型。改进之处主要有两点：用 BiFPN 替换了 PANet 以提升特征融合的能力；针对前文提及的标注框不准确的问题，在模型后处理中使用了 GFocal 的方法以提升目标定位的准确性。

图 7-15 展示了 PANet 和 BiFPN 两种结构。BiFPN 是在 PANet 基础上改进的特征金字塔结构，它们都具有双向融合路径的 Block，其不同之处在于：

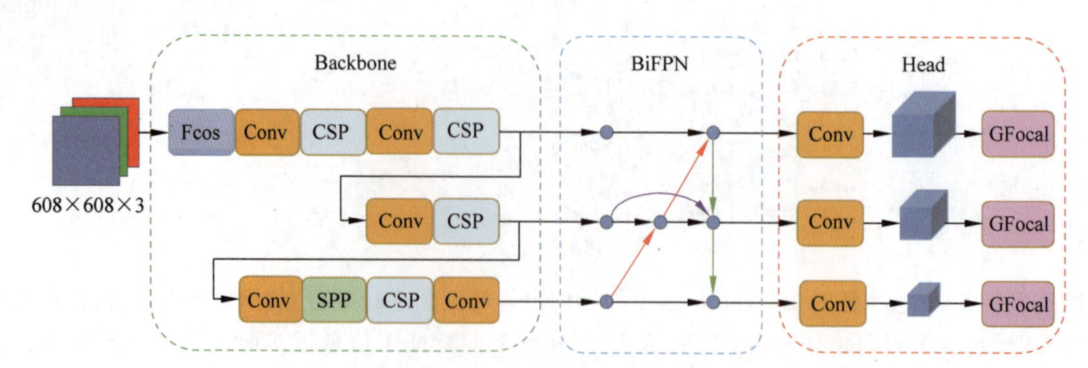

图 7-14 改进的 Yolov5 模型

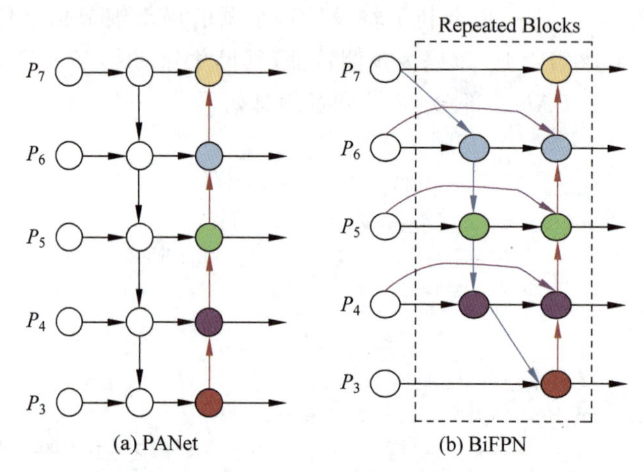

图 7-15 PANet 与 BiFPN 结构对比

① 特征金字塔的作用是将不同尺度的特征融合，而 PANet 中存在冗余的单输入节点对特征融合能力没有提升，故而 BiFPN 剪除了这些节点；

② BiFPN 增加了同一尺度下输入节点到输出节点的跳跃连接（图 7-15(b)），这种方法能够在没有额外计算开销的情况下，融合更多的特征；

③ BiFPN 将一次双向特征融合的过程看作 Block，通过不断重复构造 Block，反复进行双向特征融合，进一步提升模型特征融合能力。BiFPN 的 yaml 配置信息如下：

```
head:
  [ [ -1, 1, Conv, [ 768, 1, 1 ] ],
    [ -1, 1, nn.Upsample, [ None, 2, 'nearest' ] ],
    [ [ -1, 8 ], 1, Concat, [ 1 ] ],          # cat Backbone P5
    [ -1, 3, C3, [ 768, False ] ],            # 15

    [ -1, 1, Conv, [ 512, 1, 1 ] ],
    [ -1, 1, nn.Upsample, [ None, 2, 'nearest' ] ],
    [ [ -1, 6 ], 1, Concat, [ 1 ] ],          # cat Backbone P4
    [ -1, 3, C3, [ 512, False ] ],            # 19

    [ -1, 1, Conv, [ 256, 1, 1 ] ],
    [ -1, 1, nn.Upsample, [ None, 2, 'nearest' ] ],
```

```
[ [ -1, 4 ], 1, Concat, [ 1 ] ],        # cat Backbone P3
[ -1, 3, C3, [ 256, False ] ],          # 23 (P3/8 - small)

[ -1, 1, Conv, [ 256, 3, 2 ] ],
[ [ -1, 20, 6 ], 1, Concat, [ 1 ] ],    # cat head P4 and Backbone P4
[ -1, 3, C3, [ 512, False ] ],          # 26 (P4/16 - medium)

[ -1, 1, Conv, [ 512, 3, 2 ] ],
[ [ -1, 16, 8], 1, Concat, [ 1 ] ],     # cat head P5 and Backbone P5
[ -1, 3, C3, [ 768, False ] ],          # 29 (P5/32 - large)

[ -1, 1, Conv, [ 768, 3, 2 ] ],
[ [ -1, 12 ], 1, Concat, [ 1 ] ],       # cat head P6
[ -1, 3, C3, [ 1024, False ] ],         # 32 (P6/64 - xlarge)

# Detect(P3, P4, P5, P6)
[ [ 23, 26, 29, 32 ], 1, DetectG, [ nc, anchors ] ],
]
```

图像模糊使得目标边界不清晰，将导致目标定位的困难。普通的目标定位方式以特征图所在像素点位置解码即可(图 7-14 Dirac Delta Distribution)，而 GFocal 则会利用通过学习一个分布函数 P(x)，利用邻域内像素点位置求期望的方式确定位置(图 7-16 General Distribution)。GFocal 的代码实现是被嵌入目标检测的检测头中，具体如下：

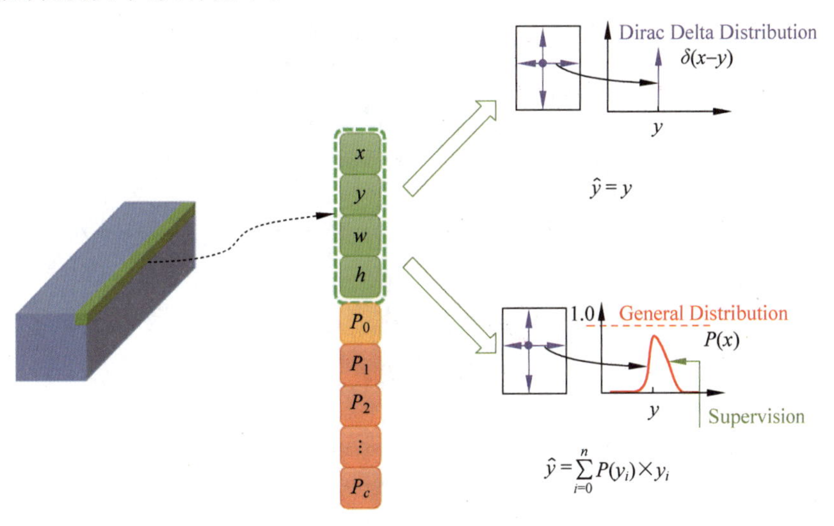

图 7-16　GFocal 原理示意

```
class DetectG(nn.Module):
    """
    采用分布的方式预测坐标的检测头
    """
    stride = None    # strides computed during build
    export = False   # onnx export
```

```
    def __init__(self, nc = 80, anchors = (), ch = (),reg_max = 16):
# detection layer
        super(DetectG, self).__init__()
        self.nc = nc                          # number of classes
        self.reg_max = reg_max                # regression bins
        # number of outputs per anchor
        self.no = nc + 1 + 4 * (reg_max + 1)
        self.nl = len(anchors)   # number of detection layers
        self.na = len(anchors[0]) // 2        # number of anchors
        self.grid = [torch.zeros(1)] * self.nl # init grid
        a = torch.tensor(anchors).float().view(self.nl, -1, 2)
        self.register_buffer('anchors', a)    # shape(nl,na,2)
        self.register_buffer('anchor_grid', a.clone().view(self.nl, 1, -1, 1, 1, 2))  # shape(nl,
#1,na,1,1,2)
        self.m = nn.ModuleList(nn.Conv2d(x, self.no * self.na, 1) for x in ch)  # output conv
# 积分函数 Integral,来源于 mmdetection
        self.intergral = Integral(reg_max)
    def forward(self, x):
        # x = x.copy()                        # for profiling
        z = []                                # inference output
        self.training |= self.export
        for i in range(self.nl):
            x[i] = self.m[i](x[i])            # conv
            bs, _, ny, nx = x[i].shape
            x[i] = x[i].view(bs, self.na, self.no, ny, nx).permute(0, 1, 3, 4, 2).contiguous()
            if not self.training:             # inference
                # todo: to be modified
                if self.grid[i].shape[2:4] != x[i].shape[2:4]:
                    self.grid[i] = self._make_grid(nx, ny).to(x[i].device)

                y =\ torch.zeros((bs,self.na,ny,nx,self.nc + 1 + 4),dtype = x[i].dtype,device =
x[i].device)

                # y = x[i].sigmoid()
                y[…,4:] = x[i][…,4 * (self.reg_max + 1):].sigmoid()
                to_intergral = x[i][…,:4 * (self.reg_max + 1)]
                to_integral = to_intergral.reshape(-1,4)
                integral = self.intergral(to_integral)
                y[…,:4] = integral.reshape(bs,self.na,ny,nx,4)

                y[…, 0:2] = (y[…, 0:2] * 2. - 0.5 + self.grid[i]) * self.stride[i]   # xy
                y[…, 2:4] = (y[…, 2:4] * 2) ** 2 * self.anchor_grid[i]   # wh
                z.append(y.view(bs, -1, self.nc + 1 + 4))
        return x if self.training else (torch.cat(z, 1), x)
    @staticmethod
    def _make_grid(nx = 20, ny = 20):
        yv, xv = torch.meshgrid([torch.arange(ny), torch.arange(nx)])
        return torch.stack((xv, yv), 2).view((1, 1, ny, nx, 2)).float()
```

其中，Integral 是求期望的函数，引自 mmdetection，代码如下：

```
class Integral(nn.Module):
    def __init__(self, reg_max=16):
        super(Integral, self).__init__()
        self.reg_max = reg_max
        self.register_buffer('project',
                    torch.linspace(0, 1.0, self.reg_max + 1))
    def forward(self, x):
        x = F.softmax(x.reshape(-1, self.reg_max + 1), dim=1)
        x = F.linear(x, self.project.type_as(x)).reshape(-1, 4)
        return x
```

7.4　交通划线语义分割任务

7.4.1　语义分割任务解析与数据探索

本次比赛的语义分割任务主要是针对三类交通划线进行分割，分别是实车道线、虚车道线、斑马线，如图 7-17 所示。

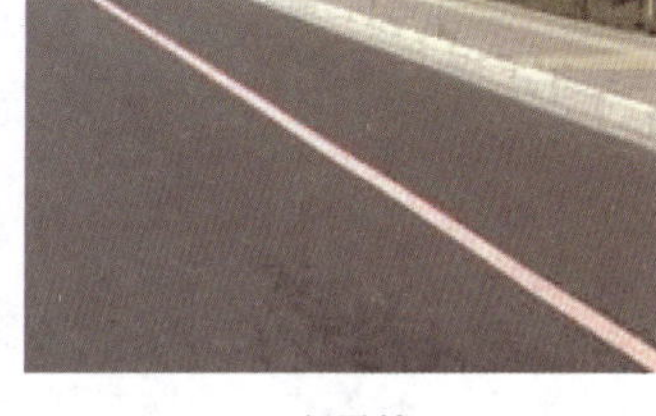

(a) 实车道线　(b) 虚车道线　(c) 斑马线

图 7-17　语义分割样本数据

接下来将从数据分布和数据特征两个角度对语义分割数据进行分析与探索。

为了直观上观察分割数据整体分布，我们首先罗列出整体车载影像的若干样本如图 7-18 所示。我

图 7-18　若干车载影像样本

们发现在车载环境这一特定场景下，车载影像的顶部属于视野的远景与天空，这部分图像所包含的内容往往是建筑、交通信号灯、交通指示牌等较为高耸的目标，而交通道路划线大多应该出现在视野近景。为了验证这一猜想，我们遍历数据集的标签，统计每个像素位置所包含的标签数目并通过热力图呈现，如下代码展示了这一过程。

```
import os
from tqdm import tqdm
import json
import cv2
import numpy as np
from random import random
#统计结果 res,图片统一缩放到 1280×720
res = np.zeros((720,1280))
#json 标签存放在./labels 文件夹下
#图片存放在./images 文件夹下
for name in os.listdir('labels'):
    with open(f'labels/{name}') as jf:
        #读取标签 json 内容
        content = json.load(jf)
    #计算图像的缩放比
    im_shape = cv2.imread(f'images/%s' % name.\
        replace('json','jpg')).shape
    x_ratio = 1280/im_shape[1]
    y_ratio = 720/im_shape[0]
    #模板图像
    img = np.zeros((720,1280),dtype = np.uint8)
    #读取 json 标签中的分割数据,将分割数据画在 img 上
    for ann in content:
        if ann['x'] == -1:
            coord = np.array(ann['segmentation'][0])
            coord = coord.reshape(-1,2)
            coord[:,0] *= x_ratio
            coord[:,1] *= y_ratio
            coord = coord.astype('int')
            img = cv2.fillPoly(img,[coord],1)
    #累加做统计
    res += img
#统计结果存档方便后续使用
np.save('coords.npy',res)
#将统计结果 res 映射到 0~255 范围内
#并且将结果转换为 uint8 格式
res = res/res.max()
res *= 255
res = np.uint8(res)
#制作热力图
heatmap = cv2.applyColorMap(res,cv2.COLORMAP_JET)
```

图 7-19 展示了统计的热力图可视化结果，其中越偏红的部分表示统计值越大，越偏蓝的部分表示统计值越小。图 7-19 的结果说明之前的猜想基本正确，交通道路划线主要集中在视野的近景，而在视野远景处的道路划线比较稀疏。

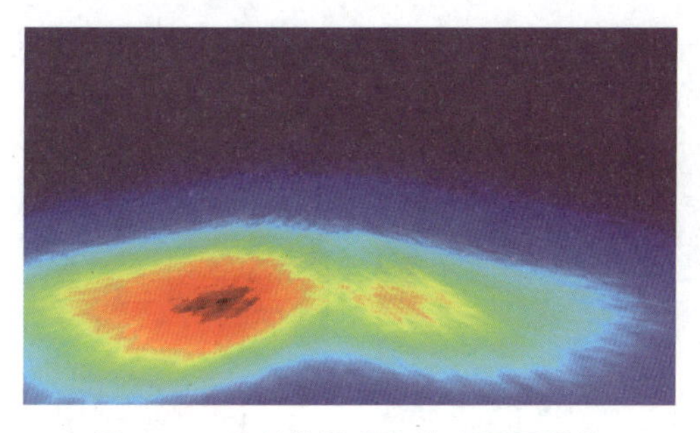

图 7-19　分割数据分布热力图可视化

观察实车道线和虚车道线分割数据，会发现两类特征具有相似性与混淆性。

相似性指的是实车道线和虚车道线两类特征相近，不容易区分，如图 7-20 所示，随机裁剪实车道线和虚车道线若干样本，第一行为虚车道线，第二行为实际车道线。我们发现由于缺失了上下文信息，局部上观察，虚车道线与实车道线的特征差异不明显。

图 7-20　随机截取的车道线图像

混淆性指的是实车道线与虚车道线特征比较单一，容易与背景物体混淆，如图 7-20 所示，第一行为随机裁剪的实车道线与虚车道线样本，第二行为数据集中随机裁剪的树干、栅栏、灯杆等。我们发现车道线特征过于简单，背景中很多物体都有着相似的特征，在实际模型分割结果中，我们也发现，两类车道线的误检率皆高于斑马线误检率，分割结果可视化后存在许许多多的噪声。

7.4.2　数据预处理

根据前文的数据分布结果，我们了解到分割数据并不是在全图中都有分布，而是集中在特定的区域中。为了定量地展示这部分区域，我们进一步将图中占标签数据 99% 的部分圈出，如图 7-21 所示。在图像顶部大约 1/3 处，几乎没有分割数据，故而在实际训练与推理时我们将输入图像顶部的 1/3 切除了，如图 7-22(a)所示(这里笔者采用的是最简单且折中的办法将图像切掉 1/3，更好的办法可以是，根

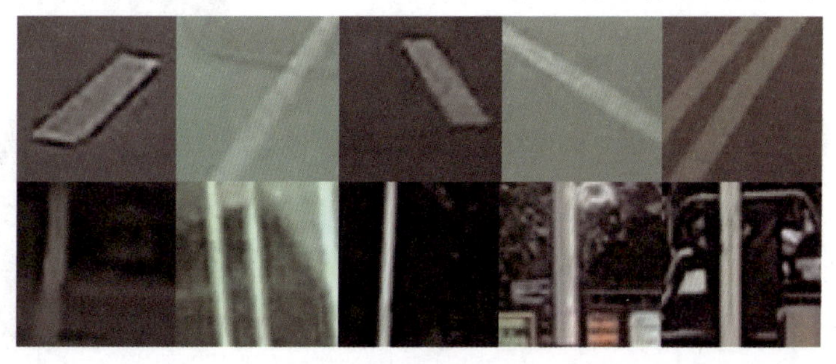

图 7-21　随机截取的车道线与背景物体图像

据图 7-22(b)的圈，将输入数据中圈外的部分全部置 0，并切出掉冗余的部分，将图像转换为稀疏矩阵，进一步提升推理速度，这部分留给读者思考与实践)。

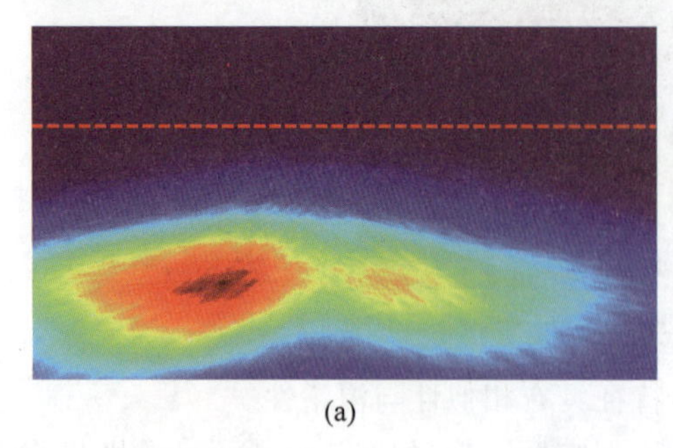
(a)

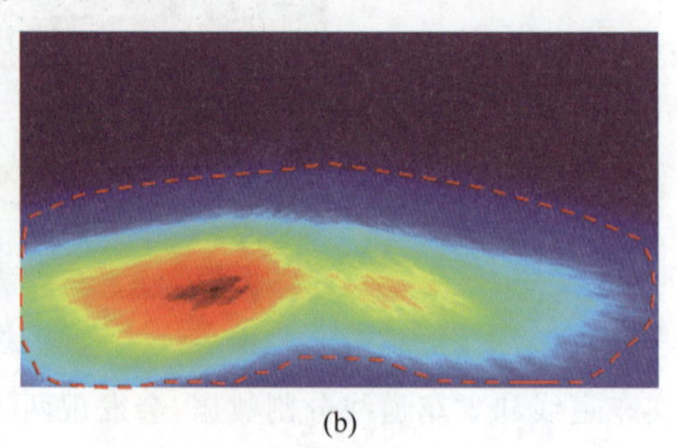
(b)

图 7-22 处理后分割数据分布热力图效果

对于分割部分的数据增广，我们采用了水平翻转、垂直翻转、随机亮度、对比度、通道互换、旋转、高斯噪声、高斯模糊和缩小的方式。特别地，根据前文对于实车道线与虚车道线特征相似性的讨论，我们舍弃了两种可能造成类别歧义的增广方式——随机裁剪与图像放大。表 7-2 展示了数据增广的具体细节。

表 7-2 数据增广明细

原图			
增广名称	触发概率	参数设置	增广示例
水平翻转	0.5	无	
垂直翻转	0.5	无	
亮度变换	0.8	变换范围 0.7～1.3	

续表

增广名称	触发概率	参数设置	增广示例
对比度变换	0.8	变换范围 0.8～1.2	
通道互换	0.16	无	
旋转	0.5	角度范围－10°～10°	
高斯噪声	0.2	无	
高斯模糊	0.2	无	
缩小	0.5	缩放比 0.5～1	

数据增广的配置代码如下所示：

```
train_transform = A.Compose([
      A.VerticalFlip(p = 0.5),
      A.HorizontalFlip(p = 0.5),
```

```
        # color transforms
        A.OneOf([
                A.RandomBrightnessContrast(brightness_limit = 0.3, contrast_limit = 0.2,p = 1),
                A.RandomGamma(gamma_limit = (70, 130),p = 1),
                A.ChannelShuffle(p = 0.2), ],
        p = 0.8,
        ),
        # distortion
        A.OneOf(
                [
                A.ElasticTransform(p = 1),
                A.OpticalDistortion(p = 1),
                A.GridDistortion(p = 1),
                A.IAAPerspective(p = 1),
                ],
                p = 0.2,
        ),
        # noise transforms
        A.OneOf([
                A.GaussNoise(p = 1),
                A.IAASharpen(p = 1),
                A.MultiplicativeNoise(p = 1),
                A.GaussianBlur(p = 1),
        ],
        p = 0.2,
        ),

        A.Normalize(mean = (0.485, 0.456, 0.406), std = (0.229, 0.224, 0.225)),
        ToTensorV2(),
])
```

7.4.3 语义分割基准模型 HRNet

语义分割问题对特征的分辨率有较高的要求，为了获得高分辨率特征，大多数网络采用的是不同分辨率串联的形式，即先通过编码器对特征下采样，再通过解码器对特征下采样。而 HRNet，如图 7-23 所示，始终保持了原始分辨率的卷积支路，通过并联的方式衍生出不同分辨率的支路，在并联的基础之上添加不同分辨率特征图之间的融合。

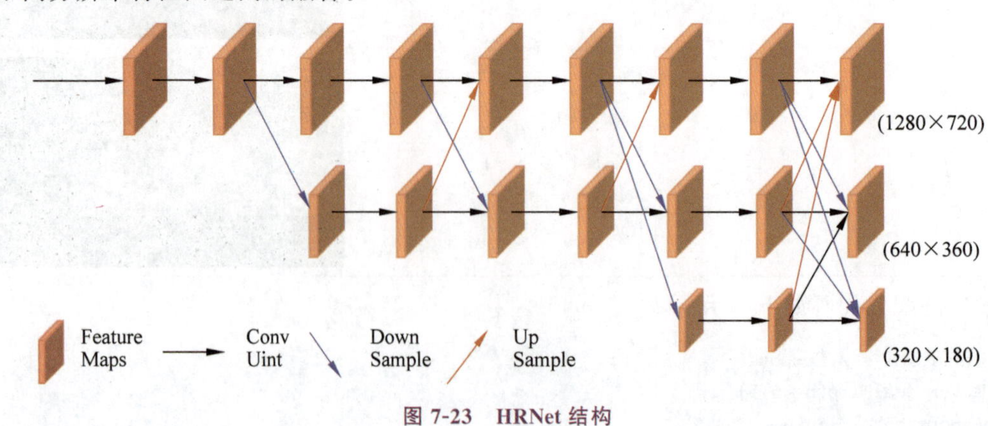

图 7-23 HRNet 结构

融合的规则如下：

① 融合方式为直接求和；

② 低分辨率特征图向高分辨率特征图融合时，先通过双线性插值扩大分辨率，再通过 1×1 卷积匹配特征通道数；

③ 高分辨率特征向低分辨率特征融合时，由于特征降维会导致信息的损失，所以使用 strided 3×3 卷积通过参数学习的方法降低信息损耗（而没有使用最大池化或者组合操作，因为池化不可学习）。

本次比赛采用的结构为 HRNet18，其 config 定义代码如下：

```
dict(
        type = 'HRNet',
        norm_cfg = dict(type = 'SyncBN',   requires_grad = True),
        norm_eval = False,
        extra = dict(
                stage1 = dict(
                        num_modules = 1,
                        num_branches = 1,
                        block = 'BOTTLENECK',
                        num_blocks = (4,    ),
                        num_channels = (64,    )),
                stage2 = dict(
                        num_modules = 1,
                        num_branches = 2,
                        block = 'BASIC',
                        num_blocks = (4,   4),
                        num_channels = (18,   36)),
                stage3 = dict(
                        num_modules = 4,
                        num_branches = 3,
                        block = 'BASIC',
                        num_blocks = (4,   4,   4),
                        num_channels = (18,   36,   72)),
                stage4 = dict(
                        num_modules = 3,
                        num_branches = 4,
                        block = 'BASIC',
                        num_blocks = (4,   4,   4,   4),
                        num_channels = (18,   36,   72,   144))))
```

7.4.4 算法模型与改进

改进后的分割模型整体如图 7-24 所示。输入图像首先通过切分 1/3 的预处理后，送入 HRNet 语义分割网络提取特征。HRNet 的输出特征一方面将直接转换为预测特征与标签做损失计算即 $Loss_1$；另一方面，OCRNet 针对 HRNet 的输出特征与预测特征，进一步提取物体区域上下文信息，计算损失 $Loss_2$。最终，两部分损失求和汇总为 Loss。在测试推理阶段，模型只保留 OCRNet 的输出，根据前文所提及的特征混淆性问题，我们额外对实车道线和虚车道线进行了目标检测，并通过检测框过滤车道线分割中存在的噪声，即只保留检测框内的车道线分割结果，去除背景中的分割噪声，降低车道线分割的误检率。

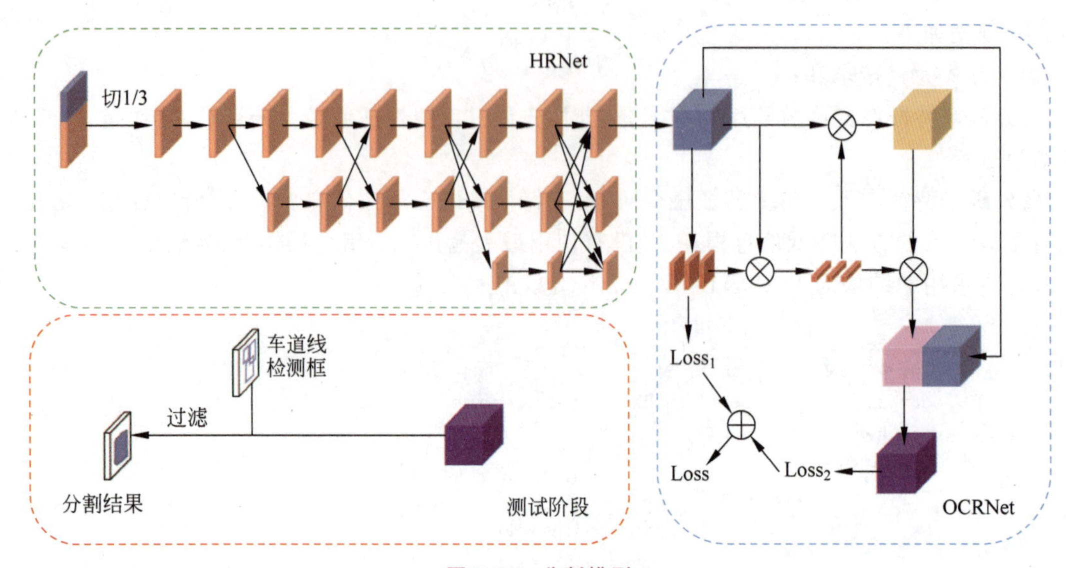

图 7-24　分割模型

OCRNet 的结构如图 7-25 所示。OCRNet 首先利用 HRNet 的输出特征与预测特征计算出物体区域表征，然后利用类似 Transformer 的注意力机制，将 HRNet 输出特征作为 Query，将像素区域表征作为 Key 和 Value，计算出注意力权重，也即像素特征表示。注意力权重对 Value 加权后得到融合后的特征，也即上下文特征表示。最后，将原本 HRNet 输出特征与上下文特征表示拼接，获取 OCRNet 的预测特征，并计算损失。OCRNet 模块代码实现如下：

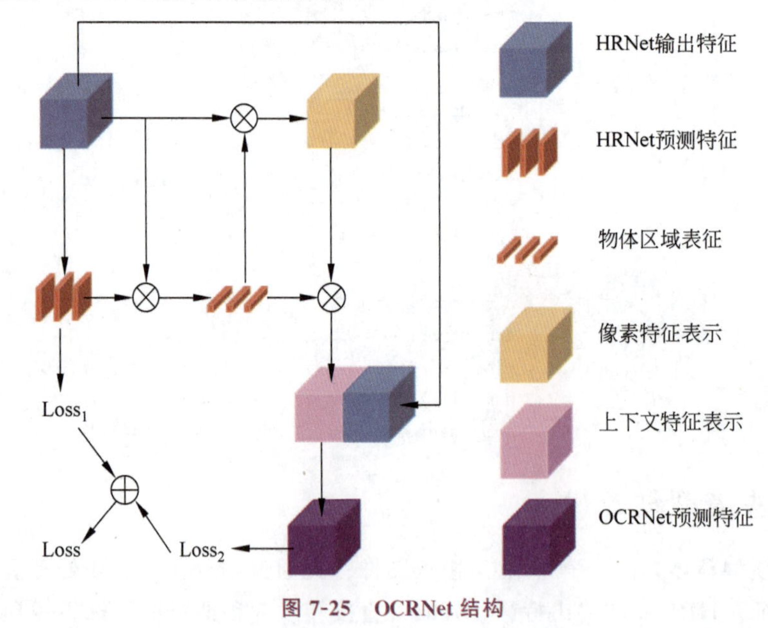

图 7-25　OCRNet 结构

```
@HEADS.register_module()
class OCRHead(BaseCascadeDecodeHead):
    def __init__(self, ocr_channels, scale = 1, ** kwargs):
        super(OCRHead, self).__init__( ** kwargs)
```

```
            self.ocr_channels = ocr_channels
            self.scale = scale
            self.object_context_block = ObjectAttentionBlock(
                self.channels,
                self.ocr_channels,
                self.scale,
                conv_cfg = self.conv_cfg,
                norm_cfg = self.norm_cfg,
                act_cfg = self.act_cfg)
            self.spatial_gather_module = SpatialGatherModule(self.scale)
            self.bottleneck = ConvModule(
                self.in_channels,
                self.channels,
                3,
                padding = 1,
                conv_cfg = self.conv_cfg,
                norm_cfg = self.norm_cfg,
                act_cfg = self.act_cfg)
        def forward(self, inputs, prev_output):
            """Forward function."""
            x = self._transform_inputs(inputs)
            feats = self.bottleneck(x)
            context = self.spatial_gather_module(feats, prev_output)
            object_context = self.object_context_block(feats, context)
            output = self.cls_seg(object_context)
            return output
```

本次比赛中，我们定义的 OCRNet config 代码如下：

```
dict(     type = 'OCRHead',
            in_channels = [18,   36,   72,   144],
            sampler = dict(type = 'OHEMPixelSampler',
thresh = 0.7,   min_kept = 100000),
            in_index = (0,   1,   2,   3),
            input_transform = 'resize_concat',
            channels = 512,
            ocr_channels = 256,
            dropout_ratio =- 1,
            num_classes = 4,
            norm_cfg = dict(type = 'SyncBN',   requires_grad = True),
            align_corners = False)
```

我们对于分割任务的损失函数选择是交叉熵损失和 Dice Loss，并且对损失函数做了平滑处理。Dice Loss 最早在处理医学影像分割问题的 VNet 中提出，其特点在于，能以图像为整体，度量预测结果与标签的相似程度（相比之下，交叉熵损失是逐像素点进行优化），然而其缺点在于梯度形式复杂，极端情况下容易导致训练不稳定，所以 Dice Loss 通常配合交叉熵损失一起使用。为了防止网络过分拟合独热编码的标签，也即 Over-confident 的问题，我们对损失函数分别进行了平滑处理：对于交叉熵损失，我们对标签进行了平滑处理；对于 Dice Loss，我们引入平滑系数 ε，即 SoftDice Loss。

$$y_i^* = (1-\alpha)y_i + \alpha/K$$

$$\mathrm{CE} = -\sum_{i}^{K} y_i^* \log(\hat{y}_i)$$

$$\mathrm{SoftDice} = \frac{2 \times \left(\sum_{i}^{K} y_i \hat{y}_i\right) + \varepsilon}{\left(\sum_{i}^{K} \hat{y}_i\right) + \left(\sum_{i}^{K} y_i\right) + \varepsilon}$$

$$\mathrm{Loss} = \mathrm{CE} + \mathrm{SoftDice}$$

其中,k 表示 k 个类别；y_i 是独热编码标签；y_i^* 表示平滑后的标签；$\hat{y}_i$ 是分割模型的预测结果；ε 是对 SoftDice Loss 的平滑系数。

7.5 算法结果分析与改进策略

7.5.1 算法改进策略及评估指标提升

本次比赛,我们对不同的 trick 进行了大量的消融实验,最终我们基于 Yolov5 和 OCRNet 作为 Baseline,使用图 7-26 所示技巧对算法进行策略和结构上的改善。

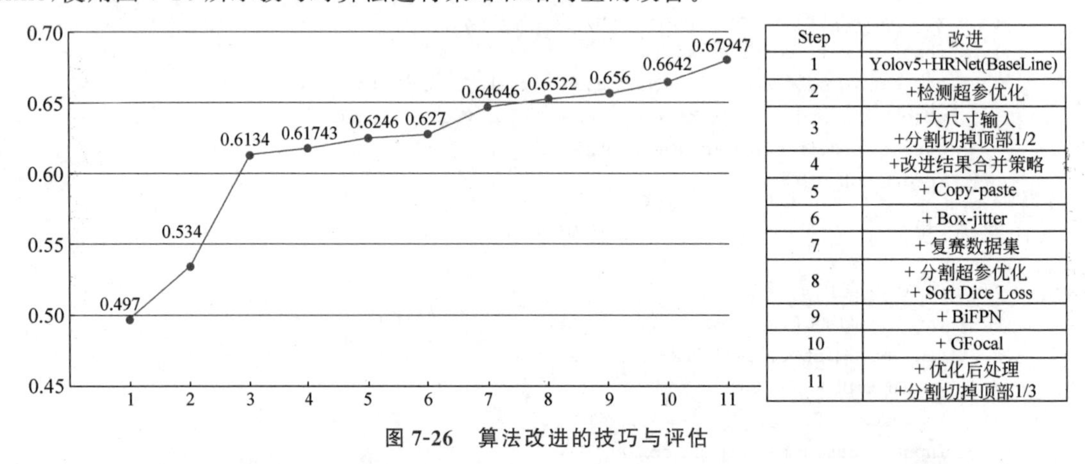

图 7-26　算法改进的技巧与评估

7.5.2 算法推理加速策略

为了使比赛更贴近实际应用与更具部署的实时性,赛方制定比赛规则时对推理时间与算法模型大小进行了限制,因此本次比赛是一次综合性能力考察比赛(工程时间和算法性能)。

如图 7-27 所示：

(1) 使用多进程模式,进程 1 读取数据,进程 2 进行算法推理任务,进程 3 进行推理结果后处理和输出任务；

(2) 进程 1 对数据进行加载后,进程 2 对数据进行推理,同时进程 1 继续对数据进行连续读取；

(3) 进程 3 获得进程 2 推理的数据后进行后处理,同时进程 2 继续对新数据进行推理,待进程 3 处理完后运行标志位,进程 1 继续读取数据。

通过这种前后并行处理多进程的模式,可以使速度提升 30%。

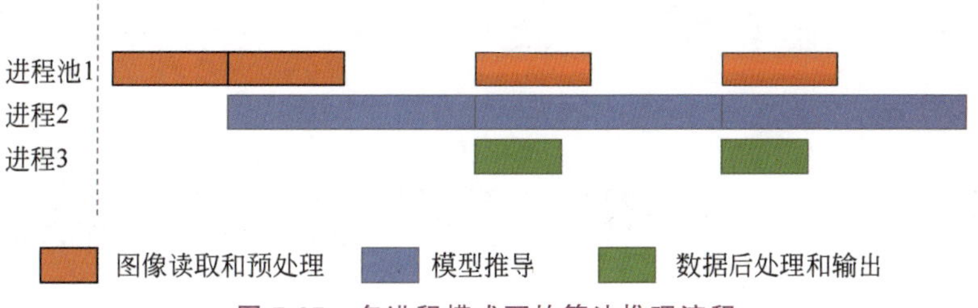

图 7-27 多进程模式下的算法推理流程

7.5.3 总结

在消融实验中，选择不同的对照组，我们进行了如表 7-3 所示的一些实验。由于均衡考虑到推理速度与精度，我们对于一些 trick 汇总实验后进行了舍弃。

表 7-3 弃用 trick 明细

名称	解释	弃用原因
Swin Transformer	作检测模型骨干网络	模型大小超出限制，并且与 Yolov5 骨干网络精度持平
多模型融合	训练不同模型，在推理时用多个模型的结果加权或投票表决	推理速度明显下降，精度没有明显提升
Test Time Augment	在推理阶段对测试图像做一些简单增广，并统计所有图片的结果，加权或投票表决	精度没有明显提升
Decoupled Head	由于多任务学习，任务间存在固有的差异，故而在检测网络的检测头部分，将回归训练，置信度训练，分类训练，彼此分开成三个支路，分开训练	精度提升但是参数量增加了
Soft-nms	nms 变种，对于同类相互目标遮挡，造成的检测框丢失有明显改善	所描述的情况在比赛数据集中出现次数不多，效果没有明显提升
使用更大的图像输入尺寸	保持高分辨率输入，有益于检测网络对小目标和细节特征的提取	精度没有明显提升，速度反而下降了
Segformer	transformer 应用到语义分割的一种网络结构	精度持平，但是参数量稍大
Rmi Loss	语义分割的一种损失，通过领域表征像素，在损失计算时，增强像素间的依赖性	精度没有太大提升

(1) 使用独立的检测＋分割模型分别对 7 个检测类以及 3 个分割类进行预测。特别地，对于实车道线和虚车道线两类，检测模型会额外对此两类进行检测，再利用检测模型输出的检测框，过滤掉检测框外的分割结果。

(2) 检测模型使用 Yolov5 骨干网络进行特征提取，利用 BiFPN 结构进行特征融合。面对检测框标注不准的问题，分别从模型上和数据处理上采取了相应的措施。GFocal 将原来的直接预测边界位置转为预测位置可能出现范围的概率分布进而求期望，对模糊的边界框标注效果显著；Box-jitter 在数据增广时对标签标注框加入了随机扰动，有利于修正调整不正确的边框标注。

(3) 分割模型采用 HRNet＋OCRNet 结合的方案。基于数据分析，我们掌握了分割对象主要集中的区域，因此在图像输入时，裁剪掉了不必要的背景部分，加速了模型的推理。

最终复赛成绩为 F1：0.67947　FPS：25.3

2021 年竞赛详情，欢迎扫码了解：

第8章

2022赛题——“一带一路”重点语种法俄泰阿与中文互译

8.1 赛题解析

8.1.1 赛题介绍

机器翻译是使用计算机进行自动翻译以实现不同语言间的转换。机器翻译技术已经广泛应用到日常的生活中，同时也是文化交流和国际贸易等行业所需要的重要技术。

“一带一路”已与 150 个国家、32 个国际组织签署 201 份共建“一带一路”合作协议，语言种类超过 110 种。随着“一带一路”的深入，市场对多语言翻译的需求日益增长。面向国家重大需求，提升“一带一路”重要语言的机器翻译质量具有重要意义。同时，“一带一路”涉及的语言大部分语言资源稀缺，低资源语言机器翻译是国际公认的难题和前沿领域，其中机器翻译在跨越语言鸿沟中扮演着重要的角色。

本次竞赛围绕“一带一路”倡议需求，利用机器翻译技术，着力于提高“一带一路”语言翻译质量。本次翻译比赛将重点关注法语、俄语、泰语、阿拉伯语和中文之间的翻译，鼓励参赛选手从数据、模型结构和训练方法等多方面进行技术探索，促进技术进步，服务国家需求。

本次大赛分为初赛、复赛和决赛三个阶段，其中，初赛由参赛队伍进行中法、中俄、中泰语言互译算法设计和调试；复赛由参赛队伍进行阿拉伯语与中文互译算法设计和调试；决赛要求参赛者进行现场演示和答辩。

本次比赛提供 4 份互为翻译的平行句对，分别是中法、中俄、中泰和中阿，同时鼓励参赛队伍使用其他公开可获取的双语数据和单语数据构建训练数据，但是在决赛的评审材料中需要提供外部数据的来源。

初赛阶段提供中法、中俄、中泰各 10 万句对作为训练数据。测试数据为中到法、法到中、中到俄、俄到中、中到泰和泰到中翻译方向的源语言，每个翻译方向一共 1000 句。测试集文本每一行是一句待翻译的源语言，参赛队伍上传的结果文本的每一行就是对应的目标译文。

复赛阶段提供中阿 5 万句对作为训练数据。测试数据为中到阿和阿到中翻译方向的源语言，每个翻译方向一共 1000 句。测试集文本每一行是一句待翻译的源语言，参赛队伍上传的结果文本的每一行就是对应的目标译文。

本次比赛所采用的评价指标为 BLEU，这也是机器翻译主流的自动评价指标。自动指标排名是计算所有翻译方向在测试集上的 BLEU 平均值排序得到。专家会参考自动指标排名、技术方案和现场陈述进行最终的排名。

8.1.2　数据介绍

1. 初赛数据

初赛数据集中的数据如图 8-1 所示。README 文件对初赛数据集中的各个文件进行介绍，evaluation.zip 包含翻译结果评估代码，reader.py 是要替换的 PaddleNLP 源码中的数据读取部分代码，fr_zh.train 包含法文-中文训练数据集，ru_zh.train 包含俄文-中文训练数据集，th_zh.train 包含泰文-中文训练数据集，zh_fr.train 包含中文-法文训练数据集，zh_ru.train 包含中文-俄文训练数据集，zh_th.train 包含中文-泰文训练数据集，fr_zh.test 包含法文-中文测试数据集，ru_zh.test 包含俄文-中文测试数据集，th_zh.test 包含泰文-中文测试数据集，zh_fr.test 包含中文-法文测试数据集，zh_ru.test 包含中文-俄文测试数据集，zh_th.test 包含中文-泰文测试数据集。

名称	类型	大小
evaluation.zip	ZIP 文件	7 KB
fr_zh.test	TEST 文件	126 KB
fr_zh.train	TRAIN 文件	21,677 KB
reader.py	JetBrains PyCharm Community Edition	15 KB
README	文件	1 KB
ru_zh.test	TEST 文件	291 KB
ru_zh.train	TRAIN 文件	40,472 KB
th_zh.test	TEST 文件	150 KB
th_zh.train	TRAIN 文件	20,102 KB
zh_fr.test	TEST 文件	86 KB
zh_fr.train	TRAIN 文件	21,677 KB
zh_ru.test	TEST 文件	115 KB
zh_ru.train	TRAIN 文件	40,472 KB
zh_th.test	TEST 文件	49 KB
zh_th.train	TRAIN 文件	20,102 KB

图 8-1　初赛数据集

图 8-2 是 README 文件的内容。

```
1.数据集
fr_zh.train 法文-中文训练集
ru_zh.train 俄文-中文训练集
th_zh.train 泰文-中文训练集
zh_fr.train 中文-法文训练集
zh_ru.train 中文-俄文训练集
zh_th.train 中文-泰文训练集
fr_zh.test 法文-中文测试集
ru_zh.test 俄文-中文测试集
th_zh.test 泰文-中文测试集
zh_fr.test 中文-法文测试集
zh_ru.test 中文-俄文测试集
zh_th.test 中文-泰文测试集

2.读数脚本
获取PaddleNLP源码后，将PaddleNLP/examples/machine_translation/transformer/reader.py，替换为本项目中的reader.py。

3.bleu值计算工具
unzip evaluation.zip && cd evaluation
python3 -m pip install pythainlp
python3 bleu_scorer.py route trans_file ref_file
route: 翻译方向，从{"fr_zh", "ru_zh", "th_zh", "zh_fr", "zh_fr", "zh_th"}中选择；
trans_file: 模型翻译结果文件；
ref_file: 真实译文文件；
```

图 8-2　初赛 README 中的数据

图 8-3 是 fr_zh. train 中的部分示例。训练数据集中共 100000 行,每一行是一个训练样本,一行的前半部分是法文,后半部分是对应的中文。ru_zh. train、th_zh. train 和 fr_zh. train 中的数据格式类似。ru_zh. train 一行的前半部分是俄文,后半部分是对应的中文。th_zh. train 一行的前半部分是泰文,后半部分是对应的中文。

```
1  L'eau du fond de la fosse est évacuée par la pompe mobile vers la station de pompe fixe de 1030m,
   1120m, 1210m, puis évacuée à l'extérieur de la limite.
   坑底汇水由移动泵排至1030m、1120m、1210m固定泵站后，再接力排至境界外。
2  Une zone de stockage sera désignée à l'entrepreneur.    贮存区域会提交给承包商。
3  l'Entrepreneur doit protéger et conserver soigneusement tous les repères, jalon à voyant fixe,
   piquets et autres marques utilisés lors de l'implantation des ouvrages.
   承包商必须小心保护和保存所有的标志，界碑，里程碑，电线杆以及建筑物安装过程中使用的其他标志。
4  Est -ce que le document devra être fourni après l 'attribution du marché?
   文件必须在授予合同后提交吗？
5  Les installations d'éclairage seront conçues pour obtenir les niveaux d'éclairement suivants (à
   l'intérieur sur un plan horizontal à 80 cm au dessus du sol, et à l'extérieur au niveau du sol)
   après 2000 h de fonctionnement et avec des revêtements sales ou défraîchis :
   照明设施设计为在运行2000小时后，并且涂层脏污褪色后，达到以下照明水平（室内在地面上方80
   cm的水平面上，室外在地面上）：
6  CEI 60896-11 (Batteries au plomb du type ouvert - Prescriptions générales et méthodes d'essai)
   ;    CEI 60896-11 （开口式铅电池- 总规定和试验方法）；
7  La description ci-après donne des principes généraux pour la mise en œuvre des séquences
   automatiques de démarrage et d'arrêt.  以下描述给出了实现自动启动和停止序列的一般原理。
8  Les transitoires de la tension de sortie devront être limités à ± 2% de la valeur assignée pour
   des variations instantanées de charge de 0 à 100% ou de 100 à 0%. Dans tous les cas, la tension
   reviendra dans les tolérances du régime statique en moins de 100 millisecondes.
   输出电压瞬变现象应限制在指定值的±
   2%范围内，以便满足从0到100%或从100%到0的瞬时变化。在这种情况下，电压将在100毫秒内回到静态工况的容差
   范围内。
9  Les têtes de piquets seront rattachées en plan et en altitude aux bornes mises en place par
   l'Entrepreneur en dehors de l'emprise des terrassements.
   在土方工程占地范围外，标桩的头部应在平面和高程上与承包商安装的界标相连接。
10 3.10.1 Chargé de l'échafaudage  3.10.1 脚手架负载
```

图 8-3　初赛 fr_zh. train 中的部分数据

图 8-4 是 zh_fr. train 中的部分示例。训练数据集中共 100000 行,每一行是一个训练样本,一行的前半部分是中文,后半部分是对应的法文。zh_ru. train、zh_th. train 和 zh_fr. train 中的数据格式类似。zh_ru. train 一行的前半部分是中文,后半部分是对应的俄文。zh_th. train 一行的前半部分是中文,后半部分是对应的泰文。

```
1  坑底汇水由移动泵排至1030m、1120m、1210m固定泵站后，再接力排至境界外。    L'eau
   du fond de la fosse est évacuée par la pompe mobile vers la station de pompe
   fixe de 1030m, 1120m, 1210m, puis évacuée à l'extérieur de la limite.
2  贮存区域会提交给承包商。    Une zone de stockage sera désignée à l'entrepreneur.
3  承包商必须小心保护和保存所有的标志，界碑，里程碑，电线杆以及建筑物安装过程中使用
   的其他标志。    l'Entrepreneur doit protéger et conserver soigneusement tous
   les repères, jalon à voyant fixe, piquets et autres marques utilisés lors de
   l'implantation des ouvrages.
4  文件必须在授予合同后提交吗？    Est -ce que le document devra être fourni après
   l 'attribution du marché?
5  照明设施设计为在运行2000小时后，并且涂层脏污褪色后，达到以下照明水平（室内在地面
   上方80 cm的水平面上，室外在地面上）：    Les installations d'éclairage seront
   conçues pour obtenir les niveaux d'éclairement suivants (à l'intérieur sur un
   plan horizontal à 80 cm au dessus du sol, et à l'extérieur au niveau du sol)
   après 2000 h de fonctionnement et avec des revêtements sales ou défraîchis :
6  CEI 60896-11 （开口式铅电池- 总规定和试验方法）；    CEI 60896-11 (Batteries au
   plomb du type ouvert - Prescriptions générales et méthodes d'essai) ;
7  以下描述给出了实现自动启动和停止序列的一般原理。    La description ci-après
   donne des principes généraux pour la mise en œuvre des séquences automatiques
   de démarrage et d'arrêt.
8  输出电压瞬变现象应限制在指定值的±
   2%范围内，以便满足从0到100%或从100%到0的瞬时变化。在这种情况下，电压将在100毫秒
   内回到静态工况的容差范围内。    Les transitoires de la tension de sortie devront
   être limités à ± 2% de la valeur assignée pour des variations instantanées de
   charge de 0 à 100% ou de 100 à 0%. Dans tous les cas, la tension reviendra dans
   les tolérances du régime statique en moins de 100 millisecondes.
9  在土方工程占地范围外，标桩的头部应在平面和高程上与承包商安装的界标相连接。    Les
   têtes de piquets seront rattachées en plan et en altitude aux bornes mises en
   place par l'Entrepreneur en dehors de l'emprise des terrassements.
10 3.10.1 脚手架负载    3.10.1 Chargé de l'échafaudage
```

图 8-4　初赛 zh_fr. train 中的部分数据

图 8-5 是 fr_zh. test 中的部分示例。测试数据集中共 1000 行，每一行是一个测试样本，即一个法文语句。ru_zh. test、th_zh. test 和 fr_zh. test 中的数据格式类似。ru_zh. test 每一行是一句俄文。th_zh. test 每一行是一句泰文。

```
1   Dans le cas de halles importantes, grandes portées, fortes charges des ponts
    roulants, les portiques assurant la stabilité transversale de l'ouvrage seront
    constitués par des pièces à âme pleine (caisson ou âme unique).
2   Perturbation de la vue, réduction de la visibilité et infections respiratoires
    (basses et/ou aiguës)
3   La Partie sortante pourra par ailleurs voir sa responsabilité engagée s'il
    apparaît que son retrait est motivé, directement ou indirectement, par la
    volonté de soutenir un autre groupement. .
4   - Enfin l'Entrepreneur est réputé avoir pris toutes ses dispositions pour se
    documenter de manière complète sur toutes les sujétions qui sont susceptibles
    d'influencer les prix de revient de l'ouvrage.
5   Implantation du service commercial Européen dédié à la Zone Europe à
    Montpellier ;
6   nettoyage soigné au jet d'eau et d'air sous pression, de façon à éliminer de la
    surface toute trace de laitance, toute poussière, matière organique, huile,
    graisse, etc. nuisible à l'accrochage du mortier rapporté,
7   (pour réaliser l'infrastructure requise en 2040) :
8   Les agents des douanes sont sous la sauvegarde spéciale de la loi.
9   L'Entrepreneur doit assurer la garde, la surveillance et le maintien en
    sécurité de son chantier y compris en dehors des heures de présence sur le site.
10  -L'existence d'une politique environnementale [uniquement dans le cas du niveau
    ESSSSYMBOLinsérez:
```

图 8-5 初赛 fr_zh. test 中的部分数据

图 8-6 是 zh_fr. test 中的部分示例。测试数据集中共 1000 行，每一行是一个测试样本，即一个中文语句。zh_ru. test、zh_th. test 和 zh_fr. test 中的数据格式类似，每一行是一句中文。

```
1   计划将母线组以及连接线安装在一个独立的装置用分隔单元中，并安装一块面板封闭处理，
    采用螺栓固定
2   （2）抗震设防烈度按6度考虑抗震设防。
3   该港口有以下靠岸工程：
4   每年的饮用水需求量（m 3 /年）
5   根据2011年1月5日颁布的关于授予埃夫里-瓦尔德松大学颁发国家文凭资格的部长令；
6   承包商应承担保管这些材料的责任。
7   108 x 108未磨光陶砖层，高度至法国标准的2.35m
8   图 7-16 地震分区图
9   避免市集日在村庄内施工
10  应配备水流量指示器（带警报和闭锁触点），检测每个冷却器的水流。
```

图 8-6 初赛 zh_fr. test 中的部分数据

2. 复赛数据

复赛数据集中的数据如图 8-7 所示。zh_ar. train 包含中文翻译成阿拉伯文的训练数据集，ar_zh. train 包含阿拉伯文翻译成中文的训练数据集，zh_ar. test 包含中文翻译成阿拉伯文的测试数据集，ar_zh. test 包含阿拉伯文翻译成中文的测试数据集。

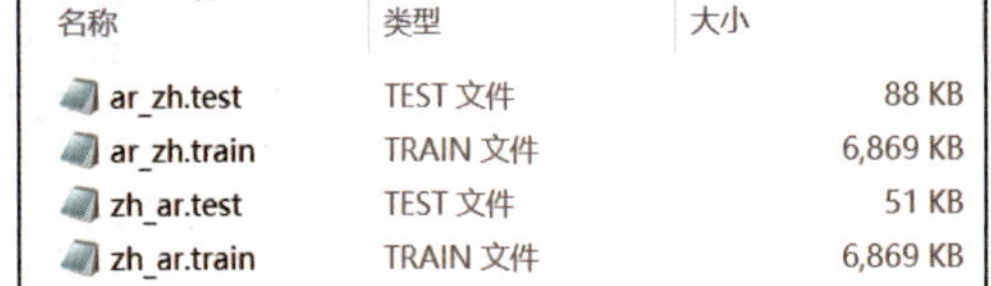

名称	类型	大小
ar_zh.test	TEST 文件	88 KB
ar_zh.train	TRAIN 文件	6,869 KB
zh_ar.test	TEST 文件	51 KB
zh_ar.train	TRAIN 文件	6,869 KB

图 8-7 复赛数据集

图 8-8 是 zh_ar. train 中的部分示例。训练数据集中共 50000 行，每一行是一个训练样本，一行的前半部分是中文，后半部分是对应的阿拉伯文。

图 8-9 是 ar_zh. train 中的部分示例。训练数据集中共 50000 行，每一行是一个训练样本，一行的前半部分是阿拉伯文，后半部分是对应的中文。

图 8-10 是 zh_ar. test 中的部分示例。测试数据集中共 1000 行，每一行是一个测试样本，即一个中文语句。

图 8-11 是 ar_zh. test 中的部分示例。测试数据集中共 1000 行，每一行是一个测试样本，即一个阿拉伯文语句。

```
我不能上天,因为地下有人。	لا أستطيع الذهاب إلى الجنة لأن هناك شخص ما تحت الأرض .
至于负相关,则没有这种限制。	أما بالنسبة للإرتباطات السلبية فليس هناك مثل هذا التقييد .
我给你二十分钟出现在桥下。	سأعطيك عشرين دقيقة لتظهر تحت الجسر .
他以同样的方式回敬了他的侮辱。	هو رد إهاناته بنفس الطريقة .
嘿,我应该留住他的,布鲁斯·李!	يجب أن أبقيه يا بروس لي .
爸爸到第一人民医院了。	وصل أبي إلى مستشفى الشعب الأول .
将面团放在一个温暖的地方,直到它的大小翻倍(发面)。	ضعي العجينة في مكان دافئ حتى يتضاعف حجمها .
河前没有森林,出现在安德罗诺夫斯基之后。	لم تكن هناك غابات أمام النهر ، بعد ظهور أندرونوفسكي .
你不能走着去科学中心。	لا يمكنك المشي إلى مركز علوم .
上一次你吓得够呛,差点儿把车撞烂了。	آخر مرة كنت خائفًا ، كادت أن تحطم السيارة .
当血糖升高时,排尿速度增加,这导致皮肤干燥和缺水。	عندما يرتفع السكر في الدم ، يزداد معدل التبول ، وهذا يؤدي إلى التجفاف وجفاف الجلد .
所以在杭州街头打车给我们的感觉是:非常难。	لذا فإن ركوب سيارة أجرة في شوارع هانغتشو يعطينا الشعور بأن الأمر صعب للغاية .
问他去澳大利亚怎么去?	سألته كيف نذهب إلى أستراليا ؟
今天我看了一场足球赛。	شاهدت مباراة كرة القدم اليوم .
但是,这个东西会在一小时或更短的时间内得到改善,并脱离寒冷。	ما يصلح تطول فيه حق ساعة أو أقل وتطلع من البرد .
尽量让它自然地陈列在卡累利阿传统地名中。	حاول أن تُظهرها بشكل طبيعي في أسماء الأماكن التقليدية في " كاريليا " .
在嘴的另一侧咀嚼食物,远离溃疡。	امضغ الطعام على الجانب الآخر من فمك ، بعيدًا عن القرحة .
我们去找了一个阴凉的地方,喝了一杯。	ذهبنا إلى مكان بارد منعش وشربنا الخمر .
您的护照和签证有效期还有多久?	كم من الوقت تبقى صلاحية جواز سفرك وتأشيرتك ؟
确保将种子放在温暖潮湿的地方,以帮助它发芽。	تأكد من الاحتفاظ بالبذرة في مكان دافئ ورطب لمساعدتها على الإنبات .
```

图 8-8　复赛 zh_ar. train 中的部分数据

```
لا أستطيع الذهاب إلى الجنة لأن هناك شخص ما تحت الأرض .	我不能上天,因为地下有人。
أما بالنسبة للإرتباطات السلبية فليس هناك مثل هذا التقييد .	至于负相关,则没有这种限制。
سأعطيك عشرين دقيقة لتظهر تحت الجسر .	我给你二十分钟出现在桥下。
هو رد إهاناته بنفس الطريقة .	他以同样的方式回敬了他的侮辱。
يجب أن أبقيه يا بروس لي .	嘿,我应该留住他的,布鲁斯·李!
وصل أبي إلى مستشفى الشعب الأول .	爸爸到第一人民医院了。
ضعي العجينة في مكان دافئ حتى يتضاعف حجمها .	将面团放在一个温暖的地方,直到它的大小翻倍(发面)。
لم تكن هناك غابات أمام النهر ، بعد ظهور أندرونوفسكي .	河前没有森林,出现在安德罗诺夫斯基之后。
لا يمكنك المشي إلى مركز علوم .	你不能走着去科学中心。
آخر مرة كنت خائفًا ، كادت أن تحطم السيارة .	上一次你吓得够呛,差点儿把车撞烂了。
عندما يرتفع السكر في الدم ، يزداد معدل التبول ، وهذا يؤدي إلى التجفاف وجفاف الجلد .	当血糖升高时,排尿速度增加,这导致皮肤干燥和缺水。
لذا فإن ركوب سيارة أجرة في شوارع هانغتشو يعطينا الشعور بأن الأمر صعب للغاية .	所以在杭州街头打车给我们的感觉是:非常难。
سألته كيف نذهب إلى أستراليا ؟	问他去澳大利亚怎么去?
شاهدت مباراة كرة القدم اليوم .	今天我看了一场足球赛。
ما يصلح تطول فيه حق ساعة أو أقل وتطلع من البرد .	但是,这个东西会在一小时或更短的时间内得到改善,并脱离寒冷。
حاول أن تُظهرها بشكل طبيعي في أسماء الأماكن التقليدية في " كاريليا " .	尽量让它自然地陈列在卡累利阿传统地名中。
امضغ الطعام على الجانب الآخر من فمك ، بعيدًا عن القرحة .	在嘴的另一侧咀嚼食物,远离溃疡。
ذهبنا إلى مكان بارد منعش وشربنا الخمر .	我们去找了一个阴凉的地方,喝了一杯。
كم من الوقت تبقى صلاحية جواز سفرك وتأشيرتك ؟	您的护照和签证有效期还有多久?
تأكد من الاحتفاظ بالبذرة في مكان دافئ ورطب لمساعدتها على الإنبات .	确保将种子放在温暖潮湿的地方,以帮助它发芽。
```

图 8-9　复赛 ar_zh. train 中的部分数据

```
如果你很胖,你应该考虑去看医生或者减肥。
市场于2008年11月向公众开放。
我怎样去世界贸易中心?
水从破裂的水管里喷出。
我一个红包都没抢到,你们有意思么?
我变得对自己的记忆没有自信了。
新设备的特点是电池可以连续24小时不间断地工作。
深夜透窗棂。
难道你的生命就只值15000元吗?
人们还需要进行繁琐的申请程序。
这家酒店在位置、设施、员工和物有所值方面都得到了很好的评价。
世界上的水上公园中还没有见过这种速度。
学校举行这个活动以使学生提高环保意识。
这个优点足以盖过她的全部缺点。
这个英文单词太深奥了,我看不懂,怎么办呢?
下班了,你好好休息一会儿呗。
你到底有几个姐姐啊?
在主麻祈祷之后,阿勒颇市举行了一次游行,来声援德拉市人民。
他的机智使他再次摆脱了窘境。
杨长宝被聘为总务处长了。
```

图 8-10　复赛 zh_ar. test 中的部分数据

```
تتعلم أكثر من المعلومات ، وليس هناك ضرر .
شرب كوبًا من الويسكي ثم كوبًا آخر من الشمبانيا .
لنرى من يطبع أسرع .
تقام الحفلة الموسيقية من الصباح إلى المساء ، والدخول مجاني .
عيوبه هي المثالية والهروب من الواقع وضعف الإرادة والطاعة السهلة .
لقد وجد عملا دائما وثابتا .
ابحث عن سمات الشخصية على الانترنت أو في الكتب .
تتعدد العوامل التي تؤثر على قدرة الكليتين على أداء وظائفهما ، منها الآتي :
ويبلغ متوسط معدل البطالة دون الخامسة والعشرين من العمر ٢٥,٤ في المائة .
أنا أحب الفتيات من أصل كوريا الدمقراطية .
ليست غرفة القراءة في الطابق الخامس على الإطلاق .
بركان أفاشا في الساعة السابعة والنصف ( 2741 متر ) .
ابحث عن قضية أكبر ثم هب حياتك لأجلها .
لدينا بعض الأفكار في أذهاننا وأتمنى أن نطبق هذه الأفكار بشكل مناسب .
هذه النسبة تمنحكم بالحصول على سرعة الإرسال على الفور .
أنخلي الدقيق والكاكاو والبايكنغ باودر في وعاء واتركي المكونات الجافة جانباً .
نريد أن نستمتع بالإطلالة على مناظر نيويورك الليلية .
إن أذهاننا مليئة بالأفكار المتنوعة .
حصل الفندق على تقييمات ممتازة بفضل موقعه المُتميّز ومستوى الخدمات والمرافق المُريحة .
قمت بالكثير من العمل الإعدادي قبل الدراسة في الجامعة الوطنية بالولايات المتحدة .
```

图 8-11　复赛 ar_zh. test 中的部分数据

8.1.3 评估指标

比赛以 BELU 作为评估指标，计算公式如下：

$$P_n = \frac{\sum_{c \in \text{candidates}} \sum_{n\text{-gram} \in c} \text{Count}_{\text{clip}}(n\text{-gram})}{\sum_{c' \in \text{candidates}} \sum_{n\text{-gram}' \in c'} \text{Count}(n\text{-gram}')}$$

生成的句子是 Candidate，给定的标准译文是 Reference。分子中第一个求和符号统计的是所有的 Candidate，因为计算时可能有多个句子；第二个求和符号统计的是一条 Candidate 中所有的 n-gram，而 $\text{Count}_{\text{clip}}(n\text{-gram})$表示某一个 n-gram 在 Reference 中的个数；所以整个分子就是在给定的 Candidate 中有多少个 n-gram 词语出现在 Reference 中。分母中前两个求和符号和分子中的含义一样，$\text{Count}(n\text{-gram}')$表示 n-gram$'$在 Candidate 中的个数，综上可知，分母是获得所有的 Candidate 中 n-gram 的个数。其中 n-gram 指的是连续的单词个数为 n，P_1 衡量的是单词级别的准确性，更高阶的 P_n 可以衡量句子的流畅性。

令 lc 为候选翻译的长度，lr 为有效参考语料库长度，计算简洁惩罚 BP：

$$\text{BP} = \begin{cases} 1, & \text{lc} > \text{lr} \\ \exp\left(1 - \frac{\text{lr}}{\text{lc}}\right), & \text{lc} \leqslant \text{lr} \end{cases}$$

然后计算修正的 n-gram 精度的几何平均值 BELU_n，使用直到长度 N 的 n-gram 和正权重 W_n 求和得到一个值，乘以简洁惩罚 BP 就得到最终的 BLEU。

$$\text{BLEU} = \text{BP} \times \exp\left(\sum_{n=1}^{N} W_n \times \log P_n\right)$$

8.1.4 赛题分析

根据大赛的给定信息，可以很容易抽象出本次竞赛的主要目标是通过机器翻译实现不同语言之间的相互翻译。初赛给定的训练数据集中包含中法、中俄、中泰的语句对，测试数据集中包含待翻译的语言。因此，初赛的任务形式十分明确，要通过机器翻译模型实现中法、中俄、中泰的互译。

复赛给定的训练数据集中包含中阿的语句对，测试数据集中包含一组待翻译成阿拉伯文的中文语句和一组带翻译成中文的阿拉伯文语句。因此，复赛的任务形式十分明确，要通过机器翻译模型实现中阿语言的互译。

8.2 机器翻译基础介绍

8.2.1 机器翻译概述

翻译在人类历史长河中起到了重要的作用。一方面，由于语言文字、文化和地理位置的差异性，使得翻译成为一个重要的需求；另一方面，翻译也加速了不同文化的融合，促进了世界的发展。面对着巨大的需求，如何使用机器辅助翻译等技术手段提高人工翻译效率，也是人工翻译和机器翻译领域需要共同探索的方向。

机器翻译，又称为自动翻译，是利用计算机将一种自然语言（源语言）转换为另一种自然语言（目标语言)的过程。它是计算语言学的一个分支,是人工智能的终极目标之一。早在17世纪,如Descartes、Leibniz、Cave Beck、Athanasius Kircher和JohannJoachim Becher等很多学者就提出采用机器词典(电子词典)来克服语言障碍的想法,这种想法在当时是很超前的。随着语言学、计算机科学等学科的发展,在19世纪30年代使用计算模型进行自动翻译的思想开始萌芽,如当时法国科学家Georges Artsrouni就提出用机器进行翻译的想法。只是那时依然没有合适的实现手段,所以这种想法的合理性无法被证实。自20世纪90年代起,机器翻译迈入了基于统计建模的时代,发展到今天,已经大量应用了深度学习等机器学习方法,并且取得了令人瞩目的进步。在这个时代背景下,对机器翻译的模型、方法和实现技术进行深入了解是自然语言处理领域研究者和实践者所渴望的。

步入21世纪后,统计学习方法的兴起给机器翻译带来了全新的思路,同时也带来了巨大的技术进步。在2013年以后,机器学习的进步带来了机器翻译技术的进一步提升。特别是基于神经网络的深度学习方法在机器视觉、语音识别中被成功应用,带来了飞跃式的性能提升。自2014年开始,翻译就不再是在离散化的单词和短语上进行,而是在实数向量空间上计算。因此与之前的技术相比,它在词序列表示的方式上有了本质的改变。2016年之后,随着深度学习方法在机器翻译中的进一步应用,机器翻译迎来了前所未有的大好机遇。新的技术方法层出不穷,机器翻译系统也得到了广泛应用。

8.2.2 经典机器翻译模型

在神经网络机器翻译发展初期,广泛采用RNN作为编码器和解码器的网络结构。该网络擅长对自然语言建模,以LSTM和门控循环单元网络(Gated Recurrent Unit networks,GRU)为代表的RNN网络通过门控机制"记住"句子中比较重要的单词,让"记忆"保存比较长的时间。2017年,有2篇文献相继提出了采用CNN和自注意力网络(Transformer)作为编码器和解码器结构,它们不但在翻译效果上大幅超越了基于RNN的神经网络,还通过训练时的并行化实现了训练效率的提升。目前业界机器翻译主流框架采用自注意力网络,该网络不仅应用于机器翻译,在自监督学习等领域也有突出的表现。下面挑选了机器翻译领域具有代表性的算法进行介绍。

1. RNN算法

在传统的神经网络里,假设所有的输入都是相互独立的。但是对机器翻译任务来说,这是非常不好的。在我们的阅读习惯里,如果想预测一个句子中的下一个词,最好知道之前的词。RNN之所以被叫作循环神经网络,是因为它在序列中的每个元素都完成相同的任务,输入都依赖于前一步的计算。在RNN中,"循环"指的是隐藏层中每一个神经元的循环使用,如图8-12所示。图中左侧就是一个RNN的经典结构,x代表了输入层,s是隐藏层,o代表了输出层。U、V、W分别是网络中的参数,其中,s所代表的隐藏状态除了用来传递给输出层,又经过图中的箭头循环回来被再次使用。将这一循环结构展

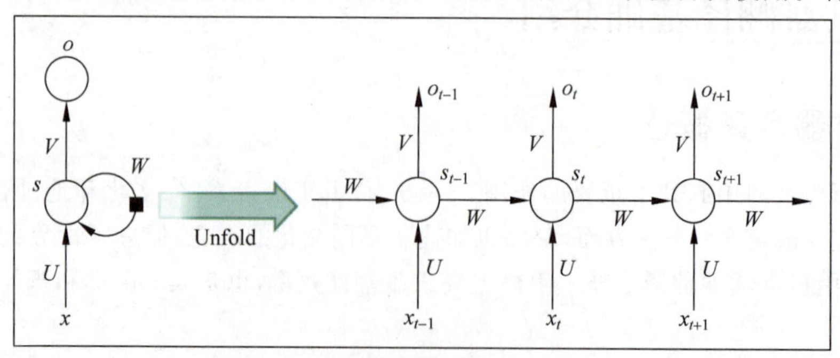

图8-12 循环神经网络结构图及其展开形式

开就得到了图中右侧的结构：x_{t-1} 到 x_{t+1} 代表了不同时刻依次输入的数据，每一时刻的输入都会得到一个相应的隐藏状态 s，该时刻的隐藏状态除了用于产生该时刻的输出，也参与了下一时刻隐藏状态的计算。

RNN 和前向神经网络不同。在前向神经网络里面，输入的数据之间并没有必然的联系，它们可以是完全独立的数据，但是在 RNN 中，输入的数据具有时间上的先后次序，从而形成了一个序列(Sequence)。这一点不同之处是 RNN 区别于其他神经网络最为关键的一点，也是“循环”之所以能够成立的根本原因。

2. LSTM 算法

在一个句子中，有时我们只需要获取就近的一些信息就可以完成当前任务。例如，一个语言模型想要根据前面的词预测最后一个词，如要预测“the clouds are in the sky.”的最后一个词，我们不需要更多的上下文语境就能知道最后一个词是 sky。但是，也有很多句子需要更多语境，如“I grew up in France. … I speak fluent French.”从邻近的语境中可以知道，最后一个词应该是一种语言，但是要知道是哪种语言，必须要知道前面的“France”，然后再往前推。需要的信息和当前点可能隔很远。不幸的是，随着距离的增加，RNN 并不能学习到有用的信息。LSTM 被提出用于解决长句依赖问题，即使是较早时间步长的信息也能携带到较后时间步长的细胞中来，这样就克服了短时记忆的影响。LSTM 的结构如图 8-13 所示，LSTM 中信息的添加和移除通过“门”结构来实现，“门”结构在训练过程中会去学习该保存或遗忘哪些信息。

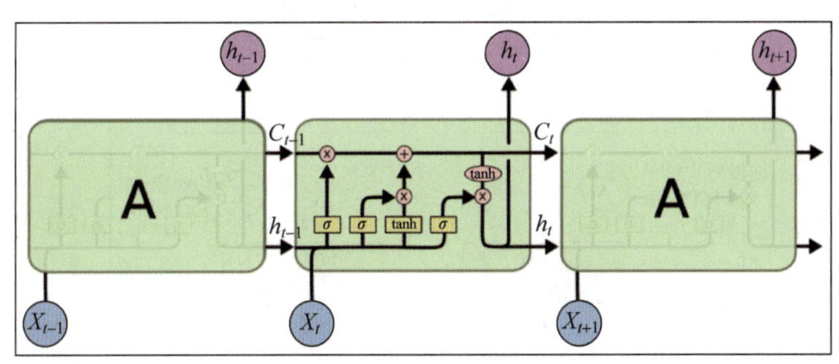

图 8-13 LSTM 结构

其中，遗忘门用于决定应丢弃或保留哪些信息。来自前一个隐藏状态的信息和当前输入的信息同时传递到 sigmoid 函数中去，输出值介于 0 和 1，越接近 0 意味着越应该丢弃，越接近 1 意味着越应该保留。

输入门用于更新细胞状态。首先将前一层隐藏状态的信息和当前输入的信息传递到 sigmoid 函数中去。将值调整到 0～1 来决定要更新哪些信息。0 表示不重要，1 表示重要。

前一层的细胞状态与遗忘向量逐点相乘。如果它乘以接近 0 的值，意味着在新的细胞状态中，这些信息是需要丢弃掉的。然后再将该值与输入门的输出值逐点相加，将神经网络发现的新信息更新到细胞状态中去。至此，就得到了更新后的细胞状态。

输出门用来确定下一个隐藏状态的值，隐藏状态包含了先前输入的信息。首先，将前一个隐藏状态和当前输入传递到 sigmoid 函数中，然后将新得到的细胞状态传递给 tanh 函数。最后将 tanh 的输出与 sigmoid 的输出相乘，以确定隐藏状态应携带的信息。再将隐藏状态作为当前的细胞输出，把新的细胞状态和新的隐藏状态传递到下一个时间步长中去。

3. Transformer 算法

Transformer 是完全基于注意力机制，完全摒弃了递归和卷积。Transformer 遵循使用堆叠的自注

意力层和逐点这种整体架构，编码器和解码器使用全连接层。模型结构如图 8-14 所示，由编码器和解码器堆叠而成。

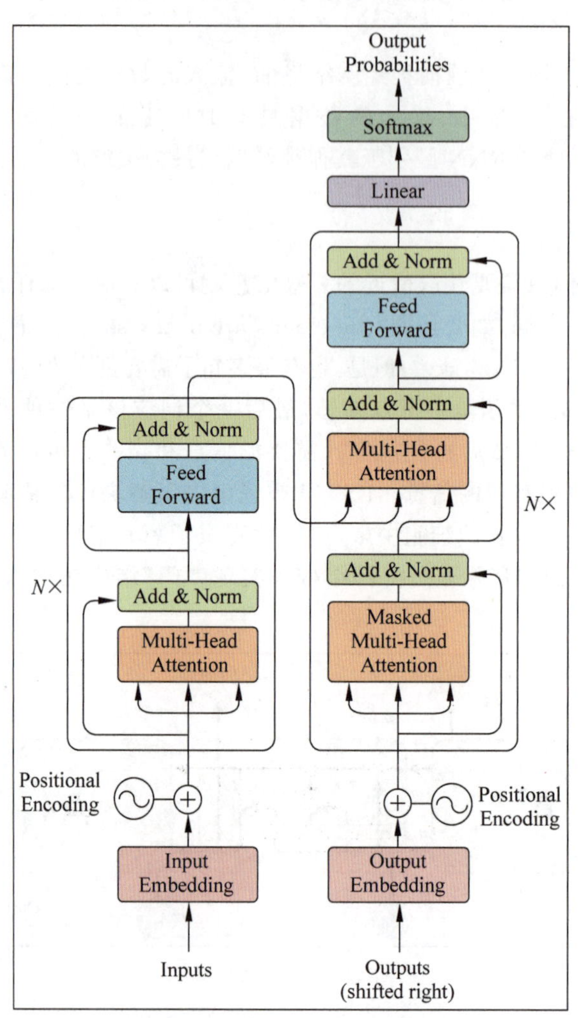

图 8-14 Transformer 模型架构

编码器：编码器由 $N=6$ 个相同层的堆叠组成。每个层有两个子层。第一个子层是多头自注意力机制，第二个子层是简单的位置全连接前馈网络。每个子层的周围都使用了一个残差连接，然后是归一化层。

解码器：解码器也由 $N=6$ 个相同层的堆叠组成。除了每个编码器层中的两个子层外，解码器还插入了第三个子层，该子层对编码器堆的输出进行多头关注。与编码器类似，在每个子层周围使用残差连接，然后是归一化层。Transformer 还修改了解码器堆中的自注意力子层，以防止某个位置对后面位置的影响。这种掩码结合了输出偏移一个位置的事实，确保了位置 i 的预测只能依赖于位置小于 i 的已知输出。

注意函数可以描述为将查询和一组键值对映射到输出，其中查询、键、值和输出都是向量。输出是作为一个值的权重和计算的，其中分配给每个值的权重是通过查询与相应键的兼容性函数计算的。

除了注意子层外，Transformer 的编码器和解码器中的每一层都包含一个全连接的前馈网络，该网络分别并相同地应用于每个位置。与其他序列转换模型类似，Transformer 使用学习过的 Embedding

层将输入标记和输出标记转换为维度向量。还使用常规学习过的线性变换层和 Softmax 函数将解码器输出转换为预测的下一个标记的概率。由于 Transformer 的模型不包含递归和卷积，为了让模型利用序列的顺序，必须注入一些关于序列中记号的相对或绝对位置的信息。为此，将“位置编码”添加到编码器和解码器堆栈底部的 Embedding 层中。

4. BERT 算法

BERT 是一种典型的微调模型结构，与 GPT 模型类似，BERT 同样通过堆叠 Transformer 子结构来构建基础模型，模型结构如图 8-15 所示。与前面的 ELMo、GPT 等模型相比，BERT 的第一个创新是使用 Masked LM(MLM)来达到深层双向联合训练的目的，这与 GPT 使用单向的生成式语言模型和 ELMo 使用独立的双向语言模型都不同。MLM 预训练类似于一种完形填空的任务，即在预训练时，通过随机遮盖输入文本序列的部分词语，在输出层获得该位置的概率分布，进而极大化似然概率来调整模型参数。BERT 的第二个创新是使用了 Next Sentence Prediction(NSP)，这是一种用来捕捉句子间关系的二分类任务，这个任务可以从任何单词语料库中轻松生成。很多重要的下游任务，包括问答系统和自然语言推理等都是建立在理解两个文本句子之间的关系的基础上的，而语言建模并不能直接捕捉这些关系，NSP 解决了这个问题。具体来说，就是在构造任务的数据集时，会有 50% 的概率，选择正样本，即某句句子和其下一句句子的组合，50% 的概率在语料中选择任意一句句子构成负样本。

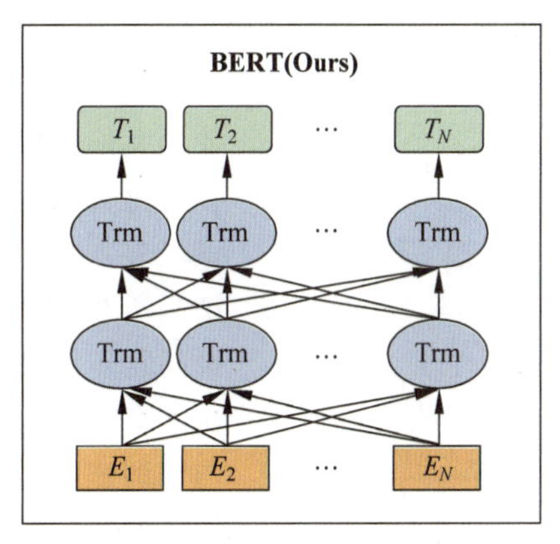

图 8-15 BERT 模型结构

BERT 的表现是里程碑式的，在自然语言处理领域的 11 项基本任务中获得了显著的效果提升，它的出现建立在前期很多重要工作上，是一个集大成者。同时，BERT 的出现也极大地推动了自然语言处理领域的发展，许多后续研究一般也以 BERT 模型为基础进行改进。学界普遍认为，从 BERT 模型开始，自然语言处理领域终于找到了一种方法可以像计算机视觉那样进行迁移学习。

5. DeltaLM 算法

虽然预训练编码器在各种自然语言理解(NLU)任务中取得了成功，但这些预训练编码器与自然语言生成(NLG)之间存在差距。NLG 任务通常基于编码器-解码器框架，其中预训练的编码器只能受益于其中的一部分。为了减少这种差距提出了 DeltaLM，这是一种预训练的多语言编码器-解码器模型，将解码器视为现成的预训练编码器的任务层。为了实现这一目标，DeltaLM 提出了一种预训练的多语言编码器-解码器模型 DeltaLM，其编码器和解码器都用预训练的多语言编码器进行初始化，并以自监督的方式进行训练。DeltaLM 的框架如图 8-16 所示。

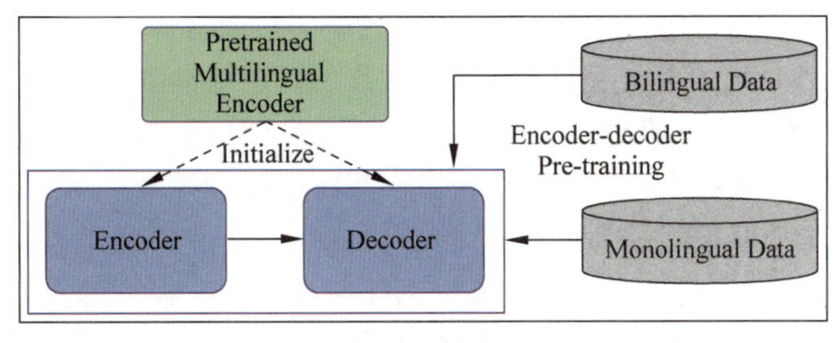

图 8-16 DeltaLM 框架

一个挑战是如何初始化解码器，因为解码器的架构与编码器不同。为了克服这个难题，DeltaLM 引入了一个与编码器具有更一致结构的交错解码器。这样，解码器可以充分利用预训练编码器的所有权值。另一个挑战是应该使用哪些预训练任务，因为期望模型可以有效地使用大规模单语数据和双语数据。受之前关于预训练编码器-解码器模型的工作的启发，DeltaLM 采用跨度衰减和翻译跨度衰减作为预训练任务。跨度衰减任务可以有效地利用不同语言的单语数据提高跨语言迁移能力，而翻译跨度衰减任务则可以利用双语语料库的知识提高跨语言迁移能力。

首先用预训练的编码器初始化 DeltaLM 的编码器和解码器。然后，以自监督的方式，用单语数据和双语数据对 DeltaLM 进行预训练。

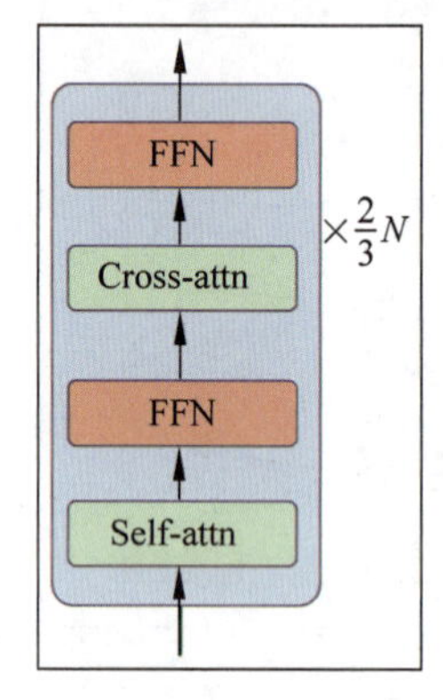

图 8-17　交叉解码器

为了利用强预训练的多语言编码器，DeltaLM 使用了 InfoXLM。InfoXLM 使用大规模单语数据和双语数据，并结合 Mask 语言模型、翻译语言模型和跨语言对比目标进行联合训练。它基于 SentencePiece 模型拥有 25 万个令牌的共享词汇表。虽然编码器可以直接用预训练的多语言编码器进行初始化，但初始化解码器并非易事，解码器与预训练的编码器具有不同的架构。而且，如何初始化解码器还没有得到充分的探索。为了更好地利用预训练的编码器，DeltaLM 提出了个交错变压器译码器，如图 8-17 所示，将 ff 和注意力模块进行交织，使结构与预训练的编码器保持一致。然后，将彼此的自我注意替换为交叉注意，以维持解码器的功能。

实验表明，DeltaLM 在自然语言生成和翻译任务(包括机器翻译、抽象文本摘要、数据到文本、问题生成)上都优于各种强基线。

8.2.3　经典机器翻译预训练模型

机器翻译预训练模型成功的关键是自监督学习和 Transformer 的整合。有两个具有里程碑意义的基于 Transformer 的预训练模型：GPT 和 BERT，它们分别使用自回归语言建模和自编码语言建模作为预训练目标。所有后续的预训练模型都是这两个模型的变体。

在 GPT 和 BERT 之后，提出了一些改进，例如 RoBERTa 和 ALBERT。RoBERTa 是 BERT 的成功变种之一，主要有 4 个简单有效的变化：①去除 NSP 任务；②训练步骤更多，Batch Size 更大，数据更多；③更长的训练句子；④动态改变[MASK]模式。

1. ELMo

早期的预训练模型无法解决一词多义问题，无法理解复杂的语境。ELMo 在这种情况下应运而生，通过深层双向语言模型来构建文本表示，有效解决了一词多义问题。ELMo 从大规模的无监督的语料中，预训练一个双向的 LSTM 语言模型，它分为两个阶段，第一个阶段在大规模语料库上利用语言模型进行预训练，第二个阶段是在做下游任务时，从预训练网络中提取对应单词的网络各层的词嵌入，作为新特征补充到下游任务中，它是一种典型的基于特征融合的预训练模型，如图 8-18 所示。

该模型与之前的一些相似模型相比具有显著优点，首先它使用了双向的两层 LSTM，这与单向的语言模型相比，能够更加容易地捕捉上下文的相关信息。其次，在上下层的 LSTM 之间有残差连接，加强了梯度的传播。另外，双向语言模型的训练目标是最大化前向和后向的联合对数似然概率，这源于模型双向的特性。ELMo 预训练模型的主要贡献是提出了深层双向语言模型的重要性，能有效地提升模型的性能，并且与没有 ELMo 的模型相比，使用 ELMo 增强的模型能够更有效地使用更小的训练集。然而，ELMo 模型也有局限性。首先，它使用的特征抽取器是 LSTM，LSTM 的特征抽取能力是远弱于

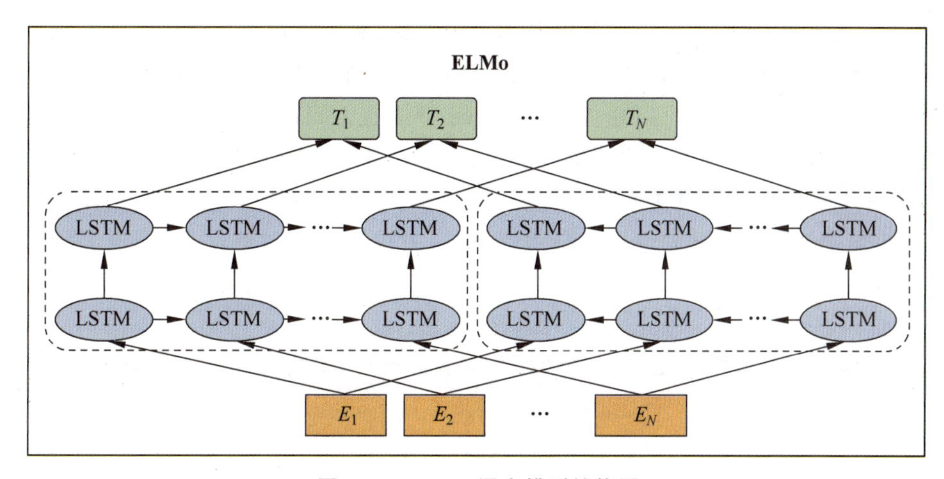

图 8-18 ELMo 语言模型结构图

Transformer 的。其次，它采用的模型拼接方式是双向融合，这在后面被证明比 BERT 的一体化的融合特征方式效果更弱。

2. GPT

ELMo 使业界意识到了基于大规模预料集预训练的语言模型的威力，与此同时，Transformer 在处理长期依赖性任务方面比 LSTM 有更好的表现，它在机器翻译等任务上取得的成果也被认为是 LSTM 的替代品。在此背景下，OpenAI 的 GPT 预训练模型被提出。GPT 模型也采用了两阶段，第一阶段利用无监督的预训练语言模型进行预训练，学习神经网络的初始参数，第二阶段通过有监督的微调模式解决下游任务，这是一种半监督的方法，结合了非监督的预训练模型和监督的微调模型来学习一种通用的表示法，模型结构如图 8-19 所示。

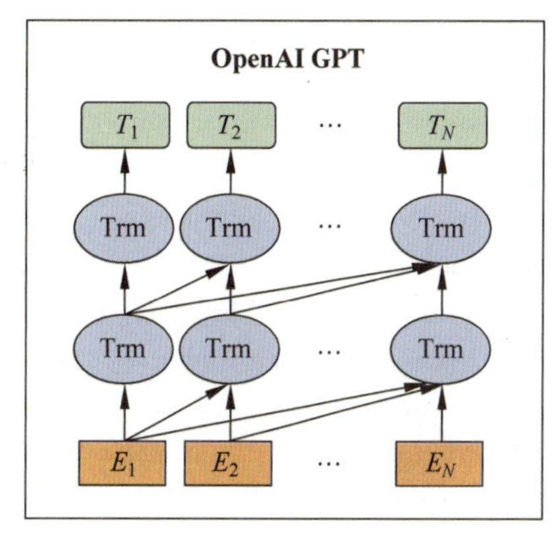

图 8-19 GPT 的模型结构

GPT 模型沿用了 ELMo 将语言模型预训练后，把模型的参数作为监督模型的起始点的做法，而又区别于 ELMo 模型，通过预训练模型生成带上下文信息的向量表示，然后作为监督模型的特征这一做法。另外，GPT 采用了 Transformer 中的解码器结构，它堆叠了 12 个 Transformer 子层，这一点与 ELMo 使用的 LSTM 作为特征抽取器也是不同的。除此之外，为了方便将语言模型的能力迁移到下游的各种任务中，GPT 采用的是遍历式的方法，将结构化的输入转换成预训练模型可以处理的有序序列，而 ELMo 仅仅是定制了一个确定的框架。

之后 GPT2 的出现改进了 GPT 的几点不足，GPT2 希望能够使模型不经过任何改变就可以在下游任务上获得比较好的性能，这就使得 GPT2 的语言模型是通用的，不需要根据下游任务的不同来微调其模型，另外，GPT2 在 GPT 的基础上使用了更大的模型和更多的参数。

GPT 模型在公布的结果中，一举刷新了自然语言处理领域的 9 项典型任务。然而，GPT 本质上仍然是一种单向的语言模型，对语义信息的建模能力有限，这一缺点在后面 BERT 问世之后表现得非常明显。

3. M2M-100

现有的翻译工作通过训练一个能够在任何一对语言之间进行翻译的单一模型，展示了大规模多语

言机器翻译的潜力。然而,这些工作大多是以英语为中心的,只对从英语翻译过来的数据进行训练。虽然这得到了大量训练数据来源的支持,但它并没有反映全世界的翻译需求。在这项工作中,作者创建了一个真正的多对多语言翻译模型,可以在任何一对100种语言之间直接翻译。

作者考虑了几个因素来选择要关注的语言。首先,包括来自不同地理区域的语言家族广泛使用的语言。涵盖了各种不同的文字和资源水平,以达到对全球语言的高度覆盖。其次,使用存在公共评估数据的语言,因为必须能够量化模型的性能。最后,只使用有单语数据的语言,因为单语数据是大规模挖掘的关键资源。将这三个标准的结果结合起来,就形成了表8-1的100种语言的完整名单。

表 8-1 100种语言的完整名单

ISO	Language	Family	Script	ISO	Language	Family	Script
af	Afrikaans	Germanic	Latin	ja	Japanese	Japonic	Kanji; Kana
da	Danish	Germanic	Latin	ko	Korean	Koreanic	Hangul
nl	Dutch	Germanic	Latin	vi	Vietnamese	Vietic	Latin
de	German	Germanic	Latin	zh	Chinese Mandarin	Chinese	Chinese
en	English	Germanic	Latin	bn	Bengali	Indo-Aryan	Eastern-Nagari
is	Icelandic	Germanic	Latin	gu	Gujarati	Indo-Aryan	Gujarati
lb	Luxembourgish	Germanic	Latin	hi	Hindi	Indo-Aryan	Devanagari
no	Norwegian	Germanic	Latin	kn	Kannada	Tamil	Kannada
sv	Swedish	Germanic	Latin	mr	Marathi	Indo-Aryan	Devanagari
fy	Western Frisian	Germanic	Latin	ne	Nepali	Indo-Aryan	Devanagari
yi	Yiddish	Germanic	Hebrew	or	Oriya	Indo-Aryan	Odia
ast	Asturian	Romance	Latin	pa	Panjabi	Indo-Aryan	Gurmukhi Persian
ca	Catalan	Romance	Latin	sd	Sindhi	Indo-Aryan	Devanagari
fr	French	Romance	Latin	si	Sinhala	Indo-Aryan	Sinhala
gl	Galician	Romance	Latin	ur	Urdu	Indo-Aryan	Arabic
it	Italian	Romance	Latin	ta	Tamil	Dravidian	Tamil
oc	Occitan	Romance	Latin	ceb	Cebuano	Malayo-Polyn.	Latin
pt	Portuguese	Romance	Latin	ilo	Iloko	Philippine	Latin
ro	Romanian	Romance	Latin	id	Indonesian	Malayo-Polyn.	Latin
es	Spanish	Romance	Latin	jv	Javanese	Malayo-Polyn.	Latin
be	Belarusian	Slavic	Cryrillic	mg	Malagasy	Malayo-Polyn.	Latin
bs	Bosnian	Slavic	Latin	ms	Malay	Malayo-Polyn.	Latin
bg	Bulgarian	Slavic	Cyrillic	ml	Malayalam	Dravidian	Malayalam
hr	Croatian	Slavic	Latin	su	Sundanese	Malayo-Polyn.	Latin
cs	Czech	Slavic	Latin	tl	Tagalog	Malayo-Polyn.	Latin
mk	Macedonian	Slavic	Cyrillic	my	Burmese	Sino-Tibetan	Burmese
pl	Polish	Slavic	Latin	km	Central Khmer	Khmer	Khmer
ru	Russian	Slavic	Cyrillic	lo	Lao	Kra-Dai	Thai; Lao
sr	Serbian	Slavic	Cyrillic; Latin	th	Thai	Kra-Dai	Thai
sk	Slovak	Slavic	Latin	mn	Mongolian	Mongolic	Cyrillic
sl	Slovenian	Slavic	Latin	ar	Arablc	Arabic	Arabic
uk	Ukrainian	Slavic	Cyrillic	he	Hebrew	Semitic	Hebrew
et	Estonian	Uralic	Latin	ps	Pashto	Iranian	Arabic
fi	Finnish	Uralic	Latin	fa	Farsi	Iranian	Arabic

续表

	ISO Language	Family	Script		ISO Language	Family	Script
hu	Hungarian	Uralic	Latin	am	Amharic	Ethopian	Ge'ez
lv	Latvian	Baltic	Latin	ff	Fulah	Niger-Congo	Latin
lt	Lithuanian	Baltic	Latin	ha	Hausa	Afro-Asiatic	Latin
sq	Albanian	Albanian	Latin	ig	Igbo	Niger-Congo	Latin
hy	Armenian	Armenian	Armenian	ln	Lingala	Niger-Congo	Latin
ka	Georgian	Kartvelian	Georgian	lg	Luganda	Niger-Congo	Latin
el	Greek	Hellenic	Greek	nso	Northern Sotho	Niger-Congo	Latin
br	Breton	Celtic	Latin	so	Somali	Cushitic	Latin
ga	Irish	Irish	Latin	sw	Swahili	Niger-Congo	Latin
gd	Scottish Gaelic	Celtic	Latin	ss	Swati	Niger-Congo	Latin
cy	Welsh	Celtic	Latin-Welsch	tn	Tswana	Niger-Congo	Latin
az	Azerbaijani	Turkic	Latin; Cyrillic Persian	wo	Wolof	Niger-Congo	Latin
ba	Baahkir	Turkic	Cyrillic	xh	Xhosa	Niger-Congo	Latin
kk	Kazakh	Turkic	Cyrillic	yo	Yoruba	Niger-Congo	Latin
tr	Turkish	Turkic	Latin	zu	Zulu	Niger-Congo	Latin
uz	Uzbek	Turkic	Latin; Cyrillic	ht	Haitian Creole	Creole	Latin

M2M-100 的目标是建立一个单一的模型，能够翻译涵盖 100 种语言的 9900 个语言方向。这给具有足够能力的模型带来了若干挑战，以充分捕捉这么多语言和文字。为此，以前的 MMT 工作考虑了不同类型的大容量模型。M2M-100 的作者研究了为 MMT 模型增加容量的不同方法：首先研究了密集扩展，即增加标准 Transformer 架构的深度和宽度。然后，确定了密集扩展的缺点，并提出了一个替代方案，以有效地增加特定语言的参数，并利用多语言机器翻译任务中的语言相似性的性质。结果表明，M2M-100 优于以英语为中心的多语言模型，该模型是在源语言或目标语言为英语的数据上训练出来的。与以英语为中心的基线相比，该系统在非英语方向的直接翻译中平均提高了 10 BLEU 以上。

4. mBART

mBART 是一种多语言 Seq2Seq 降噪自编码模型。mBART 通过将 BART 应用于跨多种语言的大规模单语言语料库来训练。输入的文本通过 mask 短语和换句进行噪声化，并学习一个单一的 Transformer 模型来恢复文本。mBART 使用标准的 Seq2Seq Transformer 架构，在 16 个头(680M 参数)上有 12 层编码器和 12 层解码器，模型维度为 1024。在编码器和解码器上都加入了一个额外的层归一化。与其他 MT 的预训练不同，mBART 预训练了一个完整的自回归 Seq2Seq 模型，mBART 对所有语言进行一次训练，提供了一组参数，可以在监督和无监督设置中为任何语言对进行微调，而不需要任何特定任务或语言特定的修改或初始化方案。而以前的方法只关注编码器、解码器或重建文本的部分。

mBART 预训练了一个完整的模型，其他模型可以直接对其进行微调，用于有监督(包括句子级和文档级)和无监督的机器翻译，而不需要进行特定任务的修改。添加 mBART 初始化可以在除最 High-resource 设置之外的所有环境中产生性能提升，包括对 Low-resource MT 的提升 12 个 BLEU 点和对许多文档级和无监督模型的提升超过 5 个 BLEU 点。以下为多语种降噪预训练。

- mBART25 使用 Common Crawl(CC)语料库来预训练 BART 模型，对所有 25 种语言进行模型预训练。
- mBART06 为了探索预训练对相关语言的影响，在 6 种欧洲语言的子集上预训练一个模型。Ro、It、Cs、Fr、Es 和 En。
- mBART02 预训练双语模型，使用英语和另一种语言进行 4 种语言对。
- BART-En/Ro 为了帮助建立对多语言预训练的更易理解，分别只在 En 和 Ro 语料库上训练单语言 BART 模型。

5. mRASP

对于语言学习者来说，他们发现在学习了三四种语言之后，再学习一种新的语言速度会加快。一个浅显的解释是，人类在多语言学习的过程中会自发去总结语言中比较抽象的共性，重点学习新语言的特性。因此想要提升个人的语言学习能力，往往需要学习更多的语言，能够对语言的共性有更精确的把握，而不是拼命学习一种语言。同样的道理，对于机器翻译而言，能否把翻译能力迁移到不同语言上，使得不同语言之间的信息可以互相利用，这就是 mRASP 的出发点。

mRASP 设计一个通用的预训练模型，学习语言之间转换的共性，接下来就被更容易迁移到新的翻译方向。就好像语言学习者一样，在学习了两种语言之后，学习第三种语言就变得很轻松了。mRASP 的设计遵循了两个基本原则：第一，预训练的目标和机器翻译基本一致，需要学习到语言的转换能力；第二，尽可能学习语言的通用表示，跨语言的句子或词语，如果语义接近则隐空间中的表示也应该接近。

mRASP 遵循了通用的预训练-微调框架。预训练阶段，不同于传统预训练模型大量堆叠无监督单语数据的方式，mRASP 采用了多语言平行数据作为预训练的主要目标，将几十种语言的平行数据放到同一个模型进行联合训练。神经网络结构采用 Transformer，加上语言标识符(Language Token)标识源语言和目标语言。为了保证不同语言的句子和词语能嵌入同一个空间，同一个意思的句子无论中文还是英文说的都应该是对应同一个向量表示，又引入了随机替换对齐技术 RAS 来制造更丰富的上下文。

mRASP 使用 32 个语言的平行语料来预训练，在英语到法语方向上仅使用 wmt14 的平行语料进行微调，就达到了不需要使用费时费力的海量单语 Back Translation 的最佳效果，同时，应用到新的语言方向荷兰语(Nl)到葡萄牙语(Pt)上，仅使用 1.2 万平行句对，微调了 10 分钟就可以获得一个可使用的(BLEU 10+)模型，而同等平行句对量很难从头训练一个可使用的 MT 模型(BLEU 接近 0)。

6. LaBSE

多语言嵌入模型是一种功能强大的工具，可将不同语言的文本编码到共享的嵌入空间中，从而使其能够应用在一系列下游任务，比如文本分类、文本聚类等，同时它还利用语义信息来理解语言。尽管这些现有的多语言嵌入方法可在多种语言中有良好的整体性能，但与专用双语模型相比，它们在高资源语言上通常表现不佳。此外，由于有限的模型容量、低资源语言的训练数据质量通常较差，可能难以扩展多语言模型以支持更多语言，同时保持良好的性能。改善语言模型的最新研究包括开发掩码语言模型(MLM)预训练，如 BERT，ALBER 和 RoBERTa 使用的预训练。由于这种方法仅需要一种语言的文字，因此在多种语言和各种自然语言处理任务中均取得了非凡的成就。

另外，MLM 预训练已经扩展到多种语言，通过将 MLM 预训练修改为包括级联翻译对，也称作翻译语言模型(TLM)，或者仅引入来自多种语言的预训练数据。但是，尽管在进行 MLM 和 TLM 训练时学习到的内部模型表示形式对下游任务进行微调很有帮助，但它们不能直接产生句子嵌入，而这对于翻译任务至关重要。在这种情况下，研究人员提出了一种称为 LaBSE 的多语言 BERT 嵌入模型。

该模型使用 MLM 和 TLM 预训练在 170 亿个单语句子和 60 亿个双语句子对上进行了训练。一旦训练完成就会使用 Tatoeba 语料库对 LaBSE 进行评估，据悉，该模型的任务是利用余弦距离为给定的句子找到最近邻的翻译。结果表明，即使在训练过程中没有数据可用的低资源语言上，该模型也是有效的。此外，该模型在多个并行文本检索任务上表现出了良好的性能。

8.3 比赛方法——基于领域渐进性的可持续多语言翻译训练方案

本方案整体流程如图 8-20 所示，主要包括数据收集与筛选、平行语料构建、领域渐进的模型可持续训练以及多语翻译模型的集成方法 4 个模块。

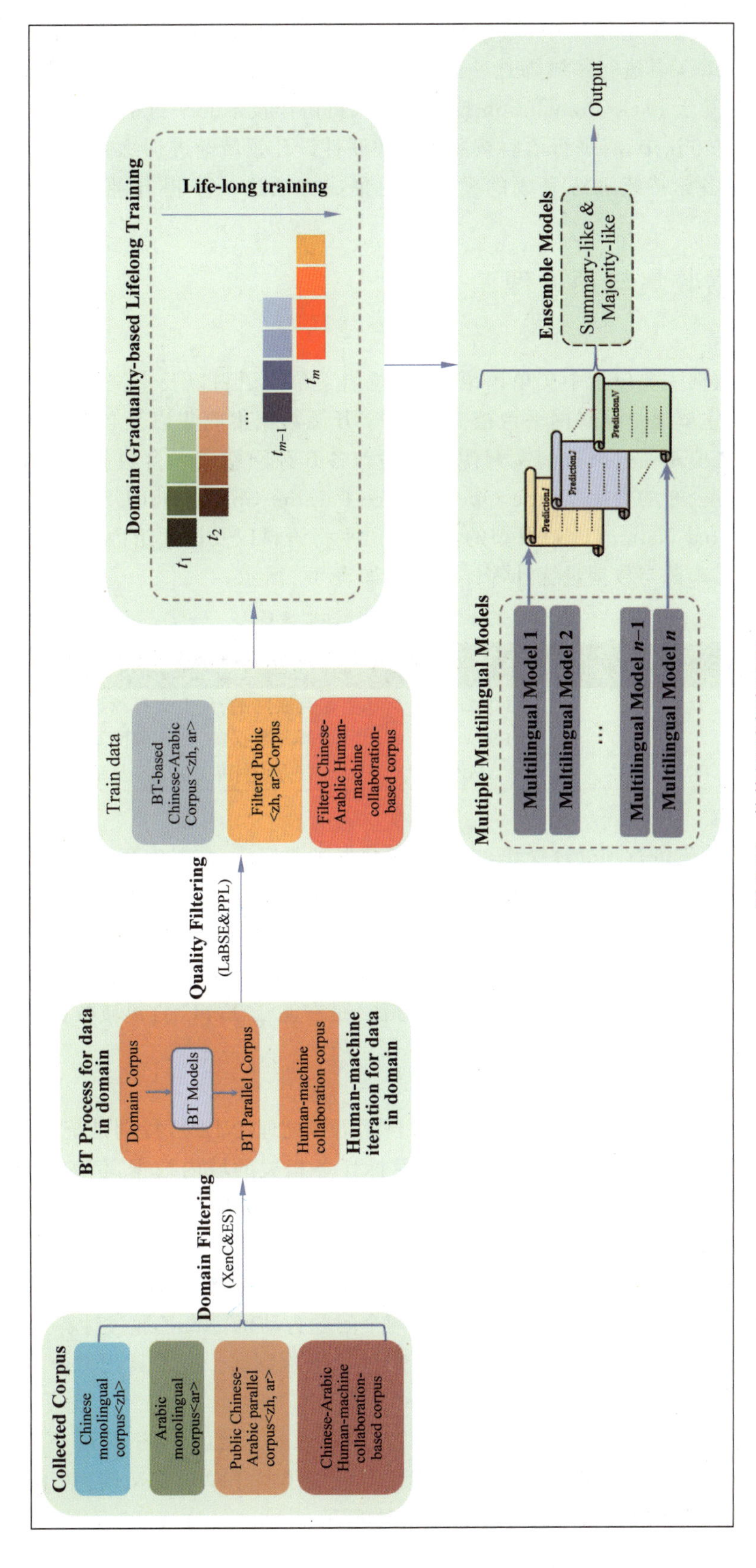

图 8-20 整体评测方案流程

首先,在数据收集与筛选模块中,通过各个平台收集单语言语料和双语平行语料并通过开源的XenC和Elasticsearch工具进行领域筛选。其次,平行语料构建模块对经过领域筛选的数据开展平行语料构建工作,包括基于Back-Translation技术的和人机协作技术的平行语料构建工作。然后,在领域渐进的模型持续训练方法中,将平行语料按照领域关联性设计领域渐进训练方法,对多语翻译模型进行持续训练。最后,将多轮持续训练完成的模型采用集成方法进一步提升翻译性能,输出最终的翻译结果。

8.3.1 数据收集与预处理

1. 数据收集

本方案使用的数据主要包括中文单语语料、阿拉伯文单语语料以及中文-阿拉伯文双语平行语料。其中,中文单语语料主要通过互联网平台挖掘、各中文开源数据集收集以及各开源网站或平台等收集;阿拉伯文单语语料主要是通过阿拉伯文开源数据集和各开源网站或平台收集;中文-阿拉伯文双语平行语料主要包括官方公布的训练集、the Open Source Parallel Corpus(OPUS)网站上部分双语平行语料、联合国网站(United Nation,UN)发布的部分双语平行语料以及课题组内部平台收集的双语平行语料。各类型数据及其来源与数据量统计等详细信息如表8-2所示。

表8-2 数据统计详细信息

语料类型	数据量	来源
中文单语语料	约0.2B	互联网平台、中文开源数据、开源网站或平台
阿拉伯文单语语料	约90MB	开源数据集、各开源网站或平台
中-阿拉伯文双语语料	约8MB	官方训练集、OPUS网站、联合国网站、课题组平台

2. 预处理-领域数据筛选

数据收集之后,首先进行预处理操作,由于开源数据来源广泛,数据中存在一定的噪声,如语句长度差异较大、语句残缺、特殊字符干扰、重复度高等,因此需要在此阶段对数据进行清洗、降噪、去重、分句、整合等操作。然后是对收集的数据进行领域筛选工作,筛选出与目标数据领域切合度较高的数据。数据筛选工作主要包括两个内容,一个是基于XenC的领域数据筛选,另一个是基于检索式问答的领域数据筛选。其中,基于检索式问答的领域数据筛选方法,是在基于XenC的领域数据筛选方法基础之上,进一步筛选出领域更相关的数据。

1) 基于XenC的领域数据筛选

XenC是一种数据选择的开源工具,主要针对自然语言处理(NLP),特别是统计机器翻译(SMT)或自动语音识别(ASR)等。XenC的目标是选择与目标任务相关的域内数据,例如新闻文章或科学讲座等,这些数据将用于构建此类系统的统计模型。然而,大多数语料库是非常通用的。于是引申出两个问题:一是,虽然通用语料库总体规模较大,但特定领域的数据量级通常不足以满足构建特高效且任务相关的翻译模型所需;二是,通用语料库里其他与任务不相关的语料会增加模型的训练难度,对于模型在特定领域的翻译质量常常是有损益的。以解决这两个问题为动机,XenC通过计算来自域外语料库的句子和来自任务域内语料库中的句子的交叉熵得分来过滤原始数据。该工具用C++编写,可以对单语或双语数据进行过滤,并且与语言种类无关。

XenC有4种过滤模式,分别是基于困惑度的、基于单语交叉熵的、基于双语交叉熵的、基于Phrase Tables的(其中第4种模式是实验性的)。本方案主要使用了基于单语交叉熵、基于双语交叉熵的数据过滤模式,基于XenC的领域数据筛选流程如图8-21所示。

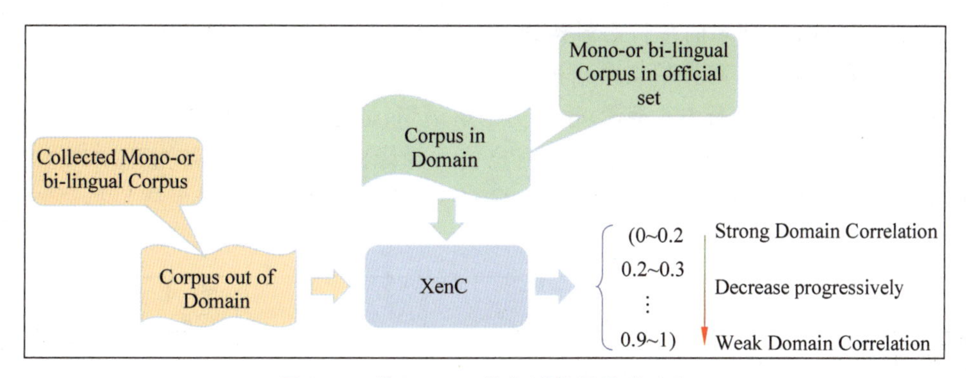

图 8-21 基于 XenC 的领域数据筛选流程

首先,将官方发布的数据集作为域内语料,将本方案中收集到的单语和双语语料作为域外数据,通过 XenC 工具计算域外数据中每条语句与域内数据的 XenC 分数,分值范围为(0,1)。同时,分值越小表示领域关联性越大,分值越大表示领域关联性越小。此外,在计算 XenC 分数时针对单语语料,本方案对单一语言进行交叉熵计算,针对双语平行语料,本方案对两种语言同步进行双语交叉熵计算。

2) 基于检索式问答的领域数据筛选

基于检索式问答的领域数据筛选采用了 Elasticsearch 检索技术,进行进一步的语料领域相关筛选。Elasticsearch(下文简称 ES)是一个分布式、高扩展、高实时的搜索与数据分析引擎,适用于包括文本、数字、地理空间、结构化和非结构化数据等在内的所有类型数据。基于当下最强大的搜索引擎库之一 Apache Lucene,ES 能很方便地使大量数据(PB 级别)具有搜索、分析和探索的能力。ES 的动机,或者说要解决的问题是传统关系型数据库的性能以及扩展性瓶颈。

基于 ES 的领域数据筛选流程如图 8-22 所示。首先,将收集到的域外语料使用 ES 工具进行索引建立,形成待检索数据库。其次,将官方发布的数据集中的每一条语句作为要查询的 Query,输入 ES 检索引擎中,最终期望 ES 返回结果是在我们构建的语料库中与问题最为相关的文档。通过这种方法,又可以增加一批高度相关领域数据,直接用于后续双语平行语料的构建工作中。

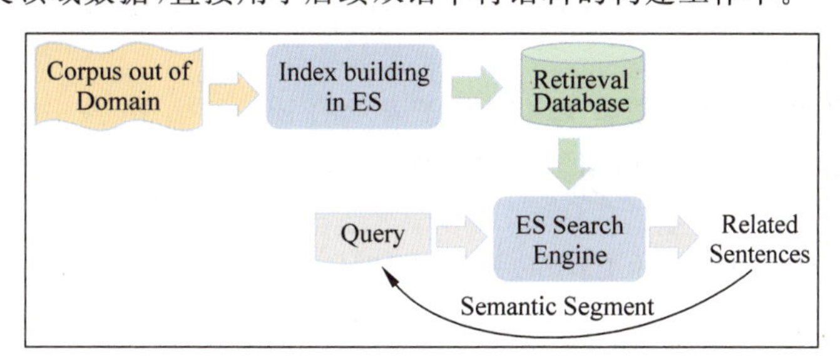

图 8-22 基于 Elasticsearch 的领域数据筛选流程

8.3.2 双语平行语料构建

1. 基于 Back-Translation 技术的平行语料构建

本次比赛的中阿平行语料较少,并且从开放平台上获取的平行语料无论是数据质量还是领域相关度都与本次比赛的要求有较大的差异,因此本方案提出通过 Back-Translation(BT)技术构建了大量的平行语料数据。BT 技术通过现有模型对单语语料进行翻译生成目标语言,并与源语句形成平行语料句对。

基于 Back-Translation 技术的平行语料构建流程如图 8-23 所示。通过现有的中文-阿拉伯文翻译模型对领域筛选后的中文或者阿拉伯文单语进行翻译,生成对应语言的翻译语句。首先,在本方案中选取领域分值低于 0.5 的数据进行 BT 翻译,输入为单语语句,通过开源的中文-阿拉伯文翻译模型(mT5 和 Helsinki-NLP 模型),项目组平台中的中文-阿拉伯文翻译模型和迭代训练过程中产生的中文-阿拉伯文翻译模型,对单语数据进行翻译语句生成,生成对应翻译语言的语句,最后将原始语句与生成的语句组合成 BT 平行语料。

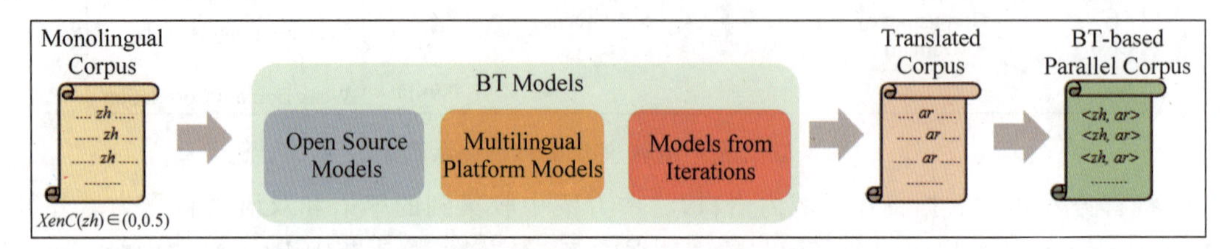

图 8-23 基于 Back-Translation 技术的平行语料构建流程

此外,由于通过 BT 技术产生的数据质量参差不齐,如果直接将这些含有大量噪声的数据交由模型训练,会限制模型性能的提升。因此本方案继续采用质量评估方法对 BT 数据可靠性进行评估,即基于 LaBSE 和语言困惑度(Perplexity, PPL)的 BT 翻译数据质量筛选,先通过 LaBSE 模型计算翻译数据的翻译质量分数,再通过 PPL 模型计算其翻译语句的困惑度值,其流程如图 8-24 所示。

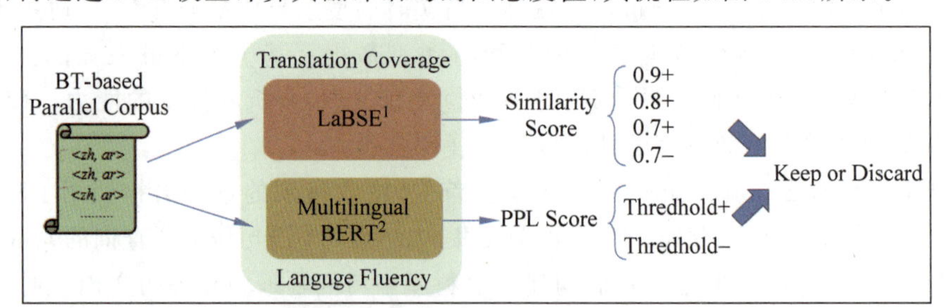

图 8-24 基于 LaBSE 和 PPL 的 BT 翻译数据质量筛选流程

1) 基于 LaBSE 的质量筛选

LaBSE 是谷歌提出的用于生成语言无关的句子表示的 BERT 模型,该工作可以为跨语言的、相同含义的句子形成相似的句子表达,可以用于多种涉及跨语言匹配的下游任务,比如机器翻译的双语语料挖掘、跨语言句对检索等。

本次比赛中下载谷歌预训练过的 LaBSE 模型,预训练模型及词典在 Huggingface 模型库中下载,输入为双语平行句对,输出为(0,1)范围内的分值。分值越大,平行语句质量越高,分值越小,平行语句质量越低,本方案中阈值选取设定为 0.7 以上的数据。

2) 基于 PPL 的质量筛选

一般来说,困惑度是用来评价语言模型好坏的指标。语言模型是衡量句子好坏的模型,本质上是计算句子的概率。其基本思想是:给测试集的句子赋予较高概率值的语言模型较好,当语言模型训练完之后,测试集中的句子都是正常的句子,那么训练好的模型就是在测试集上的概率越高越好。

本方案中使用单语言模型 Bert 来计算 BT 构建的语料的 PPL 值,将 PPL 值较差的数据过滤掉。Bert 模型通过将一句话中的每个词分别用[mask]进行替换,BERT-LM 上下文计算模型预测[mask]位置的词与真实词之间的 Loss,Loss 越小表示句子越好,Loss 越大表示句子越不通顺,最终将一句话中每个词的 Loss 值取平均作为这句话的 PPL 值,并将 PPL 值作为当前语句的语言困惑度,并根据不同语句长度的 PPL 均值分布进行阈值设定。

2. 基于人机协作的平行语料构建

基于 BT 技术构建的数据虽然经过质量过滤有一定的保证，但是实际使用中依然会限制模型的性能提升，因此仍然需要高质量的翻译数据对模型进行强化。本方案中提出使用基于人机协作的平行语料。基于人机协作的平行语料构建主要依托课题组内部人机交互平台，其流程如图 8-25 所示。

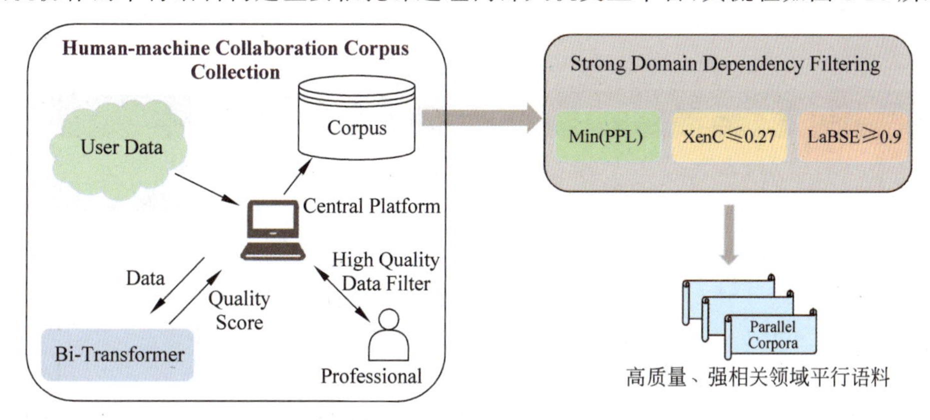

图 8-25 基于人机协作的迭代式平行语料构建流程

在人机协作平台中，收集大规模中文阿拉伯文用户语言数据并依托数据处理、辅助标注、质量把控等技术手段，通过多次迭代构建高质量平行语料。首先是渐进式智能辅助迭代平台，在数据资源构建的主要环节引入智能技术手段，如质量检测、智能识别和数据推荐，实现人与机器的快速迭代。其次是数据质量校验，构建基于 Bi-Transformer 的提取器-预测器的质量评估模型，进行特征提取和得分预测，并反馈到迭代平台进行数据迭代改进。最后是强领域相关性筛选，通过领域筛选工具对人机协作过程中产生的数据进行强领域筛选，既保证质量又保证领域的关联性。在本方案中，此部分数据的领域范围为 XenC 分值(0,0.27)区间，其质量通过 LaBSE 工具和 PPL 工具计算均具有较高置信度。

8.3.3 多语翻译模型选择与改进

本方案中使用的多语翻译模型主要基于开源的多语言预训练模型，包括 mBART25、M2M-100 和 DeltaLM 以及各自模型对应的预训练参数。这些模型在多语语言理解以及多语翻译任务上，目前均具有较好的性能，在这些研究基础上开展工作能够进一步推动性能提升，因此本方案中以这几个模型为基准模型。mBART25 是支持 25 种语言的多语预训练模型，M2M-100 是支持 100 种语言的多语翻译模型，DeltaLM 是支持 100 种语言的多语预训练模型。mBART 和 M2M-100 从 Huggingface 获取模型代码和参数，DeltaLM 从 Fairseq 获取模型代码和参数，模型选取信息和训练参数信息如表 8-3 所示。同时，模型训练过程中的超参数设置如表 8-4 所示。

表 8-3 开源多语预训练模型详细信息

模　型	预训练参数	代码链接	参数链接
mBART	mbart-large-cc25	https://github.com/huggingface/transformers/tree/main/src/transformers/models/mbart	https://huggingface.co/facebook/mbart-large-cc25
M2M-100	m2m100_418M	https://github.com/huggingface/transformers/tree/main/src/transformers/models/m2m_100	https://huggingface.co/facebook/m2m100_418M

续表

模　型	预训练参数	代码链接	参数链接
M2M-100	m2m100_1.2B	https://github.com/huggingface/transformers/tree/main/src/transformers/models/m2m_100	https://huggingface.co/facebook/m2m100_1.2B
DeltaLM	DeltaLM-large	https://github.com/microsoft/unilm/tree/master/deltalm	https://deltalm.blob.core.windows.net/deltalm/deltalm-large.pt

表 8-4　开源多语预训练模型训练超参数配置信息

超　参　数	mBART	M2M-100	DeltaLM
参数大小	680M	418M/1.2B	860M
词典大小	250027	128112	250001
训练轮次	1～1.5	1～1.5	6～8
Batch 大小	16～32	16～32	16～64
输入最大长度	1024	1024	1024
Beam 大小	5	5	5
其他	Default	Default	Default

在模型训练过程中，与常规的训练方式不同。在各个开源模型基础上，同时采用领域渐进数据进行训练，并增加参数对比损失函数，对比损失与模型翻译交叉熵损失加权累加得到最终的损失，用于模型参数的更新。因此，通过领域渐进性训练方案，改进的多语翻译模型可以持续对领域数据进行学习，并持续提升模型性能。

8.3.4　领域渐进可持续训练方法

BT 数据构建按照领域关联性分批分层开展，在 BT 数据迭代过程中(迭代批次 $t_1,t_2,\cdots,t_m$)，数据的领域关联性逐渐递进，领域渐进训练数据以及持续训练方法如图 8-26 所示。

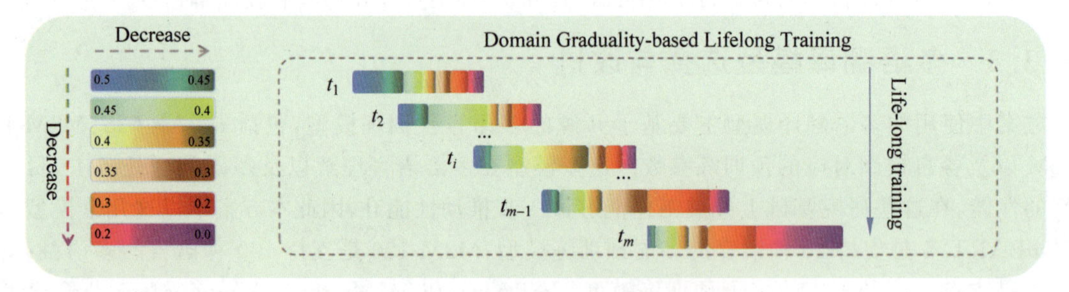

图 8-26　持续领域渐进性训练流程

图中左侧数值是 XenC 计算得到的领域关联分数，数据按照领域相关性分层，从上到下、从左到右其领域关联性逐渐递增。在对模型进行训练时，训练数据按照领域关联性分批(t_i)分层构建，保证相邻两批次训练数据 t_{i-1} 和 t_i 具有领域渐进性，同时任意批次中的数据是按照分值范围随机选取的。例如，在 t_1 批次时，当前训练数据中处于(0.45,0.5)领域范围内的数据占大部分，而其他分值领域数据则相对较少。当第二批数据构建好后，则相应的减少(0.45,0.5)领域范围内数据量，进而增加(0.4,0.45)范围内数据。同理，在后续的不同批次训练数据构建过程中，后一次的训练数据的领域关联性逐渐比前一次更相关，最后几批次训练数据大部分为(0,0.2)范围内数据，进而保证持续训练过程中训练数据具有领域渐进性的特点。因此，不同批次数据可以持续不断地对模型进行持续训练。本方案中构建的不同批次数据的统计信息如表 8-5 和表 8-6 所示。其中，计量单位 M 表示百万，k 表示千，50k 是官方发布的训练数据，在批次数据构建时，也相应地加入训练数据中。

表 8-5 BT 技术构建的数据统计信息

批 次	BT 构建的 zh-ar 数据量	总 量
t_0	约 7M+50k	约 60M
t_1	约 10M+50k	
t_2	约 12M+50k	
t_3	约 14M+50k	
t_4	约 16M+50k	
t_5	约 20M+50k	
t_6	约 22M+50k	
t_7	约 26M+50k	
t_8	约 7M+50k	

表 8-6 BT 技术构建的数据统计信息

批 次	基于人机协作构建的 zh-ar 数据量	总 量
t_9	约 1M+50k	约 4M
t_{10}	约 1M+50k	
t_{11}	约 1.5M+50k	
t_{12}	约 1.5M+50k	

此外，由于模型是通过领域渐进数据持续训练，因此在训练过程中本方案针对各模型的损失函数进行了适配性设计。首先，模型在新数据进行持续迭代训练时，初始参数继承上一批次数据训练得到的参数，这种方式不仅可以有效继承上一批数据学到的有用信息，同时也能够加速模型在新一批数据上的训练收敛速度。表 8-7 所示为模型训练时初始化参数不同选择时的训练收敛迭代轮次。其次，为了保证模型迭代过程中前后信息的学习，在模型训练时本方案通过参数约束法增加前后参数对比损失计算，保证模型更新迭代过程中，参数变化不会导致信息的大规模遗忘。

表 8-7 持续训练收敛迭代轮次对比

初始化方式	模型收敛轮次
随机初始化	3～4
继承上一轮参数	1～1.5

8.4 算法结果分析与高金策略

8.4.1 结果分析

改进的多语翻译模型使用表 8-5 和表 8-6 中不同批次构造的领域渐进数据进行训练后，单模型性能爬升曲线如图 8-27 所示，图中任意批次中仅选取当前批次性能最优的单个模型的结果呈现。

图 8-27 中，横坐标表示使用不同批次的训练数据进行训练，纵坐标表示当前批次训练完成后在评测榜上双方向的平均值。从图中可知，在不同批次训练过程中，模型的整体性能是不断持续提升的。例如，在 t_0～t_8 批次中，基于 BT 技术的数据能够推动模型性能持续增长，在 t_9～t_{12} 人机协作数据训练后，模型性能还能进一步增长，同时也证明了我们提出的基于领域渐进性的持续训练方案在多语言翻译

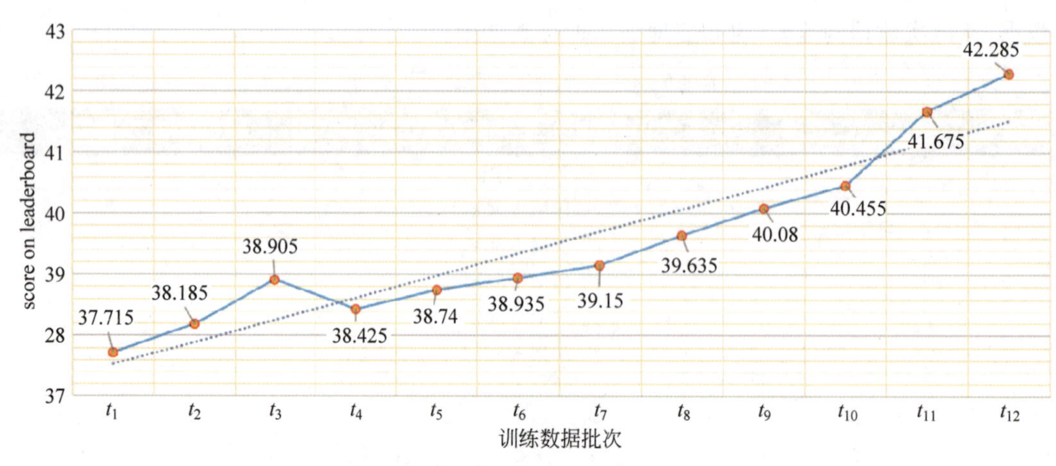

图 8-27　领域持续渐进过程中实验结果对比

场景中的有效性。最终,单模型阿拉伯文到中文翻译方向最优结果为 45.24 BLEU 值,中文到阿拉伯文翻译方向最优结果为 39.33 BLEU 值,平均为 42.285 BLEU 值。

8.4.2 高金策略——多模型集成方法

1. 摘要式集成方法

在上节中,本方案通过对改进的多语言模型进行持续训练,得到了较为优秀的性能。然而,由于不同的多语翻译模型预训练的方式和数据不同,即便使用相同的数据进行持续训练,其模型预测的结果也不尽相同。与分类任务不同,翻译模型的 Decoder 模块的输出是不定长的,无法像分类任务那样将多个模型预测的 Logits 分数相加取平均。因此通常的集成方式都是对输出后的语句进行操作,通过投票的方式选择一个输出。但是这种方式是粗粒度的选择,只能选择整个句子,没有办法从不同的句子中找到最合适的词组合句子。因此本方案提出利用单语言生成模型,以摘要生成的方式让生成模型自己选择更为合理的词语组合输出,作为多语翻译模型输出结果的一个改进策略,记为摘要式集成方法,其方法流程如图 8-28 所示。

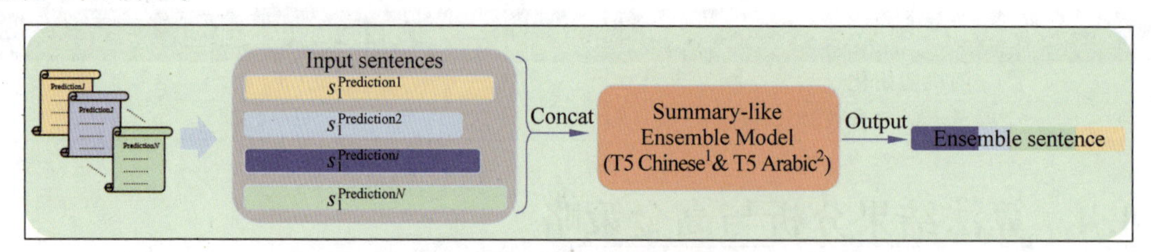

图 8-28　摘要式集成方法流程

在图中,输入为多个模型的预测结果,首先得到同一条语句的不同模型预测结果,并通过连接符拼接在一起形成长文本作为输入,摘要模型根据输入文本输出对应的摘要语句。本方案中的摘要模型采用的是开源的中文和阿拉伯文 t_5 模型。由于摘要集成任务与模型预训练的摘要任务并不相同,因此需要对摘要模型进行训练微调。训练数据为官方提供的官方数据集及本方案中 BT 构建的高质量数据,让不同的翻译模型预测同一段源语言文本,然后将这些翻译模型输出的目标语言文本拼接后,输入摘要模型中作为输入,label 为真实的目标语言文本。通过摘要式集成方法,可以有效地将多个翻译模型的结果进行集成,生成较为流畅的预测语句。

2. Majority-Like 集成方法

通过摘要式集成方法解决不同预测结果间粒度选择后，再次使用通过投票的集成方法，对所有模型输出进行选择，得到一个输出。本方案中采用的是 Majority-Like 集成方法。

根据 2017 年发表的研究工作，本方案采用了一种简单但有效的无监督集成方法，即 Majority-Like，该方法通过在多个给定翻译模型的输出结果中选择类似多数的输出来组合多个模型。在中文-阿拉伯文机器翻译的任务上的实验结果表明，Majority-Like 集成方法能够有效提高机器翻译的性能，其流程如图 8-29 所示。本方案中，通过使用 LaBSE 模型的分数来选择接近其他输出的 Majority-Like 输出。

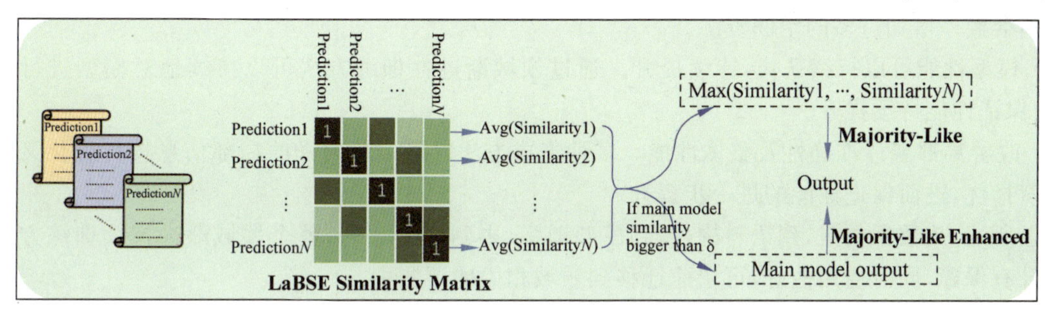

图 8-29 Majority-Like 集成方法流程

3. 主模型增强

此外，基于 Majority-Like 的集成方法适用于多个模型性能相差不大的情况，当某个模型性能明显超出其他模型时，该方法则有一定的局限性。基于此，本方案进而提出基于主模型的增强策略，即重点关注性能较好的翻译模型，使用其他翻译模型作为辅助模型。基于主模型增强策略的集成方法仅在输出端与 Majority-Like 集成方法有所区别，如图 8-29 输出端所示。

在基于主模型的增强策略中，主模型的计算得分大于或等于给定的增强分数阈值，则集成后的输出一定选择主模型的翻译结果，因此选择一个合适的增强分数阈值十分关键。同时，在实验中也探索了使用方差进行限制集成方法对主模型的信任能力，即如果主模型的计算得分大于或等于给定的增强分数阈值，但各个模型的得分方差过大，则不一定选择主模型的输出结果。

4. 集成模型结果

本方案中的三个集成方法分别对整体性能进行了进一步的提升，其结果如表 8-8 所示。表中只展示了可直接对比三种集成方案性能差异的几轮结果，在实际评测工作中，这些集成方案会在每一批次数据训练迭代过程中使用。通过集成方法，最终集成模型在阿拉伯文到中文翻译方向最优结果为 46.23 BLEU 值，中文到阿拉伯文翻译方向最优结果为 39.45 BLEU 值，平均分数为 42.885 BLEU 值，复赛榜上第 1 名，再次证明了集成方法作为高金策略的有效性。

表 8-8 不同集成方法对应的性能对比

集成方法	ar-zh 方向	zh-ar 方向	Score
Majority-Like	45.29	38.4	41.845
摘要式＋Majority-Like	45.47	38.92	42.195
摘要式＋Majority-Like＋主模型增强	46.32	39.45	42.885

8.4.3 总结

针对本次评测，我们提出基于领域渐进性的可持续多语言翻译训练方案，具体包括数据收集与领域

筛选、双语平行语料构建、领域渐进可持续训练方法和多语翻译模型训练与集成方法改进几部分。相比于普通的数据增量式训练等方法，该方案具有以下几个优势。

(1) 数据收集、语料构建移植性友好。数据大部分来自开源的单语或者双语语料，且构建技术通用。

(2) 缓解持续训练过程中的领域信息遗忘问题。通过领域渐进的持续训练，可以保证模型持续训练过程中的领域信息不会大规模损失。

(3) 模型训练时间、空间消耗可控。基于前一个模型持续训练，不会大规模增加训练时间，且数据量可控不会额外增加过多的空间资源。

(4) 模型性能可以持续迭代，持续提升。通过领域渐进性训练方法可以持续地对模型进行训练迭代，并且保证性能持续提升。

(5) 改善局部翻译准确性及整体性能。多种集成方法既可以对翻译的局部信息进行优化又可以从整体角度择优，进而促进性能的进一步提升。

综上所述，从数据收集，到语料构建，到模型训练，再到模型评测，整个领域渐进持续训练方案不仅性能提升有保障，同时通用性好，可快速迁移到领域相关的评测中。

2022 年竞赛详情，欢迎扫码了解：

第9章

2023赛题——社交网络中多模态虚假信息甄别

9.1 赛题解析

9.1.1 赛题介绍

在全球化时代,社交媒体已成为虚假信息的"温床"。一段文字、一张图片就足以编造耸人听闻的谣言,使得管理者和网民深感困扰。治理层出不穷的谣言,单凭人力排查效率很难提高。针对此问题,AI技术展现出了巨大潜力。

目前,AI技术已在识别虚假信息方面得到应用,尤其是涉及自然语言处理技术的部分,对纯文本型谣言有着显著效果。然而,社交网络的谣言已经演变成多模态形式:除了文字,随着图片、视频广泛传播,事件真伪更难辨认。

针对这种状况,竞赛以"社交网络中多模态虚假信息甄别"为题,鼓励选手采用多模态技术手段,结合自然语言处理、计算机视觉等技术来构建模型,以应对复合型虚假信息。

本次赛题为社交网络中多模态虚假信息甄别,要求选手基于官方指定数据集,通过建模同一事实跨模态数据之间的关系(主要是文本和图像),实现对任一模态信息进行虚假和真实性的检测。如何在大量的文本、图像等多模态信息中,通过大数据与人工智能技术纠正和消除虚假错误信息,对于网络舆情及社会治理有着重大意义。

赛题为技术创新提供广阔的空间,鼓励选手运用大模型最新研究成果和工具来解决虚假信息检测的难题,包括但不限于深度学习、自然语言处理、计算机视觉等领域的大模型。同时,建议选手考虑模型的可解释性和鲁棒性,以确保其在实际应用中具有可靠性。

9.1.2 数据介绍

本次比赛提供从国内外主流社交媒体平台上提取的含有不同领域声明的数据集。选手需将给定数据正确分为三类:Rumor(谣言)、Non-Rumor(非谣言)、Unverified(无法辨别)。

初赛阶段:训练集与验证集提供中文训练数据5694条以及英文训练数据4893条,同时公开英文验证数据611条与中文验证数据711条供选手优化模型。评测集提供文娱、经济、健康领域的测试数据,英文与中文数据的测试集各600条。参赛队伍上传的结果文本的每一行就是对应的分类结果,该数

据不公布，用于评测。

复赛阶段：训练集与验证集数据量大体同初赛阶段。评测集在初赛三个领域的基础上，添加时事、国际领域的后台测试数据，增加难度。英文与中文数据的测试集各600条。参赛队伍上传的结果文本的每一行就是对应的分类结果，该数据不公布，用于评测。

数据集文件介绍：img文件夹下存放每一条声明的图片，img_html_news文件夹下存放根据每一条声明的Caption检索到的网页与图片，其中direct_annotation.json包含如下信息：

```
{
        "img_link": 检索到的相关图片的链接,
        "page_link": 检索到的网页链接,
        "domain": 检索到的网页的域名,
        "snippet": 检索到的网页的简洁摘要,
        "image_path": 检索到的图片的路径,
        "html_path": 检索到的网页的路径,
        "page_title": 检索到的网页标题
}
```

inverse_search文件夹下存放根据声明的图片找到的网页，其中inverse_annotation.json包含如下信息：

```
{
"entities": 声明中图片中的实体,
"entities_scores": 声明中图片中的实体的分数,
"best_guess_lbl": 声明中图片最可能是什么,
"all_fully_matched_captions": ,
"all_partially_matched_captions":
"fully_matched_no_text":
上述三个字段的值均为寻找到的网页,为一个列表,列表中的元素为一个字典,格式如下
    {
    "page_link": 检索到的网页链接,
    "image_link": 检索到的图片链接,
    "html_path": 检索到的网页的路径,
    "title": 检索到的网页的标题
    }
}
```

以下为3个类别的示例数据。

(1) 图9-1所示的数据包括了Caption——“峨眉山猴子被拘留了”和一个Img图片，该图片是从某社交平台上截取的内容，其中包含人与猴子。所提供的证据信息仅包含多个html文件。从其中“1075.html”文件中获取到信息——“美女给了小猴子一点吃的，结果不让走了”，与查询信息Caption内容不符，因此得出结论：该数据为“谣言”。

(2) 图9-2所示的数据包括了Caption——“今天我国发射长征二号丙运载火箭”和一个Img图片，该图片内容仅包含“最新消息”文本。所提供的证据信息仅包含多个html文件。从其中“2507.html”文件中获取到来自权威媒体的信息——“长征二号丙今日成功发射”，与查询信息内容吻合，因此得出结论：该数据为“非谣言”。

(3) 如图9-3所示的数据包括了Caption——“以为都只是我以为”和一个Img图片，该图片描绘了一个体育馆内聚集了许多人。所提供的证据信息仅包含一个html文件，且该文件并未包含与Caption或Img图片相关的信息。由于Caption中没有包含明确的观点，并且Caption与Img图片与提供的证据信息之间没有明显的关联，因此得出结论：该数据为“无法辨别”。

Caption:

"147": {
"direct_path": "train/img_html_news/147",
"inv_path": "train/inverse_search/147",
"image_path": "train/img/147.jpg",
"caption": "峨眉山猴子被拘留了 ",
"label": 1}

Img:

Img_html_news文件夹内容：

1237.html	Microsoft Edge ...
1237.jpg	JPG 图片文件
1238.html	Microsoft Edge ...
1238.jpg	JPG 图片文件
1239.html	Microsoft Edge ...
1239.jpg	JPG 图片文件
1240.html	Microsoft Edge ...
1240.jpg	JPG 图片文件
1241.html	Microsoft Edge ...
1241.jpg	JPG 图片文件
direct_annotation.json	JSON 文件

inverse_search文件夹内容：

1071.html	Microsoft Edge ...
1072.html	Microsoft Edge ...
1073.html	Microsoft Edge ...
1074.html	Microsoft Edge ...
1075.html	Microsoft Edge ...
inverse_annotation.json	JSON 文件

1075.html文件夹内容：

{
"html_path": "./inverse_search/1075.html",
"title": "美女给了小猴子一点儿吃的，结果还不让美女走了！_野生动物园"
}

图 9-1 “谣言”数据示例

Caption:

"1": {
"direct_path": "train/img_html_news/1",
"inv_path": "train/inverse_search/1",
"image_path": "train/img/1.jpg",
"caption": "今天我国发射长征二号丙运载火箭",
"label": 0}

Img:

最新
消息

Img_html_news文件夹内容：

direct_annotation.json	JSON 文件
2507.jpg	JPG 图片文件
2507.html	Microsoft Edge ...
2506.jpg	JPG 图片文件
2506.html	Microsoft Edge ...
2505.jpg	JPG 图片文件
2505.html	Microsoft Edge ...

inverse_search文件夹内容：

1145.html	Microsoft Edge ...
1146.html	Microsoft Edge ...
1147.html	Microsoft Edge ...
inverse_annotation.json	JSON 文件

2507.html文件夹内容：

{
"html_path": "./inverse_search/2507.html",
"title": "长征二号丙今日成功发射！--新华社"
}

图 9-2 “非谣言”数据示例

Caption:

"2": {
"direct_path": "train/img_html_news/2",
"inv_path": "train/inverse_search/2",
"image_path": "train/img/2.jpg",
"caption": "以为以为都只是我以为",
"label": 2}

Img:

Img_html_news文件夹内容：

direct_annotation.json	JSON 文件

inverse_search文件夹内容：

inverse_annotation.json	JSON 文件
484.html	Microsoft Edge ...

图 9-3 “无法辨别”数据示例

9.1.3 评估指标

本次比赛根据三类不同结果在 Macro F1 的高低进行评分，兼顾了精确率与召回率，是谣言检测领域主流的自动评价指标。自动指标排名是通过计算两个测试集上的 Macro F1 平均值排序得到的。决赛结合排名高低和技术方案现场陈述的专家打分，进行综合排名。

Macro F1 是一种常用于多类别分类问题中的评价指标，特别适用于类别不平衡的数据集。它首先独立计算每个类别的 F1 得分，然后计算这些得分的算术平均值。F1 得分是精确率(Precision)和召回率(Recall)的调和平均，因此 Macro F1 综合考虑了分类器在所有类别上的性能。

F1 得分是精确率和召回率的调和平均值，公式为：

$$\text{F1}=2\times\frac{\text{精确率}+\text{召回率}}{\text{精确率}\times\text{召回率}}$$

其中，精确率是指正确预测为正的样本数占所有预测为正样本数的比例。召回率是指正确预测为正的样本数占所有实际为正样本数的比例。

Macro F1 是通过计算每个类别的 F1 得分，然后取这些得分的算术平均值得到的。其公式为：

$$\text{Marco F1}=\frac{1}{N}\sum_{i=1}^{N}\text{F1}_i$$

其中，N 是类别的总数，F1_i 是第 i 个类别的 F1 得分。

9.1.4 赛题分析

本次赛题在形式上与自然语言处理中的事实核查任务相似，通过建模待查询文本或图片与搜集到的证据信息之间的关系，将查询信息进行分类，图像模态的加入给这个任务增加了难度。

赛题的关键点为：从庞大复杂的数据集中提取有效数据，选择合适的预训练模型，建模图像与文本信息之间的关系。

(1) 提取有效数据：官方提供的数据中包括文本短句、原始的 html 文件以及图片，但其中掺杂多种无关或错误信息，这些信息可能对模型的训练和性能造成影响。所以需要对数据进行分析或人工选择，这包括清洗和格式化文本数据，移除无关或重复的内容，以及对原始 html 文件进行解析，提取有用的文本信息。对于图片数据，同样需要去除无关图片，并可能需要对图片进行预处理，如缩放、裁剪或颜色调整以及 OCR 文字提取，以便适应预训练模型的输入要求。

图 9-4 展示了一个 html 文件的示例。在这个文件中，包含了 head、link、meta、script 等多种属性，这些都是构建网页的核心元素，它们在实现网页视觉效果方面发挥着重要作用。然而，对于当前的任务而言，这些属性并非关键。选手不需要了解网页的布局或设计细节，重点是关注网页呈现的文本内容。从图中可以明显看出，仅有 title 属性包含了解题目所需要的有用文本信息。因此，可以提取该属性中的文本，作为分析的证据信息。这一部分需要选手具备 html 基础知识，并且能够观察和识别文件的主要内容。

图 9-5 展示了数据集中的一部分图片，这些图片包括来源多样，如社交媒体聊天的截图、自媒体在网络平台发布的信息，以及新闻或报纸的内容。显而易见，这些图片的主要内容是文字。然而，普通的视觉模型往往无法有效识别这些文字中的具体信息。因此，需要借助 OCR(光学字符识别)技术来提取图片中的文字内容，以便进行进一步的处理和分析。

```
<!doctype html>
<!-- [ published at 2023-04-17 14:35:02 ] -->

<html>
    <head>
                    <meta http-equiv="Content-Security-Policy" content="upgrade-insecure-requests" />
            <meta http-equiv="X-UA-Compatible" content="IE=edge,chrome=1">
        <meta http-equiv="Content-Type" content="text/html; charset=utf-8" />
        <title>xx高管被举报违规买入xx置地房产_新浪网</title>
        <meta name="Keywords" content="房产" />
        <meta name="Description" content="" />
        <meta name="subjectid" content="myqikxq0774423">

        <meta content="always" name="referrer">
        <meta name="sudameta" content="urlpath:china; channel:finance">     <link href="//sjs2.sinajs.cn/video/theme/cms_widget/css/common/pul
        <link href="//sjs2.sinajs.cn/video/theme/cms_widget/css/theme/theme01.css?v=1.0" rel="stylesheet" type="text/css" />

        <link rel="stylesheet" type="text/css" href="//n2.sinaimg.cn/common/channelnav/css/common_nav.css">
        <link rel="stylesheet" type="text/css" href="//i.sso.sina.com.cn/css/userpanel/v1/top_account_v2.css">

        <link rel="stylesheet" type="text/css" href="//n2.sinaimg.cn/ent/wsy/channel-nav_150209.css">

        <script type="text/javascript">
            /****************模块加载控制器定义******************/
            window.$widget = [];
            window.$widgetconfig = {
                jspath: '//sjs2.sinajs.cn/video/theme/cms_widget/js/',
                csspath: '//sjs2.sinajs.cn/video/theme/cms_widget/css/',
                jsversion: '1.1', //js版本号
                cssversion: '1.0' //css版本号
            };
```

图 9-4　html 文件示例

图 9-5　大量图片包含文字信息

(2) 选择合适的预训练模型：在数据集中，同时包含中文与英文的文本信息，要考虑能够处理多语言文本的模型。这些模型通常被训练在多种语言上，因此能够更好地理解和处理不同语言的语义和语法结构；图像数据中包含各种实体或文字信息，需要选择具有强大特征提取能力的预训练视觉编码器，同时可能也需要 OCR 模型对图像进行处理。

(3) 建模图像与文本信息关系：这是任务的核心挑战。数据集内图片与文本包含的信息量大致相同，在预训练模型将图像与文本提取为特征向量后，需要构建一个能够处理和理解多模态数据的模型。这可能涉及融合不同模态模型的输出，或者使用专为多模态数据设计的模型。要求在处理每种模态的数据时，考虑到它们之间的相互关系，从而更有效地进行虚假信息的检测。

9.2 模型基础介绍

9.2.1 虚假信息甄别任务概述

在相关研究中，虚假信息被定义为“那些有意制造且意图误导读者的信息，这些信息可以通过其他正规渠道被验证为不真实”。目前，在社交媒体上验证新闻的真实性，仍是虚假新闻检测领域面临的一大挑战。

早期，大多数研究主要通过分析新闻的文本内容来判定其真伪。初期的方法依赖于人工提取文本的统计和语义特征，例如段落数、词性比例、符号数量、写作和语言风格。然而，这种人工提取特征的方法不仅耗时费力，而且难以充分挖掘文章的深层内容。

近年来，深度学习应用的显著发展推动了虚假新闻检测方法的进步。一些研究采用了基于 RNN 的文本检测模型，专注于捕捉文章时间序列中的文本特征；另一些研究则结合了用户多视角学习和注意力机制，开发了谣言检测方法。这种方法通过分析用户在文章传播路径中的不同观点，有效整合这些表征。此外，还有一些工作展示了深度学习方法在特征提取和交互方面的优势，证明其性能超越传统方法。

之后，将视觉特征纳入虚假信息检测的研究日益增多。传统视觉特征提取方法，在处理复杂图像信息时的泛化能力较弱；而许多研究引入深度学习方法，以探索视觉特征在判别新闻真伪上的作用。有些工作提出了基于 CNN 的模型，用于捕捉图像模式，该模型首先利用 CNN 提取图像的频域模式，随后使用 RNN 进行图像的语义检测，并通过注意力机制融合图像和频域模式。视觉特征的加入提升了检测性能，但这些模型在实际应用场景中仍然存在一定的局限性。

随着虚假新闻的形式日益多样化，检测方法也已从最初的单模态发展到如今的多模态信息检测。深入学习和整合数据的语义特征，特别是结合文本与视觉信息，是提升虚假新闻检测性能的一个关键视角，大大增强了检测的准确性。

9.2.2 大语言模型概述

2017 年，自然语言处理领域迎来了重大变革，标志性的事件是 BERT 和 GPT 等预训练语言模型的出现，它们引领了基础模型的新时代。这些基于 Transformer 架构的模型通过在大量无标注文本数据上进行自监督学习来进行预训练，从而学习到语言的通用表征。这种预训练方法的优势在于，它能使用广泛的、不同领域的文本数据，而且由于数据易于获取，模型可以从中获得丰富的知识。

当这些预训练模型应用于特定的下游任务时，它们只需通过少量针对特定任务的数据进行微调，就能显著优于那些完全从头开始训练的模型。由于基础模型的参数规模和训练数据量的迅速增长，预训练阶段变得非常耗时，研究重点转向了如何设计更有效的预训练和微调策略。提示方法直接使用预训练模型处理各种下游任务，这种做法，在形式上实现了自然语言理解和自然语言生成任务的统一。以 T5 模型为例，无论是文本分类(图中 9-6 中红色部分)还是判断句子相似性的回归或分类问题(图 9-6 中黄色部分)，都是自然语言理解的典型任务。通过提示，这些分类问题被转换成让模型生成对应类别的字符串的任务，使得理解和生成问题在输入输出形式上保持一致，从而在表现形式上实现了二者的统一。

这些模型，如 GPT 和文心一言，通过深度学习和大规模数据预训练，展现出卓越的语言理解和生成

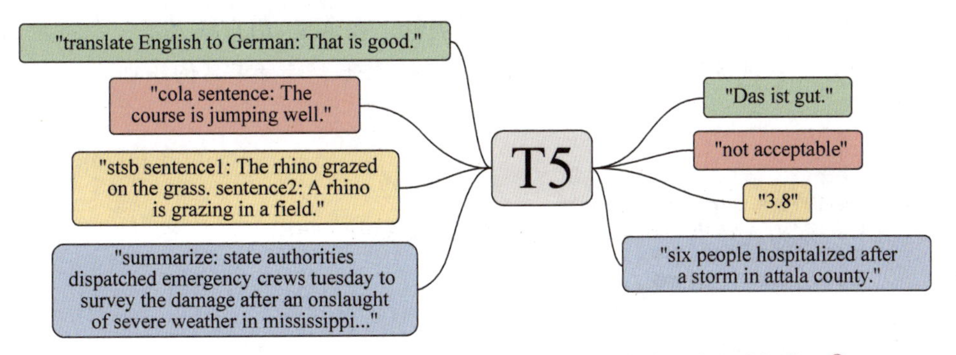

图 9-6 T5 模型通过提示将自然语言理解与生成任务在形式上进行统一①

能力。它们的关键特点包括大规模预训练数据，即使用海量的文本数据进行预训练，使得模型能理解和生成多样的文本内容；深度学习架构，特别是采用了如 Transformer 这样的架构，使模型能更有效地处理长距离依赖和复杂的语言结构；应用领域广泛，从文本生成到自然语言理解，这些模型在诸如机器翻译、聊天机器人、内容推荐等多个领域表现出色；以及持续的迭代更新，随着技术的不断进步，新版本的模型不断推出，每一代模型都在性能上有显著提升。图 9-7 展示了最近发布的代表性大型模型，清晰显示了模型更新迭代趋势。在这些模型中，规模最大的 PaLM 模型的参数量已达到惊人的 5400 亿。

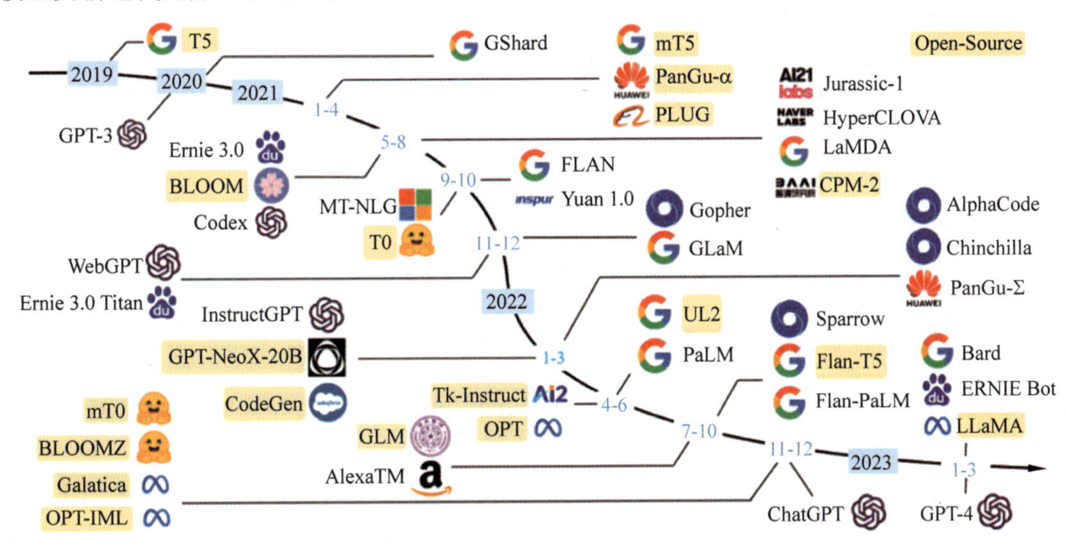

图 9-7 近期发布的代表性大模型②

在当前的技术景观中，大语言模型在多个领域展现出了显著的实际应用价值。这些模型擅长生成流畅且连贯的文本，因此广泛应用于创作小说、撰写新闻稿件等写作任务。大语言模型在聊天机器人领域中也发挥着重要作用，能够理解用户的意图，并提供自然且准确的对话回应，这使得它们成为客服和虚拟助手等场景的理想选择。在知识问答方面，结合了海量知识库的模型能够快速且准确地回答问题，非常适用于在线教育和信息查询。最后，专注于语言理解的模型，能够理解复杂的语言表达，广泛应用于情感分析、文本分类等任务，展现了人工智能在处理复杂数据方面的强大能力。

① Raffel C, Shazeer N, Roberts A, et al. Exploring the limits of transfer learning with a unified text-to-text transformer[J]. *The Journal of Machine Learning Research*, 2020, 21(1): 5485-5551.

② Zhao W X, Zhou K, Li J, et al. A survey of large language models[J]. arXiv preprint arXiv:2303.18223, 2023.

图 9-8 展示了用户与文心一言大语言模型的对话场景。在这里，用户输入了一个特定的请求："程序员养生指南"。模型不仅准确地把握了用户的意图，而且依托于自身丰富的预训练知识库，提供了一个恰到好处的解答。

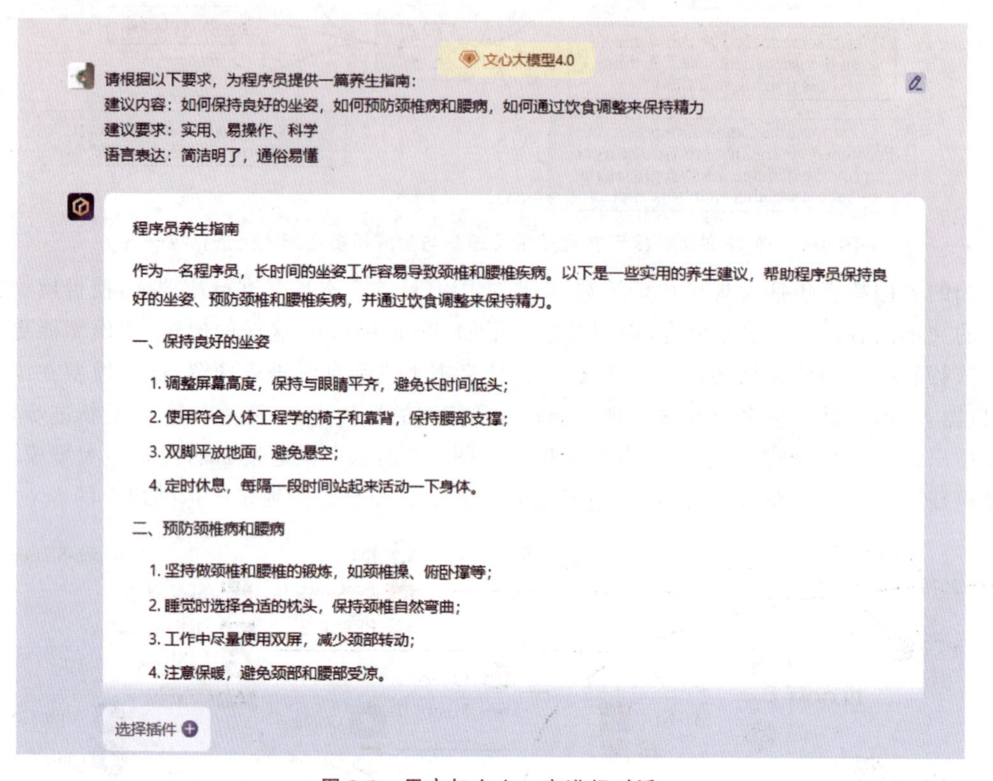

图 9-8　用户与文心一言进行对话

9.2.3　多模态大模型概述

互联网快速发展，产生了大量图像、文本和音频等多模态信息。随着计算机视觉、自然语言处理和语音识别等技术的飞速发展，多模态大模型应运而生。

多模态大模型是一种集成和处理各种数据类型的先进技术，它能有效处理包括文本、图像、音频和视频在内的多种模态数据。在自然语言处理方面，它们被用于机器翻译、情感分析和文本摘要等复杂任务。在计算机视觉领域，多模态模型对图像分类、目标检测和人脸识别等任务产生了显著影响。同时，在语音识别与合成领域，它们展现出强大的能力，用于转换语音至文本、高质量语音合成和构建高效的对话系统。

多模态大模型的核心在于不同模态数据的融合、处理和分析。这种融合可在多个层面实现，例如特征层和表征层。通过整合多种模态数据，模型能够达到更高的性能和更深入的信息理解，提供更准确、全面的分析结果；此外，还有助于提高泛化能力，减少过拟合的风险。

图 9-9 展示了用户通过文心一言调用背后文心大模型 4.0 进行交互的场景。用户输入图片，图片中可能包含复杂的场景，如一条繁忙的城市街道、自然风光或者一项艺术作品。模型首先分析这张图片，识别出图片中的关键元素，例如人物、物体、颜色和情感等。用户可以向模型提出各种请求，例如"描述图片中的情感氛围"或者"创建一个以这张图片为灵感的故事"。模型不仅能够提供关于图片的详细文字描述，还能够根据图片内容生成新的创意内容。例如，如果用户请求"根据图片生成一条视频"，模

型将利用其理解图片内容的能力，创作出与原图风格相符、主题相关的视频。这个过程需要高级的创意和艺术设计等多种技能。

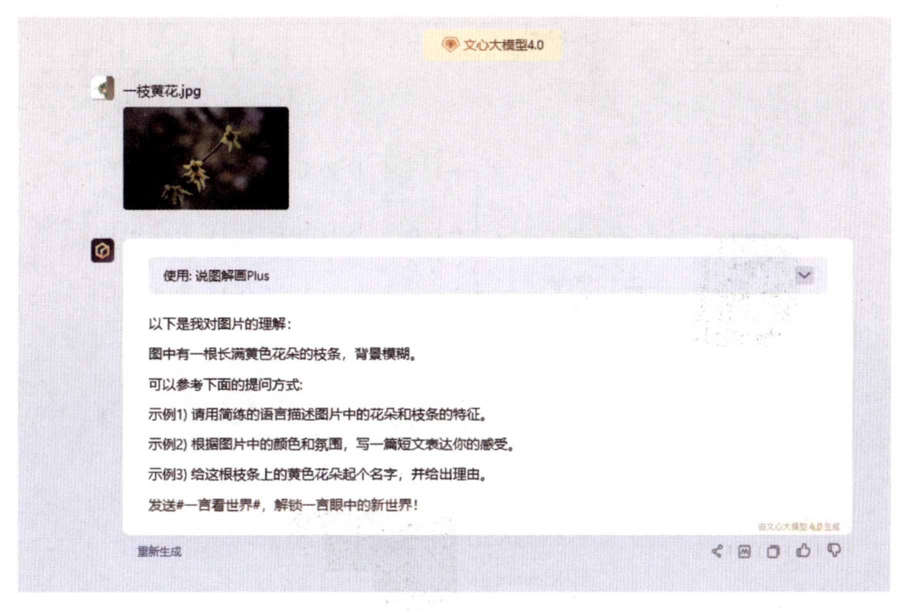

图 9-9 使用文心一言解析图片内容

下面将简单介绍几个典型的多模态大模型。

1. CLIP[①]

CLIP 作为多模态领域的经典之作，被广泛用作多模态模型的基础模型。CLIP 通过自监督的方式，使用 4 亿对(图像，文本)数据进行训练，它将图像和文本映射到一个共享的向量空间中，从而使得模型能够理解图像和文本之间的语义关系，这是一种从自然语言监督中学习视觉模型的新方法。

CLIP 模型的核心由两个主要部分构成：文本编码器(Text Encoder)和图像编码器(Image Encoder)。这两部分分别承担将文本和图像转换成特征编码的任务。在文本编码部分，CLIP 采用了类似于 GPT-2 的架构，可以更高效地处理和理解语言数据。而在图像编码方面，CLIP 经历了多种尝试，包括 5 种不同的 ResNet 架构和 3 种 Vision Transformer(ViT)架构。

CLIP 采用对比学习的方法训练，如图 9-10 所示，图片与文字首先经过对应的编码器编码为特征向量，随后进行余弦相似度计算，分数最高的即图文匹配正样本，那么矩阵中剩下的所有元素就是负样本。

如图 9-11 所示，CLIP 在 27 个数据集上进行了零样本迁移的效果评估。在这些数据集中，CLIP 在 16 个数据集上表现出色，尤其是在进行常规物体分类的数据集中效果显著。然而，在一些较为复杂的数据集上，如 DTD(针对纹理分类)和 CLEVRCounts(对图片中的物体进行计数)，CLIP 的性能表现并不理想。

2. ViLT[②]

ViLT 是一种基于 Transformer 架构的视觉和语言模型，旨在实现视觉和语言信息的联合理解和处理。它可以将图像和自然语言文本作为输入，并通过共享编码器来处理这两种信息，从而生成对图像和

① Zhao W X, Zhou K, Li J, et al. A survey of large language models[J]. arXiv preprint arXiv:2303.18223, 2023.

② Kim W, Son B, Kim I. Vilt: Vision-and-language transformer without convolution or region supervision[C]//International Conference on Machine Learning. PMLR, 2021: 5583-5594.

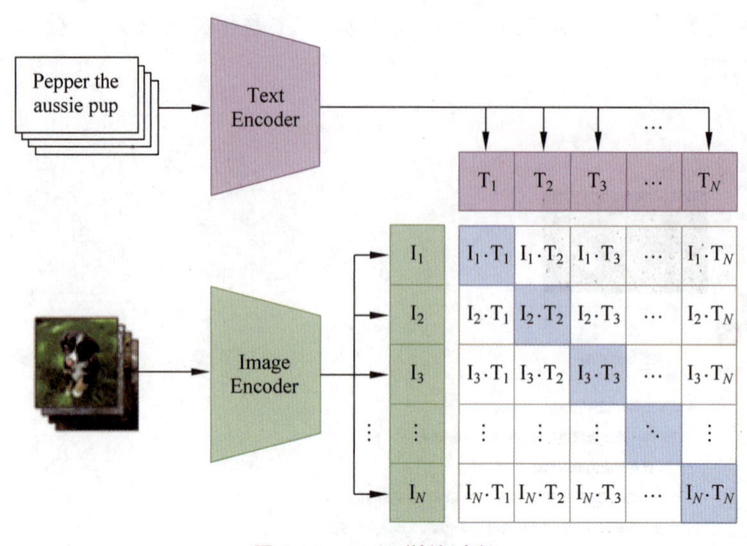

图 9-10 CLIP 训练过程

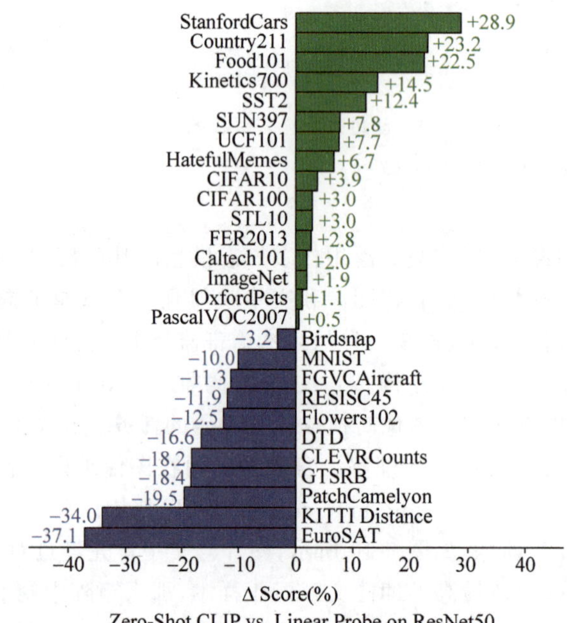

图 9-11 CLIP 做 Zero-Shot 的性能表现

文本的综合理解。

ViLT 模型可以应用于各种视觉和语言任务中，如图像标注、图像描述生成、视觉问答等。在这些任务中，ViLT 可以识别图像中的视觉元素，并结合自然语言文本中的语义信息进行推理和生成。这种模型可以帮助机器更好地理解图像和文本之间的关联，并提高各种视觉和语言任务的性能。

ViLT 模型的设计受到了 ViT 中 Patch Projection 技术的深刻启发。其核心思想在于最小化对每种模态特征提取的依赖。为此，ViLT 采用了预训练的 ViT 来初始化其交互式 Transformer。这种方法允许直接在交互层处理视觉特征，而无须引入额外的视觉编码器。这样，ViLT 将主要的计算负担集中在 Transformer 的特征融合环节，提高了处理效率和效果。

图 9-12 展示的是 ViLT 模型架构的图解。

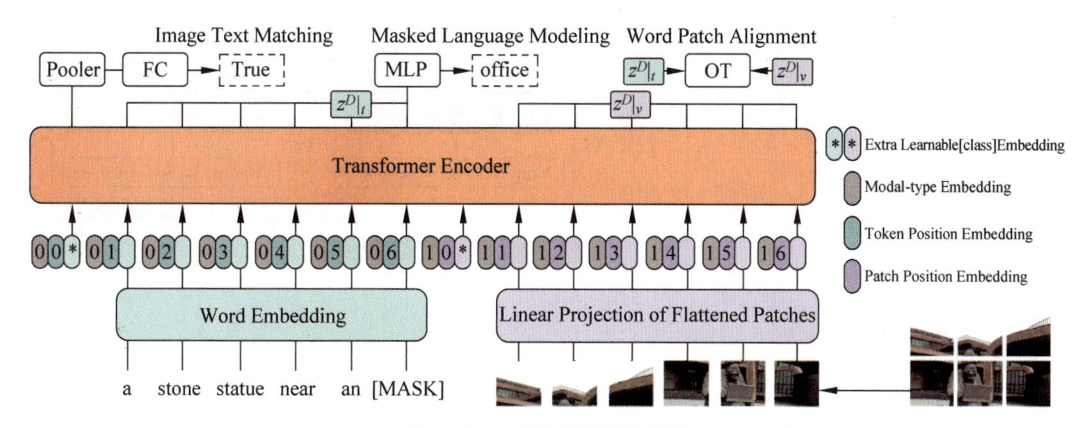

图 9-12 ViLT 模型架构图解

在处理文本输入时，首先通过 Word Embedding 矩阵进行嵌入(Embedding)处理。随后，这些嵌入化的文本信息与 Position Embedding 进行相加操作，最终与 Modal-type Embedding 进行拼接(Concatenate)。

对于图像输入，它首先被分割成 C×P×P 尺寸的 N 个 Patch。这些 Patch 通过线性投影矩阵进行嵌入化处理，然后同样与 Position Embedding 相加，最后与 Modal-type Embedding 拼接。

处理完的文本和图像嵌入数据接着被合并，并输入 Transformer 模型中进行进一步处理。

3. VLMo[①]

VLMo 是一款 Transformer 多模态模型，其名称中的“Mixture-of-Modality-Experts”(MOME)或混合多模态专家，充分揭示了其多模态集成的特性。在视觉语言预训练(VLP)领域，有两种主流模型结构：双塔结构(Dual Encoder)和单塔结构(Fusion Encoder)。双塔结构主要应用于多模态检索任务，通过独立编码图像和文本信息来实现高效的匹配；而单塔结构则专注于多模态分类任务，通过融合不同模态的数据来增强模型的理解能力。VLMo 则融合了这两种结构的优点，作为一个混合专家的 Transformer 模型，它在预训练完成后既可以作为一个双塔结构高效执行图像和文本的检索任务，也可以作为单塔结构处理多模态分类任务，成为一种多功能的多模态编码器。

图 9-13 展示的是 VLMo 模型架构的图解。

VLMo 模型的输入表征与 ViLT 相同，紧接着是一个多头自注意力(Multi-Head Self-Attention)子模块，然后是一个前馈神经网络(FFN)子模块。不过，与传统的 Transformer 模型不同，VLMo 中的 FFN 子模块由三个并行、独立的 FFN 组成，这些 FFN 分别是视觉专用的 FFN(Vision-FFN)、语言专用的 FFN(Language-FFN)和视觉-语言联合的 FFN(Vision-Language-FFN)。这三种 FFN 可被视为专家模型，而所有的多头自注意力子模块则共享相同的权重参数。

4. BLIP[②]

BLIP 也是一种 Transformer 多模态模型，它主要针对以往视觉语言预训练框架中的两个主要问题提出了解决方案。问题一，大多数现有的预训练模型要么擅长于基于理解的任务，要么擅长于基于生成的任务，很少有模型能够在这两方面都表现出色。问题二，为了提高性能，多数模型使用从互联网上收集的含有噪声的图像-文本对来扩展其数据集，这虽然能提高性能，但使用这种带有噪声的监督信号并

---

① Bao H, Wang W, Dong L, et al. Vlmo: Unified vision-language pre-training with mixture-of-modality-experts[J]. Advances in Neural Information Processing Systems, 2022, 35: 32897-32912.

② Li J, Li D, Xiong C, et al. Blip: Bootstrapping language-image pre-training for unified vision-language understanding and generation[C]//International Conference on Machine Learning. PMLR, 2022: 12888-12900.

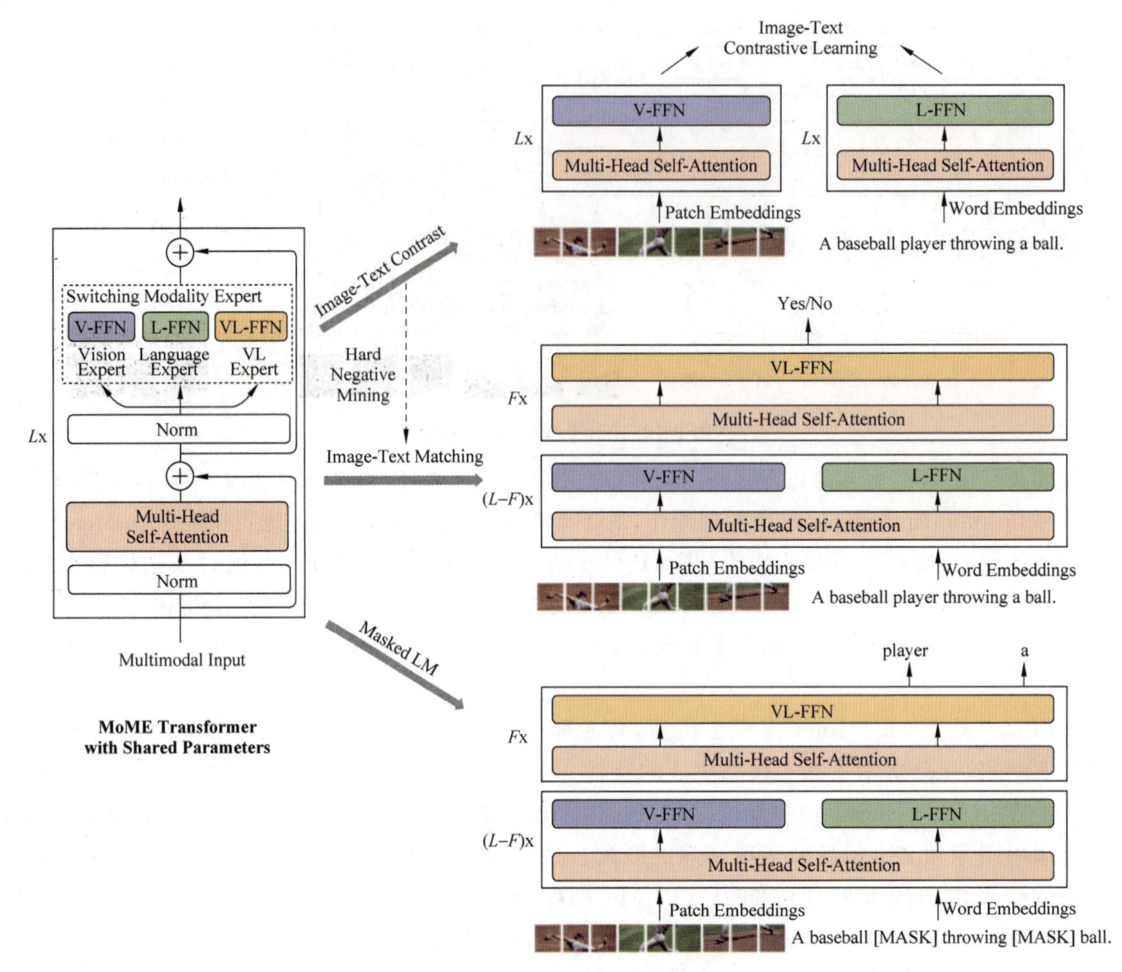

图 9-13　VLMO 模型架构图解

不是最佳做法。

BLIP 这种新型的 VLP 框架能够灵活地适应视觉理解和生成任务，这是对第一个问题的有效回应。对于第二个问题，BLIP 提出了一种有效利用含噪声网络数据的方法。这种方法首先使用含噪声数据训练 BLIP，然后利用 BLIP 的生成功能，通过预训练的 Captioner 生成一系列字幕。这些生成的字幕随后会通过预训练的 Filter 进行筛选，以获得更干净的数据。最终，这些经过清理的数据被用于再次训练 BLIP，从而提高其整体性能和准确度。

BLIP 引入了一种编码器-解码器混合架构，称为多模态编码器-解码器混合（Multimodal Mixture of Encoder-Decoder，MED），使其成为一种多功能混合模型。这种架构的灵活性体现在其既能作为单一模态的编码器，也能作为基于图像的文本编码器，或是基于图像的文本解码器，其模型架构如图 9-14 所示，展示了 BLIP 的详细架构布局。

BLIP 的训练基于三个关键的视觉语言目标。

（1）对比学习目标函数（ITC）：此目标函数影响视觉编码器和文本编码器，旨在使视觉和文本两个模态的特征空间实现对齐。

（2）图文匹配目标函数（ITM）：ITM 主要针对视觉编码器和视觉文本编码器，其核心目标是通过学习图像和文本的联合表征，实现视觉与语言之间的细粒度对齐。

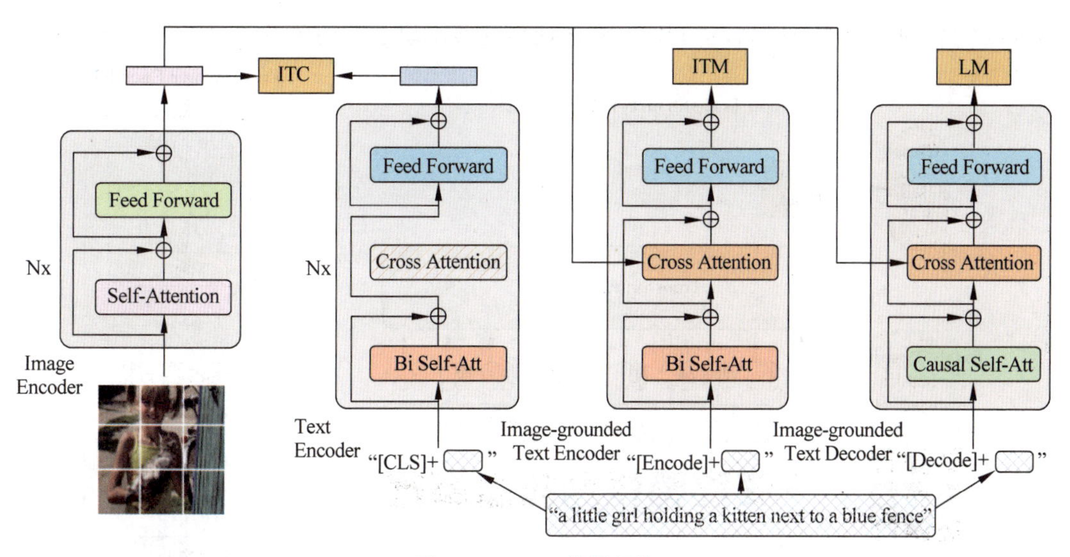

图 9-14　BLIP 模型架构

(3) 语言模型目标函数(LM)：LM 作用于视觉编码器和视觉文本编码器，其目的是在给定图像的基础上，以自回归的方式生成文本描述，从而促进模型对图像内容的理解和表达。

9.2.4　ViT 与 ERNIE

经过综合比较和评估，本次方案最终选定在 CLIP 模型中的"ViT-L/14"与 ERNIE 这两种先进的预训练模型，具体选择过程与理由将在 9.3.3 节中详述。下面将简要概述这两个模型的核心特点和应用领域。

1. ViT[①]

在 ViT 出现之前，CNN 是图像识别任务中最常用的方法，如图 9-15[②] 所示，CNN 通过卷积层和池化层来提取图像中的特征，并使用全连接层进行分类。这些传统的 CNN 模型，如 ResNet 和 EfficientNet，在许多图像识别基准测试上表现出色。然而，CNN 模型在处理大规模图像数据时需要大量的计算资源，这限制了它们的应用范围。

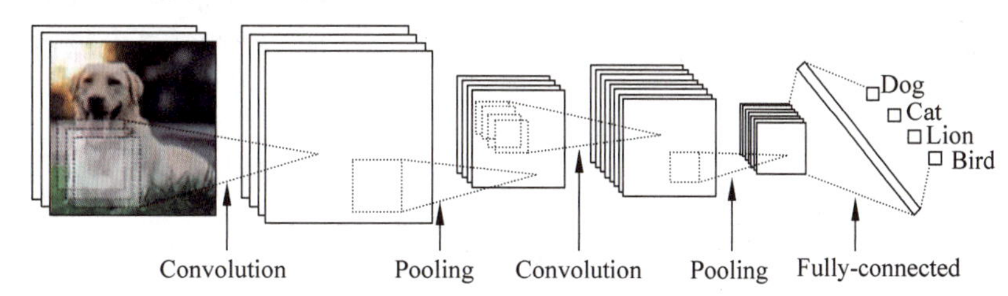

图 9-15　深度卷积神经网络

ViT 是一种为图像识别任务专门设计的创新型 Transformer 模型。它突破了传统 CNN 在处理大规模图像数据时的计算资源限制，如图 9-16 所示，ViT 采用了 Transformer 架构来处理图像识别任务。该模型首先将图像切割成多个大小均匀的小块，然后将每个小块转换为一个序列。接下来，通过

---

① Dosovitskiy A, Beyer L, Kolesnikov A, et al. An image is worth 16×16 words: Transformers for image recognition at scale [J]. arXiv preprint arXiv:2010.11929, 2020.

② https://baike.baidu.com/item/卷积神经网络。

Transformer内置的自注意力机制，ViT能有效地捕捉这些小块之间的关系。

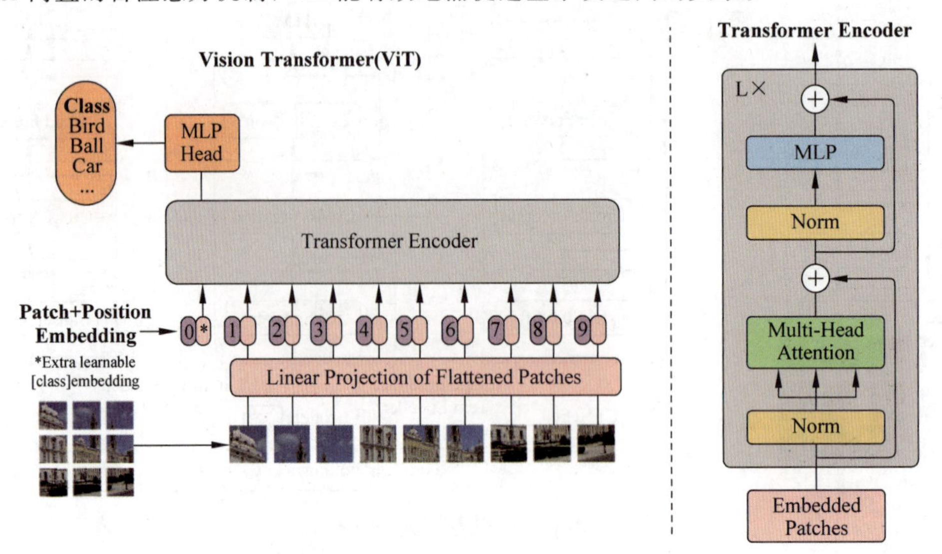

图9-16 ViT

ViT摒弃了CNN中常用的大量卷积和池化操作，显著降低了对计算资源的需求。在多项图像识别基准测试中，如ImageNet和CIFAR-100，ViT展现出了卓越的性能。此外，它还具有良好的可扩展性，能够适应于不同的任务和数据集，支持预训练和微调应用。

2. ERNIE[①]

ERNIE(Enhanced Representation through Knowledge Integration)是由百度开发的先进预训练语言模型，在深度学习平台PaddlePaddle上实现。ERNIE的设计目标是综合和建模多种知识类型——包括语法知识、语义知识以及实体知识等，以此来增强自然语言理解任务的处理能力。

传统来说，大语言模型的训练依赖于纯文本数据，未涉及诸如语言知识和世界知识等领域的深入探索。大多数这类模型采用自回归方式进行训练，这导致在处理下游语言理解任务时，它们往往展现出一定的局限性。为了克服这些挑战，ERNIE 3.0推出了一种创新性的统一框架，专注于预训练大规模的知识增强型模型。它巧妙地结合了自回归网络和自编码网络的优点，使得训练完成的模型在面对自然语言理解和文本生成任务时，无论是在零样本、少样本环境下，还是在微调场景中，都能展现出更高的适应性和效能。

ERNIE 3.0的模型结构如图9-17所示。在结构上，ERNIE 3.0基于Transformer架构，不过，它的独特之处在于采用了全新的预训练任务设计，这种设计针对不同类型的知识进行了特定的建模。这一创新使ERNIE 3.0在各项自然语言处理任务中，如阅读理解、命名实体识别和情感分类等，都展现出了显著的性能提升。

2023年10月，ERNIE 4.0正式发布，以知识增强、检索增强、对话增强为特征，其理解、生成、逻辑和记忆四大核心能力，有了更明显的提升。

① Sun Y, Wang S, Feng S, et al. Ernie 3.0: Large-scale knowledge enhanced pre-training for language understanding and generation[J]. arXiv preprint arXiv:2107.02137, 2021.

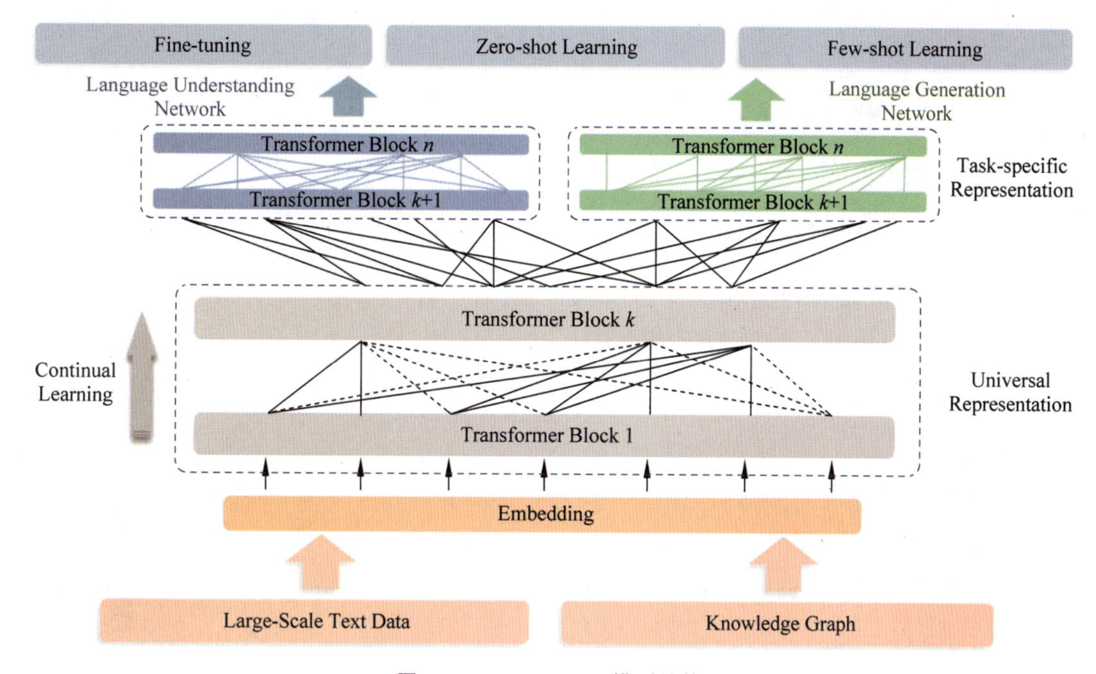

图 9-17 ERNIE 3.0 模型结构

9.2.5 ERNIE 代码实践解析

本赛题优秀方法中使用了 ERNIE 模型作为语言编码器。为了使读者更好地理解下文方法的代码，本节简要给出了在 PaddlePaddle 框架下使用 ERNIE 模型做文本分类任务的例子，如下。

首先导入需要的库文件。

```
import os
import paddle
import paddlenlp
import re
from paddlenlp.datasets import load_dataset
```

自定义数据集并创建，将标签用 One-hot 向量表示。

```
def clean_text(text):
    text = text.replace("\r", "").replace("\n", ""
    text = re.sub(r"\\n\n", ".", text)
    return text
# 定义读取数据集函数
def read_custom_data(is_test = False, is_one_hot = True):
    filepath = 'my_data/'
    f = open('{}my_data.txt'.format(filepath))
    lines = f.readlines()
    data_range = [0, int(len(lines) * 0.8)] if not is_test else [int(len(lines) * 0.8), len(lines)]
    data_me = lines[data_range[0]:data_range[1]]
    print("all_lines_of_data" + str(len(data_me)))
    for line in data_me:
            if "label," in line:
```

```
                continue
            if not line:
                break
            data = line.strip().split(',')
            # 标签用 One - hot 表示
            if is_one_hot:
                labels = [float(1) if str(i) in data[0] else float(0) for i in range(2)]
            else:
                labels = [int(d) for d in data[0].split(',')]
            yield {"text": clean_text(data[0]), "labels": labels}
    f.close()
label_vocab = {
    0: "Non - Rumor",
    1: "Rumor",
    2: "unverified"
}
#创建数据集
train_ds = load_dataset(read_custom_data, is_test = False, lazy = False)
test_ds = load_dataset(read_custom_data, is_test = True, lazy = False)
# labels 为 One - hot 标签
print("训练集样例:", train_ds[0])
print("测试集样例:", test_ds[0])
```

使用 PaddleNLP 库，并加载 ERNIE 3.0 模型与分词器。

```
# 加载中文 ERNIE 3.0 预训练模型和分词器
from paddlenlp.transformers import AutoModelForSequenceClassification, AutoTokenizer

model_name = "ernie - 3.0 - medium - zh"
num_classes = 2
model = AutoModelForSequenceClassification.from_pretrained(model_name,num_classes = num_classes)
tokenizer = AutoTokenizer.from_pretrained(model_name)
```

定义优化器、损失函数、评价指标。

```
import time
import paddle.nn.functional as F

from metric import MultiLabelReport

# Adam 优化器、交叉熵损失函数、自定义 MultiLabelReport 评价指标
optimizer = paddle.optimizer.AdamW(learning_rate = 1e - 4, parameters = model.parameters())
criterion = paddle.nn.BCEWithLogitsLoss()
metric = MultiLabelReport()
```

开始训练，计算模型输出、准确率，最后保存模型。

```
        # 计算模型输出、损失函数值、分类概率值、准确率、F1 分数
        logits = model(input_ids, token_type_ids)
        loss = criterion(logits, labels)
        probs = F.sigmoid(logits)
        metric.update(probs, labels)
```

```
        auc, f1_score, _, _ = metric.accumulate()

        # 每迭代 10 次,打印损失函数值、准确率、F1 分数、计算速度
        global_step += 1
        if global_step % 10 == 0:
            print(
                "global step %d, epoch: %d, batch: %d, loss: %.5f, auc: %.5f, f1 score: %.5f, speed:
%.2f step/s"
                % (global_step, epoch, step, loss, auc, f1_score,
                   10 / (time.time() - tic_train)))
            tic_train = time.time()
        # 反向梯度回传,更新参数
        loss.backward()
        optimizer.step()
        optimizer.clear_grad()
        if global_step % 10 == 0:
            save_dir = ckpt_dir
            if not os.path.exists(save_dir):
                os.makedirs(save_dir)
            eval_f1_score = evaluate(model, criterion, metric, test_data_loader, label_vocab, if_return_
results=False)
            if eval_f1_score > best_f1_score:
                best_f1_score = eval_f1_score
from eval import evaluate
epochs = 10                     # 训练轮次
ckpt_dir = "ernie_ckpt"         #训练过程中保存模型参数的文件夹

global_step = 0                 #迭代次数
tic_train = time.time()
best_f1_score = 0
for epoch in range(1, epochs + 1):
    for step, batch in enumerate(train_data_loader, start=1):
        input_ids, token_type_ids, labels = batch['input_ids'], batch['token_type_ids'], batch['labels']
```

9.3 比赛方法

如图 9-18 所示,本节将从以下几个步骤讲述赛题解决方法。

(1) 任务解析:深入剖析赛题,包括理解赛题的核心目标,对数据特征和分布的细致分析,并对所需模型功能模块进行初步规划。

(2) 数据处理:执行数据处理工作,包括对 html 数据清洗、从图片中提取文本信息,以及抽取主要信息等。

(3) 模型构建:根据赛题分析和数据处理结果来选取合适的编码器,进而根据编码后的特征向量分布来设计交互模块,确保不同模态的信息能够有效交互,并准确完成数据分类。

(4) 模型训练与迭代优化:通过多轮训练优化迭代模型,以及展示模型最终的实验结果分析和特点解析;简要总结模型的优势和不足,并探讨未来的优化方向。

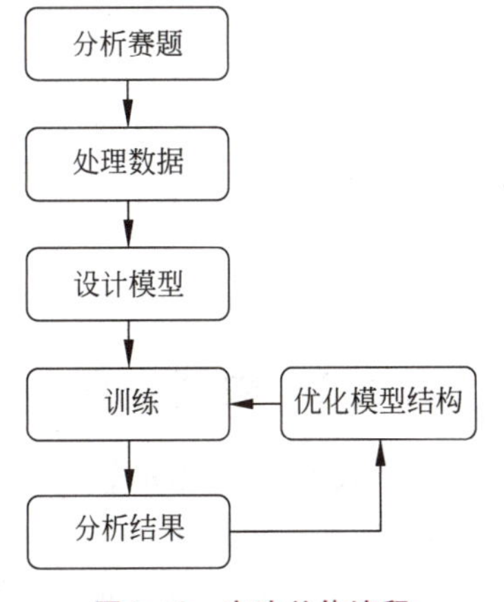

图 9-18 方法总体流程

(5) 成果提交与推理：根据百度飞桨 AI Studio 平台代码提交要求，编写推理代码文件，并将模型权重与推理文件上传到平台进行自动评测。

9.3.1 任务解析

比赛要求对所给的文本、图片等多模态信息运用语言与视觉大模型技术进行分类，类别包括如下。

(1) 谣言：当证据信息中明确表明查询信息为虚假时。

(2) 非谣言：如果证据信息中确实存在查询信息所描述的事件。

(3) 无法验证：当证据中未包含与查询信息相关的信息时。

因此，分类的核心在于评估证据信息中是否包含支持查询信息的内容。这项任务的挑战在于从数据集中提取关键数据，排除无关数据，并建立多模态数据之间的信息互动。同时，在给定的数据条件下，需要提升模型的泛化能力和计算效率。

如图 9-19 所示，经过对官方提供的数据集进行细致的统计分析，有以下关键信息：①文本数据方面：数据集包含中文文本共 6406 条，占总数的 57%；英文文本有 4778 条，占 43%。②图片数据方面：数据集总共包含 67132 张图片。在这些图片中，51750 张图片含有文字，这占了图片总数的大约 77%。③分类数据方面：数据集中非谣言的案例共 3592 个，约占 32%；谣言案例为 2392 个，约占 21%；无法验证的案例有 5200 个，约占 46%。

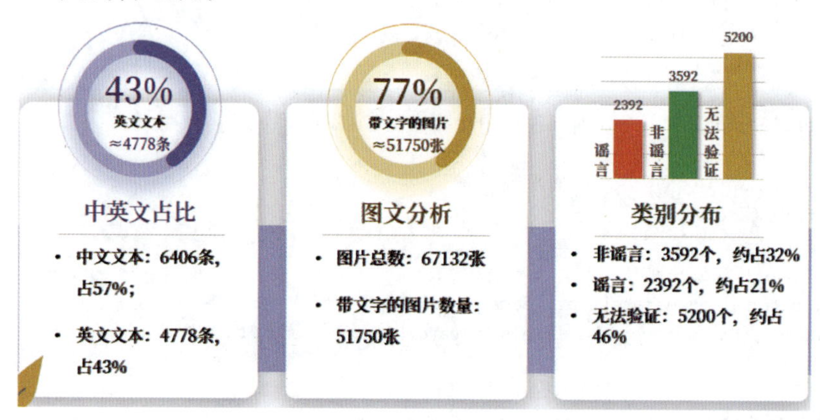

图 9-19 数据统计结果

结合以上信息以及赛题要求，可以初步设想一些需要实现的功能。首先，考虑到数据集中既包含图片也包含文本，分别设计图像编码器和文本编码器来处理这两种模态的数据。鉴于数据集中文本既包含中文也包含英文，并且两种语言的比例相当，因此，文本编码器需要能够处理多语言输入，确保对中英文都有良好的支持。此外，大量图片中嵌入了文本信息，这可以使用 OCR 技术来提取图片中的文字，以便单独处理这些文本信息。最后，考虑到给定分类数据中三个类别的分布不平衡，其中“无法辨别”的类别占比接近 50%，因此在模型训练过程中需要特别注意处理类别不均衡的问题。

9.3.2 数据处理

对于查询信息，给定的数据为一条文本信息与一张图片。该方案仅将图片使用 OCR 模型进行文字提取，其他部分未做变动。

对于证据信息，给定的数据为多个 html 文件与多张图片，如图 9-20 与图 9-21 所示，由于 html 的格式与来源不一，该方案提取了文件中的< title >与< description >属性作为代表信息，给定的 html 多为从新闻网站中爬取，所以这两个属性基本上能够涵盖文件中绝大部分的内容。对于图片，同样使用 OCR 模型进行文字提取，将图片内包含的文字进行单独处理。

图 9-20　提取 html 部分属性

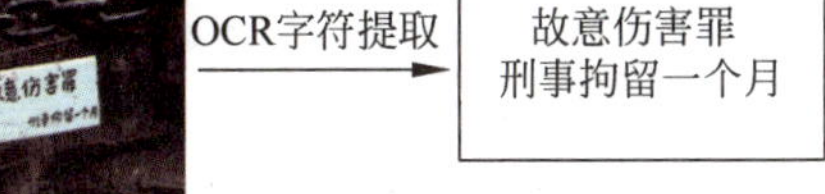

图 9-21　使用 OCR 进行字符提取

除了上述工作，该方案没有对原始数据集进行任何形式的数据增强、筛选或预处理。最终，收集到的数据如图 9-22 所示。对于每个查询，有多条相关的文本和图像。其中"Image_OCR"是使用光学字符识别技术从图像中提取的文本信息。关于证据信息，它与查询信息的结构类似。

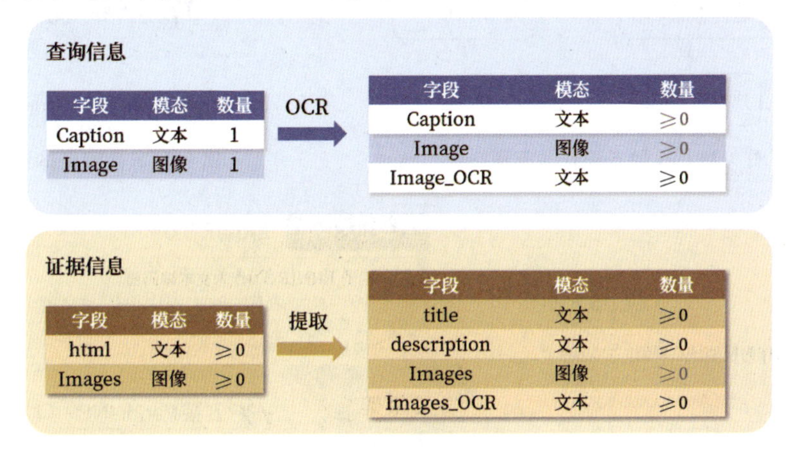

图 9-22　数据处理过程

9.3.3　模型方法

模型方法的开发流程如图 9-23 所示，本节将从选择核心开发框架、选择图像与文本编码器、设计多模态交互模块、选择训练策略、分析实验结果以及更新与优化模型讲述。

模型整体结构如图 9-24 所示，其中包括 ERNIE 3.0 作为文本编码器，ViT 作为图像编码器，数据编码后将经过交叉注意力层、平均池化层、多层感知机后得到最后的分类分数。

1. 核心框架

本次方案采用了飞桨 PaddlePaddle 作为主要开发框架。飞桨建立在百度多年的深度学习技术研究和业务应用之上，融合了核心框架、基础模型库、端到端开发套件、多样化工具组件以及星河社区，是百度自主研发的中国首个开源开放、功能丰富的产业级深度学习平台。飞桨以其在动静统一框架设计方面的先行者地位，在满足科研和产业需求方面取得了平衡，其在开发友好的深度学习框架、大规模分布式训练、高性能推理引擎、产业级模型库等方面处于国际先进水平。

此外，为了从数据集中提取图片所含的文字信息，方案采用了 PaddleOCR 模型和 PaddleNLP 库。PaddleOCR 支持多种语言和字符集，具备快速的识别速度和较高的准确性，能同时处理中英文信息。PaddleNLP 为研究人员和开发者提供了一系列易用的 NLP 工具和丰富的预训练模型，适用于文本分

类、情感分析、文本生成、机器翻译、问答系统等多种 NLP 任务，其中 PaddleNLP CLIP 模型搜集了网络上超过 40 亿个“文本-图像”训练数据，非常有利于两个模态之间的交互。方案的核心框架的示意图见图 9-25。

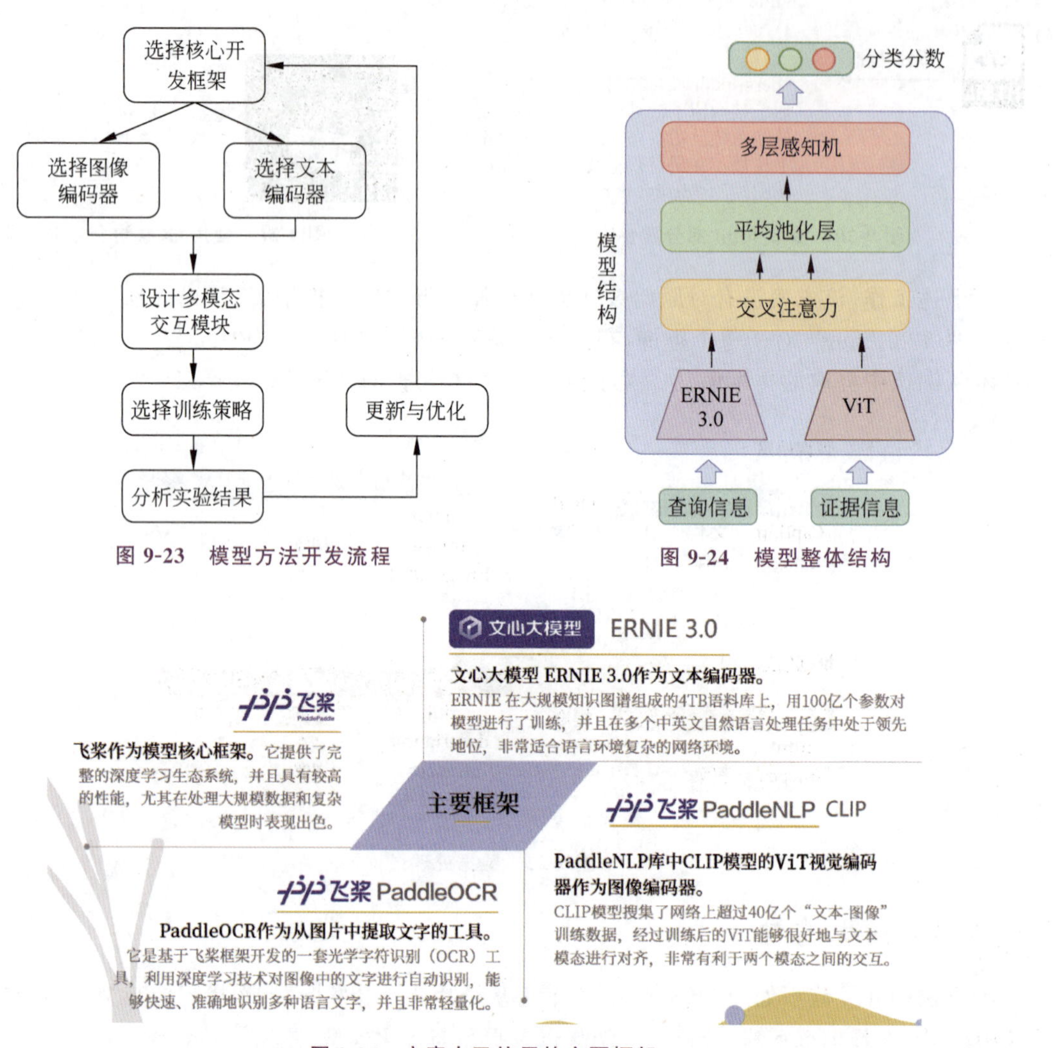

图 9-23　模型方法开发流程

图 9-24　模型整体结构

图 9-25　方案中已使用的主要框架

2. 图像编码器

图像编码器选择上，该方案关注到了 CNN 的 ResNet 模型与基于 Transformer 的 ViT 模型。

ResNet 的优势在于其较快的速度和较低的显存占用。鉴于所用的训练硬件设备条件有限，ResNet 似乎更加合适。然而，ViT 在多项计算机视觉任务中表现出优于 ResNet 的性能，并且有众多预训练的 ViT 模型可供调用，使用起来非常方便。

在实际应用中，解题团队发现 ViT 的性能远超 ResNet。在测试集上，两者的准确率差距甚至达到了近 10%。初步分析，这种差异可能源于 ResNet 和 ViT 处理图像信息的方式不同。ResNet 倾向于关注图像内实体的视觉特征，而 ViT 则更专注于图像整体的类别信息。训练集的大部分图片包含文字，这对 ResNet 造成了较大的干扰，导致其编码质量不佳。相比之下，ViT 中的注意力机制能够减轻这种干扰。此外，该方案所用的文本编码器也是基于 Transformer 结构的，这可能进一步加剧了 ResNet 与

ViT 在性能上的差异。

综合性能表现，该方案选用了多模态预训练模型 CLIP 的 ViT 作为图像编码器。前面讲到，ViT 通过将图像分割成多个小块，然后将这些块视为序列进行处理，从而实现了对图像内容的深入理解（ViT 的模型结构见图 9-16）。这种结构使得 ViT 不仅能捕捉到图像的局部特征，还能理解这些特征在整个图像中的相对位置和关系。此外，CLIP 模型的另一个优势在于它结合了视觉和文本信息的处理能力，通过对大量图像-文本对进行训练，使得模型能够更好地理解图像内容与自然语言描述之间的关系。这使得模型在执行图像分类、目标检测或图像生成等任务时，能够更加准确和高效。通过这种多模态的训练方法，ViT 能够在理解图像内容的同时，更好地适应不同的应用场景和需求。ViT 使用主要步骤如下：

```
#定义图像编码器
self.visual = CLIPVisionModel.from_pretrained("openai/clip - vit - base - patch16")
#将图片导入编码器,并获取池化特征
qImg_feature = self.visual(qImg).pooler_output
Imgs_feature = self.visual(Imgs).pooler_output
```

patch 嵌入：首先，对原始导入图像进行切块处理。假设导入图像的尺寸为 224×224，将图像切割成若干尺寸为 16×16 的小方块，每个小方块称为一个 patch。于是，每张图像中包含的 patch 数量为 (224×224)/(16×16)=196 个。切割之后，将获得 196 个尺寸为[16, 16, 3]的 patch，并将它们送入线性投影层（也称为嵌入层），其作用是将输入的序列进行展平处理。因此，处理后得到的 196 个 token，每个 token 的维度在展平之后为 16×16×3 = 768，输出的维度是[196, 768]。显而易见，patch 嵌入的作用在于通过切割和展平处理，将一个计算机视觉（CV）问题转换为一个自然语言处理（NLP）问题。

位置嵌入：像文本一样，图像中的每个 patch 也存在顺序性，不能随意打乱，因此需要为每个 token 添加位置信息。类似于 BERT 模型，还需加入一个特殊字符 class token。因此，最终输入 Transformer 编码器的序列维度为[197, 768]。位置嵌入的作用在于增加位置信息。

Transformer 编码器：将维度为[197, 768]的序列输入标准的 Transformer 编码器中进行处理。

MLPHead：Transformer 编码器的输出实际上是一个序列，但在 ViT 模型中，该方案只使用了 class token 的输出，将其送入 MLP 模块中，最终输出分类结果。MLP 头部的作用在于进行最终的分类处理。

3. 文本编码器

文本编码器的选择非常丰富，自大语言模型时代以来有上百款模型推出，如 T5、RoBERTa、DeBERTa 等，这些模型在性能、模型大小、计算复杂度等方面各有差异。

数据集中包含各 50%的中英文文本数据，所以解题团队一开始考虑到了使用两个模型的方案，即中英文使用不同的两个模型，并且训练过程分开，这样就能够选择两个在中文与英文表现顶尖的模型。但是后来考虑到工程可行性的问题，采用双模型会使训练成本增加，并且在未来有可能增加其他语言的数据，所以这并不是一个可持续的方案，最终还是选择支持多种语言的单模型作为文本编码器。

首先，考虑到给定数据集是从国内外社交网络中爬取的，语言环境复杂，选用国产经过国内数据训练的模型具有更强的理解能力。其次，由于硬件资源有限，必须选择兼顾性能与硬件要求的模型。最后，文本编码器必须支持多语言。权衡利弊之下，该方案选择 ERNIE 3.0 作为文本编码器，它具有两个精心设计的表示模块：通用表示模块、任务特定表示模块。

(1) 通用表示模块：ERNIE 3.0 与其他预训练模型一样，采用了多层 Transformer-XL 作为其核心

网络架构。Transformer-XL 在原有 Transformer 的基础上，增加了辅助的递归存储模块，从而更有效地处理长文本信息。这个核心网络称为"通用表示模块"，它被应用于各种任务类型中，实现了模型功能的共享。众所周知，Transformer 能够通过自我关注机制，捕捉序列中每个标记的上下文信息，并产生上下文相关的嵌入序列。Transformer 模型的规模越大，其捕获和表征不同层次语义信息的能力就越强。因此，ERNIE 3.0 设计了更加庞大的通用表示模块，这使得该模型能够通过学习多种预训练任务的不同范式，有效地从训练数据中提取出普遍适用的词汇和句法信息。

(2) 任务特定表示模块：类似于基本的共享表示模块，ERNIE 3.0 中的任务特定表示模块同样采用了多层 Transformer-XL 结构，目的是捕捉不同任务范式的顶层语义表征。与常见的多层感知器或多任务学习中使用的浅层变体不同，ERNIE 3.0 中的任务特定表示模块被设计为与基本模型大小相同的可管理规模。这样的设计带来了三个显著优势：第一，相比多层感知器和浅层变体，基础网络在捕获语义信息方面更为强大；第二，具有基本模型大小的任务特定网络使 ERNIE 3.0 能够在不显著增加模型参数的情况下，区分不同任务范式间的顶层语义信息；第三，任务特定网络的模型大小小于共享网络，这意味着通过对特定任务的表示模块进行微调，就可以轻松实现大规模预训练模型的实际应用。ERNIE 3.0 构建了两个任务特定表示模块，分别是面向自然语言理解(NLU)的双向建模网络和面向自然语言生成(NLG)的单向建模网络。

同时，ERNIE 3.0 在 FP16 精度下的显存占用要求不高，能够适配解题团队当前硬件条件。同时，该方案所使用的开发框架飞桨 PaddlePaddle 对文心大模型的调用及训练非常简便。ERNIE 3.0 是一个基于 Transformer 架构的高级预训练语言模型(ERNIE 3.0 的模型结构见图 9-17)，专为深入理解语言的复杂性和细微差别而设计。它不仅能够处理标准的语言理解任务，如文本分类或情感分析，还能够处理更复杂的语言推理和问答任务。ERNIE 3.0 的特点在于其对语言中的语义和句法结构的深刻理解，以及对文本中的不同实体和它们之间关系的识别能力。通过将 ERNIE 3.0 与 CLIP 的 ViT 结合，该方案的系统能够同时理解图像和文本，从而在多模态任务中实现更准确的结果。

4. 交互模块

在经历了前述两个编码器的处理之后，各种文本和图像模态的数据均被转换成了独立的特征向量。为了深入分析这些数据，需要促使这些向量之间进行信息的互换。因此，在本节介绍的交互模块中，该模块的核心职能是接纳前两个编码器的输出，并促进查询信息与证据信息之间的互动交流，从而增强与任务紧密相关的信息，同时淡化那些不相关的信息。

```
#定义文本编码器
self.ernie = ErnieModel.from_pretrained('ernie-3.0-xbase-zh')
self.tokenizer = ErnieTokenizer.from_pretrained('ernie-3.0-xbase-zh')
#获取文本特征向量(以 qcap 为例)
encode_dict_qcap = self.tokenizer(text = qCap, max_length = 128, truncation = True, padding = 'max_length')
input_ids_qcap = encode_dict_qcap['input_ids']
input_ids_qcap = paddle.to_tensor(input_ids_qcap)
qcap_feature, _ = self.ernie(input_ids_qcap)
```

根据最初对赛题的分析，对给定数据分类的关键点在于证据信息中是否包含能够支撑查询信息的内容，如图 9-26 所示。所以在交互模块中，需要对证据信息及查询信息的内容进行判断。

初步构思了 3 种方案：基于余弦相似度的特征计算方法、基于自注意力机制的交互方案、基于交叉注意力机制的交互方案。

(1) 基于余弦相似度的特征计算方法：既然要判断证据信息中是否包含查询信息的支持内容，只要

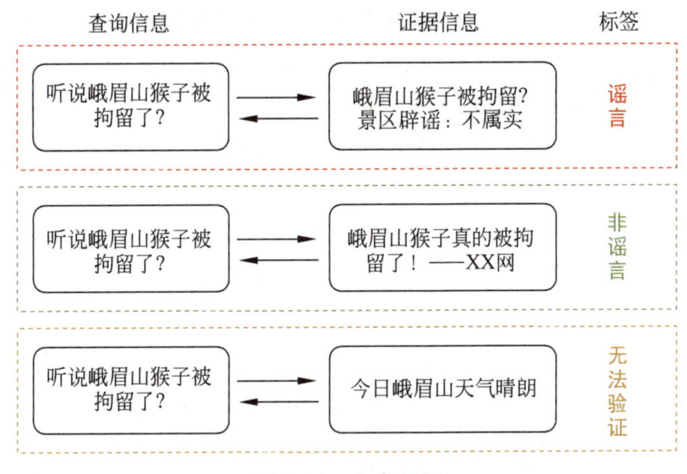

图 9-26 分类示例

对比两者的相似度。如果查询信息与证据信息的相似度超过某一阈值，则判断本条信息不是谣言；相反，如果低于某一阈值则可能是谣言或者无法判断。余弦相似度是一种在数学和计算机科学中常用的相似度测量方法，它通过测量两个向量在空间中的夹角的余弦值来评估两个信息的相似性。这种方法尤其在文本处理和信息检索领域中得到广泛应用，用于比较文档、句子或任何可以转换为向量形式的数据项的相似度，在此可以同时计算图像与文本两个模态的相似度。计算公式如下：

$$\mathrm{sim}(\boldsymbol{u},\boldsymbol{v})=\frac{\boldsymbol{u}^{t}\boldsymbol{v}}{|\boldsymbol{u}||\boldsymbol{v}|}$$

其中，$\boldsymbol{u}$ 与 $\boldsymbol{v}$ 为两个特征向量。但是从实现结果来看，这种方法的效果很差，即使是两句相似的文本，它们的余弦相似度分数也很低，反而是两句不相关的文本分数比较高，并且余弦相似度计算方法无法获取到文本间的细微差距，如“峨眉山的猴子被抓了”与“峨眉山的猴子没被抓”，所以这个方案被放弃了。

(2) 基于自注意力机制的交互方案：自注意力(Self-Attention)，也被称为内部注意力，是一种特别的注意力机制。在深度学习，特别是在自然语言处理中，它被广泛使用。

图 9-27① 展示了自注意力的计算过程。自注意力机制使模型能够专注于输入序列中的不同部分以生成输出。该方案将不同字段的文本与图片拼接为一条向量，然后进行自注意力计算，接着将结果自注意力计算后的特征向量输入后续的层模块中。这种方法首先将所有的信息汇总到一起，利用自注意力的特性凝聚关键的信息，使得各种信息在内部进行交互，利于下一步的处理。在实际运用中，这种方法也未达到预期，主要原因在于证据信息中可能存在大量的无关信息，这些无关信息拼接到一起后会弱化关键证据，自注意力会将重心转移到无关信息上，导致计算出来的结果与本条数据完全无关，所以放弃了这个方案。

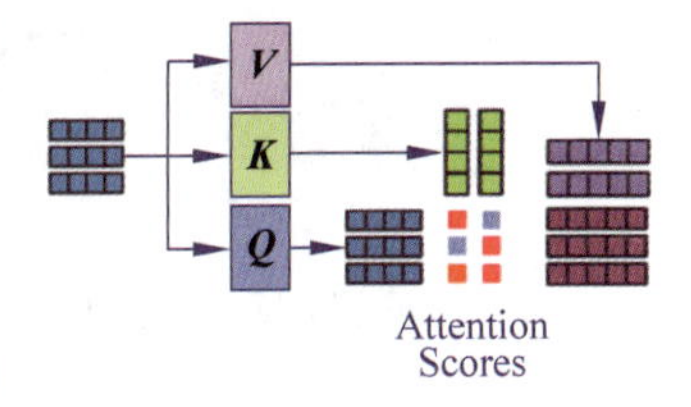

图 9-27 自注意力计算过程

(3) 基于交叉注意力机制的交互方案：最后，该方案使用交叉注意力模块对两种信息进行交互，图 9-28 为交叉注意力的示意图。注意力机制是一种模拟人类感知和认知过程的技术，它允许模型在处理信息时专注于关键部分。在模型中，通过注意力模块，该方案能够赋予不同部分的证据信息和查询信息不同的权重，使模型能够有选择性地关注对于当前查询最重要的信息。

① https://vaclavkosar.com/ml/cross-attention-in-transformer-architecture。

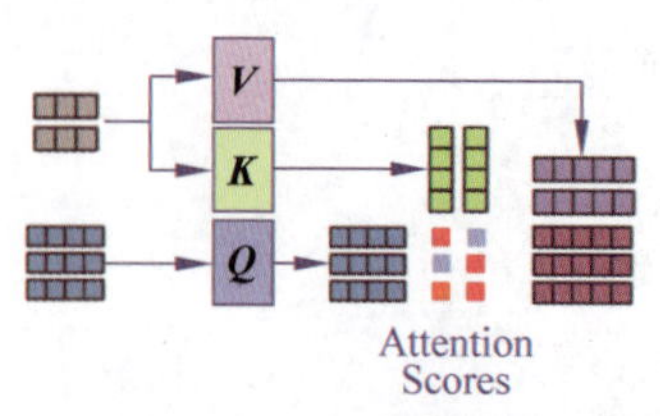

图 9-28 交叉注意力计算

具体来说，该方案将每条查询信息作为 Query 向量，每条证据信息作为 Key 与 Value 向量，以此来计算注意力分数，并将经过注意力计算后的证据向量作为新的证据信息。注意力模块的具体计算如图 9-29 所示，其中包括两个查询向量字段和三个证据向量字段。在进行注意力机制的计算之后，形成了 6 个新的证据向量字段。这些新向量在保留与查询信息相关内容的同时，减弱了原有的无关信息。接下来，该方案保留了初始的查询向量和更新后的证据向量，舍弃了原始的证据向量，然后将这些向量输入下一层的平均池化层进行进一步处理。

```
#定义注意力模块
self.attention_text = nn.MultiHeadAttention(1024,8)
self.attention_ocr = nn.MultiHeadAttention(1024, 8)
self.attention_desc = nn.MultiHeadAttention(1024,8)
self.attention_ocr_desc = nn.MultiHeadAttention(1024, 8)
self.attention_qimgocr_imgsocr = nn.MultiHeadAttention(1024,8)
self.attention_qcap_imgsocr = nn.MultiHeadAttention(1024, 8)
#计算注意力,以 qcap 为例
caps_feature = self.attention_text(qcap_feature, caps_feature_origin, caps_feature_origin)
caps_feature = caps_feature.mean(axis=1)
```

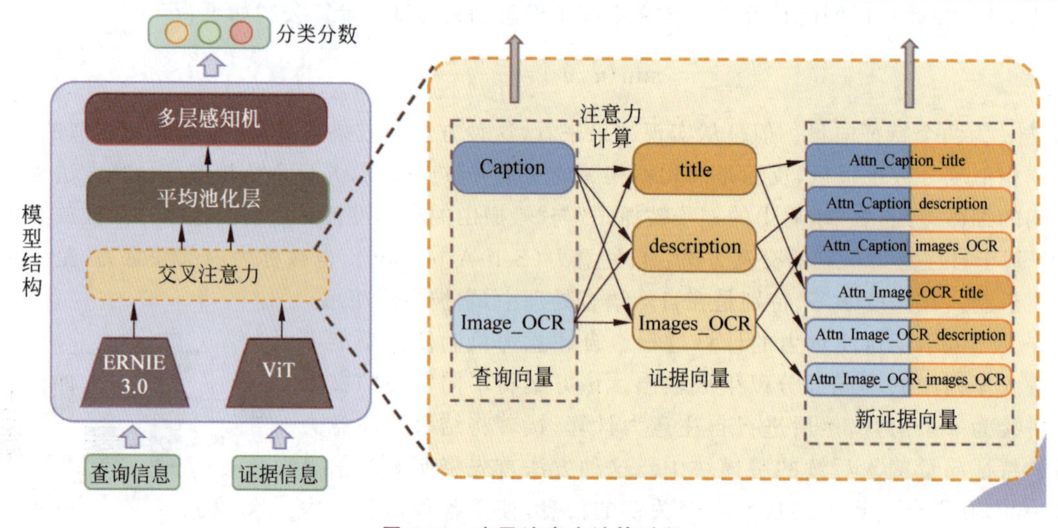

图 9-29 交叉注意力计算过程

经过注意力计算后的特征向量仍然蕴含着丰富的信息，为了进一步浓缩关键内容，该方案引入了平均池化层，其主要目标是将多条信息的特征向量通过平均池化操作转换为单一的特征向量，如图 9-30 所示。这一层的设计旨在对注意力加权后的特征进行整合，强化系统对整体信息的把握，并将其压缩为一个更具代表性的表示，以便后续处理和决策。

经过注意力层与平均池化层后，该方案将所有特征向量拼接为一条超长的特征向量，这条向量代表本条数据的最终特征向量，其中包含了整个查询信息以及经过注意力计算后包含关键证据的证据信息，将其输入到多层感知机，多层感知机的结构如图 9-31 所示，其中包括两层线性层以及一层激活层。多层感知机将融合多个模态的关键信息，然后给出三个类的分类分数，分数最高的类即为本条数据的分类结果。

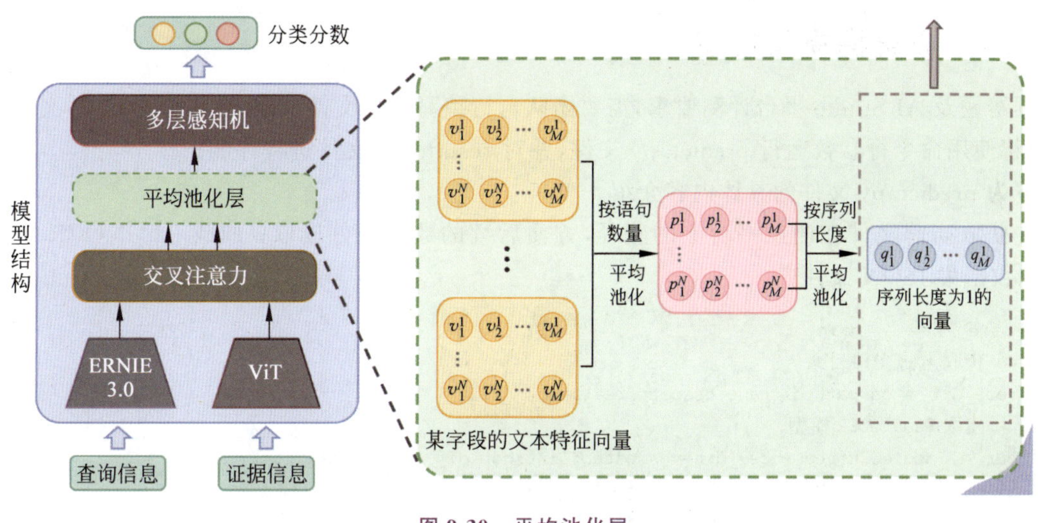

图 9-30　平均池化层

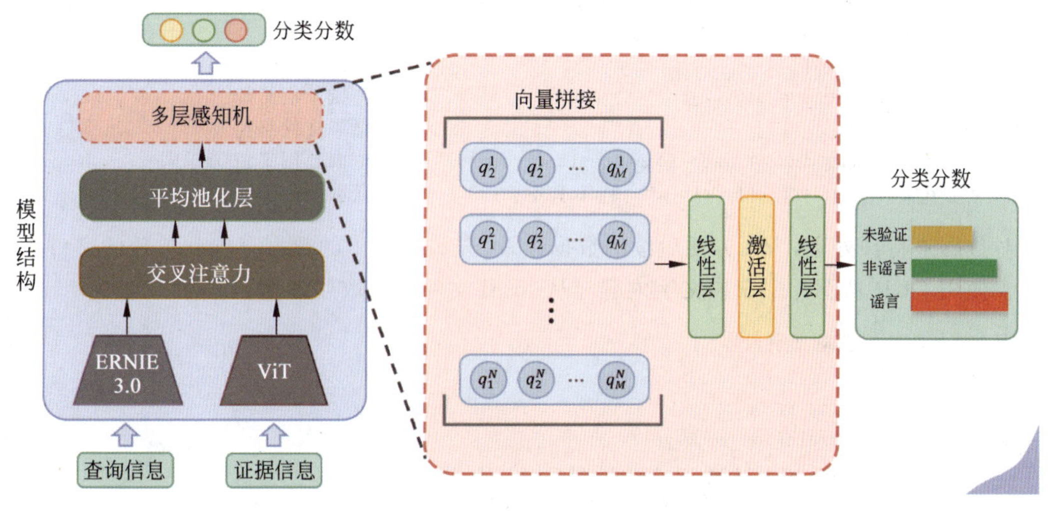

图 9-31　多层感知机

5. 训练策略

训练参数如图 9-32 所示。该方案将图像编码器的参数冻结，仅更新文本编码器 ERNIE、注意力模块、多层感知机的参数。该方案在单张 RTX 3090 24GB 显卡上完成整个训练与推理工作，设置训练轮次 Epoch 为 10，学习率为 1×10^{-6}，优化器为 AdamW，在单张显卡上的总训练时长为 12 小时左右。

训练参数	设置
设备	单张 RTX 3090 24GB
训练轮次	10
训练时长	12小时
学习率	1e-6
优化器	AdamW

图 9-32　训练参数

9.3.4 成果提交与推理

根据赛题及 AI Studio 平台评测要求，需要团队自行编写推理文件，并将结果存为 CSV 文件。提交时，平台将使用命令行参数运行 predict.py 文件，并对 result.csv 文件进行评测。

以下为 predict.py 文件的具体内容介绍。

首先获取当前文件在测试平台上的路径，方便后续的数据文件读取；加载 PaddleOCR 模型的权重；读取数据集 JSON 文件。

```
if __name__ == '__main__':
    # 获取当前文件目录
    root_dir = os.path.dirname(os.path.realpath(__file__))
    # 读取 PaddleOCR 模型
    ocr = PaddleOCR(rec_model_dir = os.path.join(root_dir, "ocr_model/rec"),
                    det_model_dir = os.path.join(root_dir, "ocr_model/det"),
                    cls_model_dir = os.path.join(root_dir, "ocr_model/cls"),
                    use_angle_cls = True, use_gpu = True)
    # 线上评测的测试路径和结果输出路径
    test_csv = sys.argv[1]                                          # 测试集路径
    queries_root_dir = sys.argv[2]                                  # 测试集根路径
    result_csv = sys.argv[3]                                        # 结果文件路径
    context_data_items_dict = json.load(open(test_csv))             # 读取数据集 JSON 文件
    idx_to_keys = list(context_data_items_dict.keys())              # 获取所有 keys
```

随后对数据进行预处理，为了方便后续的数据读取，先将提取出的数据存储到单独的文件中。这部分操作包含使用 OCR 从图片中获取文字内容与从 html 文件中提取属性值。

```
# 使用 OCR 从图片中获取文字内容
empty_json = {}
all_captions = []
    for i, key in enumerate(idx_to_keys):
        item = context_data_items_dict.get(str(key))
        caption = context_data_items_dict[key]['caption']
        image_path = os.path.join(queries_root_dir,
        context_data_items_dict[key]['image_path'])
        captions = ""
        try: # 防止部分图片意外报错
            if os.path.exists(image_path):
                result = ocr.ocr(image_path, cls = True)
                if result is not None:
                    for idx in range(len(result)):
                        res = result[idx]
                        if res is None:
                            continue
                        for line in res:
                            if line is not None:
                                captions = captions + ',' + line[-1][0]
        except Exception as e:
            print(e)
        all_captions.append(captions)
```

```
        empty_json[key] = captions
    file_name = os.path.join(os.path.dirname(os.path.realpath(__file__)),
                             'img_ocr.json')
    with open(file_name, "w", encoding = "utf - 8") as json_file:
        json.dump(empty_json, json_file, ensure_ascii = False)
print(f"JSON 数据已保存到 {file_name}")

# 读取与提取 html 文件方法
def load_desc(inv_path ,inv_dict):
    captions = []
    pages_with_captions_keys = ['all_fully_matched_captions', 'all_partially_matched_captions']
    for key1 in pages_with_captions_keys:
        if key1 in inv_dict.keys():
            for page in inv_dict[key1]:
                if "html_path" in page.keys():
                    if len(page['html_path']) > 0:
                        html_path = os.path.join(inv_path, page['html_path'].split('/')[ - 1])
                        if os.path.exists(html_path):
                            desc = read_desc(html_path)
                            # og_desc = read_og_desc(html_path)
                            if len(desc) > 0:
                                captions = captions + desc
    pages_with_title_only_keys = ['partially_matched_no_text', 'fully_matched_no_text']
    for key1 in pages_with_title_only_keys:
        if key1 in inv_dict.keys():
            for page in inv_dict[key1]:
                if "html_path" in page.keys():
                    if len(page['html_path']) > 4:
                        html_path = os.path.join(inv_path, page['html_path'].split('/')[ - 1])
                        if os.path.exists(html_path):
                            desc = read_desc(html_path)
                            # og_desc = read_og_desc(html_path)
                            if len(desc) > 0:
                                captions = captions + desc
    if len(captions) == 0:
        captions = [""]
    return captions
all_captions = []
empty_json = {}
for i, key in enumerate(idx_to_keys):
        all_captions = ['']
        item = context_data_items_dict.get(str(key))
        inverse_path_item = os.path.join(queries_root_dir, item['inv_path'])
        if os.path.exists(os.path.join(inverse_path_item, 'inverse_annotation.json')):
            inv_ann_dict = json.load(open(os.path.join(inverse_path_item, 'inverse_annotation.json')))
            descs = load_desc(inverse_path_item, inv_ann_dict)
            all_captions = descs
        empty_json[key] = all_captions
    file_name = os.path.join(os.path.dirname(os.path.realpath(__file__)),
                             'desc.json')
```

```
    with open(file_name, "w", encoding = "utf - 8") as json_file:
        json.dump(empty_json, json_file, ensure_ascii = False)
    print(f"JSON 数据已保存到 {file_name}")
```

至此,完成了文件的读取与预处理。接下来要将原始数据转换为用于训练与推理的 Dataloader,然后加载模型。

```
# 加载测试集
test_dataset = RE_NewsContextDatasetEmbs(context_data_items_dict, queries_root_dir, 'test')
test_dataloader = DataLoader(test_dataset, batch_size = 1, num_workers = 4, shuffle = False, collate_fn =
collate_context_bert_test, return_list = True)
model = NetWork("image")
# 将模型转换为混合精度
model = paddle.amp.decorate(models = model, level = 'O2')
# 加载权重
params_path = os.path.join(root_dir, 'save/checkpoint7/model_state.pdparams')
state_dict = paddle.load(params_path)
model.set_dict(state_dict)
```

最后,使用模型对测试数据进行推理,并将结果按格式保存在 csv 文件中。

```
results = []
# 切换 model 模型为评估模式,关闭 dropout 等随机因素
model.eval()
count = 0
for batch in test_dataloader:
    count += 1
    cap_batch, img_batch, qCap_batch, qImg_batch, qImg_ocr_batch, desc_batch, imgs_ocr_batch = batch
    with paddle.amp.auto_cast(enable = True, custom_white_list = None, custom_black_list = None, level = 'O2'):
        logits = model(qCap = qCap_batch, qImg = qImg_batch, caps = cap_batch, imgs = img_batch, qImg_ocr =
qImg_ocr_batch, desc = desc_batch, imgs_ocr = imgs_ocr_batch)
        probs = F.softmax(logits, axis = - 1).astype('float32')
        label = paddle.argmax(probs, axis = 1).numpy()
        results += label.tolist()
    results = ["non - rumor" if x == 0 else x for x in results]
    results = ["rumor" if x == 1 else x for x in results]
    results = ["unverified" if x == 2 else x for x in results]
    # 输出结果
    # id/label
    # 字典中的 key 值即为 csv 中的列名
    id_list = range(len(results))
    frame = pd.DataFrame({'id': id_list, 'label': results})
    frame.to_csv(result_csv, index = False, sep = ',')
```

9.3.5 实验结果

在初赛阶段,本方案的模型在测试集上展现出了卓越性能,实现了 88.246%的准确度。进入复赛,该模型的表现进一步提升,准确度达到了 90.968%,在复赛的测试集上呈现了更为精准的预测结果。

图 9-33 显示了消融实验情况,其中提升比较大的是使用 ERNIE 3.0 模型与使用 OCR 提取图片文本。

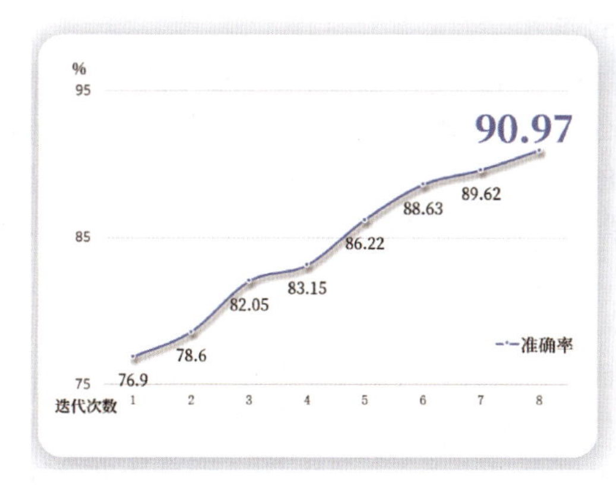

迭代	改进点	提高
1	baseline	-
2	使用 ViT 编码器	1.7
3	使用 ERNIE 3.0编码器	3.45
4	提取description作为输入	1.1
5	使用OCR提取图片文本	3.07
6	使用平均层代替[CLS]	2.41
7	在线性层中加入激活层	0.99
8	超参数优化	1.35

图 9-33　消融实验情况

此外，在推理速度方面，得益于采用单一模型策略，没有使用任何模型融合或集成技术，模型能够在150ms 内完成一条数据的推理过程，平均每分钟能处理的数据高达 400 条。

在硬件需求方面，模型在训练期间的显存占用为 20GB，而在推理阶段显存占用大幅降低，仅 3GB。此外，模型文件的体积也相当紧凑，仅为 800MB，使得它既高效又节省存储空间。

除此之外，解题团队还做了一些未达预期效果的模型调整尝试，如图 9-34 所示，这些尝试对赛题分数没有提升或者被更好的方法所取代，但其中的一些方法仍值得借鉴。

	工作
1	使用max 池化
2	使用ViT_B32
3	在输入中添加prompt
4	Dropout
5	使用查询与证据向量余弦相似度作为特征
6	用编码器pooled_output作为特征向量
7	将图像向量维度映射与文本一致
8	建模查询文本与查询图片的交互
9	使用多层密集的残差层
10	加入Layer Norm层
11	使用头数为16的注意力
12	使用RoFormer生成相似语句进行数据增强
13	梯度累计 实现更大的batch
14	使用focal loss
15	使用自注意力处理最后的特征
16	使用余弦相似度进行数据筛选

图 9-34　其他的一些工作

9.4　模型改进与总结

9.4.1　模型改进

(1) 模型处理文本最大长度的进一步优化。考虑到设备的限制，解题团队目前将文本编码器的 Tokenizer 最大长度设置为 128。为了处理更长的文本，未来的工作将包括开发高效的分段处理机制，允许模型逐步处理长文本而不损失上下文连贯性。此外，可以探索使用更高效的内存管理策略，以允许

增加最大长度限制,从而增强模型处理长文本的能力。

(2) 信息融合与筛选的优化策略。目前模型在处理每条训练数据时,通常关联到大约 20 条相关文本或图片数据。在这个数据量下,模型表现出色。但对于超过 50 或 100 条相关数据的情形,模型性能可能下降。为了解决这个问题,可引入更高级的信息融合技术,如深度学习中的自适应融合机制,以及改进的数据筛选算法。这些方法将有助于模型从大量信息中有效提取和整合关键信息,从而提升在大数据量情况下的表现。

(3) 更好的交互模块设计。目前的交互模块主要依赖于基本的注意力机制,这种机制主要集中于处理查询信息和证据信息。然而,这种方法在面对复杂和过长的文本或图像时,可能会导致关键证据的重要性降低。为了解决这一问题,解题团队计划采用更先进和精细化的模块设计。这包括实现更复杂的注意力机制和上下文分析技术,即使在信息量庞大和结构复杂的情况下,也能更有效地识别和强化关键信息。通过这种方式,或可大幅提升模型对于复杂数据的处理能力,确保重要信息不被忽视。

9.4.2 总结

解题团队提出了一种结合 ERNIE 大模型和 ViT 的多模态网络,用于检测虚假信息。这个方案的核心包括:ERNIE 文本编码器,ViT 图像编码器,一个负责处理查询信息与证据信息的交互的注意力模块,一个专门用于提取关键证据信息的平均池化层,以及一个用于最终分类的多层感知机。方案有以下几个显著优势。

(1) 采用了飞桨 PaddlePaddle 和其他国产软件库,模型结构设计简明易懂,实施方便。

(2) 通过使用单一的大模型,既减少了训练和推理阶段的资源消耗,也显著降低了模型开发和训练成本,从而增强了工程实施的可行性。

(3) 通过前期充分分析和快速迭代,在复赛测试集上实现了接近 91%的准确率。

综上所述,方案展现了在虚假信息甄别领域的先进性。其创新性在于将先进的文本和图像编码技术相结合,通过精心设计的网络架构有效处理多模态数据。此外,该方法在保证高准确率的同时,还特别注重资源的有效利用和降低实施成本,这对于实际应用场景中的快速部署和维护至关重要。因此,这一方案在实际应用中具有广泛的适用性和高效性,能够为虚假信息的核查提供强有力的技术支持,同时也验证了 AI 大模型在实际应用中的强大潜力。

2023 年竞赛详情,欢迎扫码了解:

参考文献

[1] 孙晓玲，林鸿飞. 人际网络关系抽取和结构挖掘[J]. 微电子学与计算机，2008，25(9)：4.

[2] 陈毅. 微博中的社会关系挖掘[D]. 哈尔滨工业大学，2014.

[3] 赵姝，刘晓曼，段震，等. 社交关系挖掘研究综述[J]. 计算机学报，2017，40(3)：535-555.

[4] Hochreiter S，Schmidhuber J. Long short-term memory[J]. Neural computation，1997，9(8)：1735-1780.

[5] Huang Z，Xu W，Yu K. Bidirectional LSTM-CRF models for sequence tagging[J]. arXiv preprint arXiv：1508.01991，2015.

[6] Forney，G. D，Jr. The viterbi algorithm[J]. Proceedings of the IEEE，1973.

[7] Madry A，Makelov A，Schmidt L，et al. Towards deep learning models resistant to adversarial attacks[J]. arXiv preprint arXiv：1706.06083，2017.

[8] Jin Y，Xie J，Guo W，et al. LSTM-CRF neural network with gated self attention for Chinese NER[J]. IEEE Access，2019，7：136694-136703.

[9] Miyato T，Dai A M，Goodfellow I. Adversarial training methods for semi-supervised text classification[J]. arXiv preprint arXiv：1605.07725，2016.

[10] Krizhevsky A，Sutskever I，Hinton G E. Imagenet classification with deep convolutional neural networks[J]. Advances in neural information processing systems，2012，25.

[11] Simonyan K，Zisserman A. Very deep convolutional networks for large-scale image recognition[J]. arXiv preprint arXiv：1409.1556，2014.

[12] Szegedy C，Liu W，Jia Y，et al. Going deeper with convolutions[C]//Proceedings of the IEEE conference on computer vision and pattern recognition. 2015：1-9.

[13] He K，Zhang X，Ren S，et al. Deep residual learning for image recognition[C]//Proceedings of the IEEE conference on computer vision and pattern recognition. 2016：770-778.

[14] Szegedy C，Liu W，Jia Y，et al. Going deeper with convolutions[C]//Proceedings of the IEEE conference on computer vision and pattern recognition. 2015：1-9.

[15] Chollet F. Xception：Deep learning with depthwise separable convolutions[C]//Proceedings of the IEEE conference on computer vision and pattern recognition. 2017：1251-1258.

[16] Liu W，Anguelov D，Erhan D，et al. Ssd：Single shot multibox detector[C]//European conference on computer vision. Springer，Cham，2016：21-37.

[17] Girshick R，Donahue J，Darrell T，et al. Rich feature hierarchies for accurate object detection and semantic segmentation[C]//Proceedings of the IEEE conference on computer vision and pattern recognition. 2014：580-587.

[18] Girshick R. Fast r-cnn[C]//Proceedings of the IEEE international conference on computer vision. 2015：1440-1448.

[19] Ren S，He K，Girshick R，et al. Faster r-cnn：Towards real-time object detection with region proposal networks[J]. Advances in neural information processing systems，2015，28.

[20] Redmon J，Divvala S，Girshick R，et al. You only look once：Unified，real-time object detection[C]//Proceedings of the IEEE conference on computer vision and pattern recognition. 2016：779-788.

[21] Redmon J，Farhadi A. YOLO9000：better，faster，stronger[C]//Proceedings of the IEEE conference on computer vision and pattern recognition. 2017：7263-7271.

[22] Redmon J，Farhadi A. Yolov3：An incremental improvement[J]. arXiv preprint arXiv：1804.02767，2018.

[23] Zhang S，Wen L，Bian X，et al. Single-shot refinement neural network for object detection[C]//Proceedings of the IEEE conference on computer vision and pattern recognition. 2018：4203-4212.

[24] Chen T，Guestrin C. Xgboost：A scalable tree boosting system[C]//Proceedings of the 22nd acm sigkdd international conference on knowledge discovery and data mining. 2016：785-794.

[25] Simonyan K, Zisserman A. Very deep convolutional networks for large-scale image recognition[J]. arXiv preprint arXiv: 1409.1556, 2014.

[26] He K, Zhang X, Ren S, et al. Deep residual learning for image recognition[C]//Proceedings of the IEEE conference on computer vision and pattern recognition. 2016: 770-778.

[27] Ke G, Meng Q, Finley T, et al. Lightgbm: A highly efficient gradient boosting decision tree[J]. Advances in neural information processing systems, 2017, 30.

[28] Dorogush A V, Ershov V, Gulin A. CatBoost: gradient boosting with categorical features support[J]. arXiv preprint arXiv: 1810.11363, 2018.

[29] Quinlan J R. Bagging, boosting, and C4.5[C]//Aaai/Iaai, vol. 1. 1996: 725-730.

[30] Wu T, Zhang W, Jiao X, et al. Evaluation of stacking and blending ensemble learning methods for estimating daily reference evapotranspiration[J]. Computers and Electronics in Agriculture, 2021, 184: 106039.

[31] 原存德，胡宝安. 具有阶段结构的 SI 传染病模型[J]. 应用数学学报，2002，025(002)：193-203.

[32] 肖洪，田怀玉，赵暕，等. 传染病模型分析与预测方法研究进展[J]. 中华流行病学杂志，2011，32(1)：5.

[33] 刘开源，陈兰荪. 一类具有垂直传染与脉冲免疫的 SEIR 传染病模型的全局分析[J]. 系统科学与数学，2010(3)：11.

[34] 张琼，汪小梅. 霍尔特指数平滑法在商品销量预测中的应用[J]. 现代企业文化，2011.

[35] 赵嶷飞，王红勇，张亮. 用霍尔特-温特斯模型预测航空运输总周转量[J]. 中国民航大学学报，2007，25(2)：1-3.

[36] Ronneberger O, Fischer P, Brox T. U-net: Convolutional networks for biomedical image segmentation[C]//International Conference on Medical image computing and computer-assisted intervention. Springer, Cham, 2015: 234-241.

[37] Chen L C, Papandreou G, Schroff F, et al. Rethinking atrous convolution for semantic image segmentation[J]. arXiv preprint arXiv: 1706.05587, 2017.

[38] Tan M, Pang R, Le Q V. Efficientdet: Scalable and efficient object detection[C]//Proceedings of the IEEE/CVF conference on computer vision and pattern recognition. 2020: 10781-10790.

[39] Liu S, Qi L, Qin H, et al. Path aggregation network for instance segmentation[C]//Proceedings of the IEEE conference on computer vision and pattern recognition. 2018: 8759-8768.

[40] Sun K, Xiao B, Liu D, et al. Deep high-resolution representation learning for human pose estimation[C]//Proceedings of the IEEE/CVF Conference on Computer Vision and Pattern Recognition. 2019: 5693-5703.